本专著由2019年度黄淮学院天中学者奖励计划资助出版

鱼类抗菌肽的研究

王改玲◎著

郑州大学出版社

图书在版编目(CIP)数据

鱼类抗菌肽的研究 / 王改玲著. -- 郑州 : 郑州大学出版社，2023.10
(2024.6 重印)
ISBN 978-7-5645-9985-0

Ⅰ. ①鱼… Ⅱ. ①王… Ⅲ. ①鱼类－抗菌素－研究 Ⅳ. ①Q939.92

中国国家版本馆 CIP 数据核字(2023)第 201857 号

鱼类抗菌肽的研究
YULEI KANGJUNTAI DE YANJIU

策划编辑	袁翠红	封面设计	苏永生
责任编辑	吴 波	版式设计	苏永生
责任校对	李 香	责任监制	李瑞卿

出版发行	郑州大学出版社	地 址	郑州市大学路 40 号(450052)
出 版 人	孙保营	网 址	http://www.zzup.cn
经 销	全国新华书店	发行电话	0371-66966070
印 刷	廊坊市印艺阁数字科技有限公司		
开 本	787 mm×1 092 mm 1 / 16		
印 张	11	字 数	251 千字
版 次	2023 年 10 月第 1 版	印 次	2024 年 6 月第 2 次印刷

书 号	ISBN 978-7-5645-9985-0	定 价	68.00 元

作者简介

王改玲，女，汉族，陕西富平人，理学博士，副教授，硕士生导师。河南省教育厅学术技术带头人，驻马店市生物兽药工程技术研究中心主任，黄淮学院天中学者。

学习与工作经历：

1998—2002 年在西北农林科技大学动物医学与动物科学学院兽医专业攻读学士学位。

2002—2005 年在西北农林科技大学动物医学与动物科学学院预防兽医学专业攻读硕士学位。

2005—2006 年在中国科学院水生生物研究所鱼类免疫学项目组工作。

2006—2011 年在中国科学院水生生物研究所水生生物学专业攻读博士学位。

2011 年至今在黄淮学院生物与食品工程学院任教。

主持的已完成科研项目：

（1）王改玲，主持，草鱼体表粘液抗菌肽的细胞膜色谱制备法和抗菌机理的研究（31402334），国家自然科学基金项目，资助经费 25 万元，起止年月：2015. 1—2017. 12。

（2）王改玲，主持，鲤体表粘液抗菌肽的抗菌活性及其作用机制研究（142300410111），河南省自然科学基金项目，资助经费 2 万元，起止年月：2014. 1—2016. 12。

（3）王改玲，主持，草鱼抗菌肽 NK-lysin 的重组表达及其抗菌应用（202102110108），河南省科技攻关项目，资助经费 10 万元，起止年月：2020. 1—2021. 12。

作者简介

王改玲，女，汉族，陕西富平人，理学博士，副教授，硕士生导师，河南省教育厅学术技术带头人，驻马店市生物兽药工程技术研究中心主任，黄淮学院天中学者。

学习与工作经历：

1998—2002 年在西北农林科技大学动物医学与动物科学学院兽医专业攻读学士学位

2002—2005 年在西北农林科技大学动物医学与动物科学学院预防兽医学专业攻读硕士学位

2005—2006 年在中国科学院水生生物研究所鱼类免疫学项目组工作

2006—2011 年在中国科学院水生生物研究所水生生物学专业攻读博士学位

2011 年至今在黄淮学院生物与食品工程学院任教

主持的已完成科研项目：

(1)王改玲，主持，草鱼体表粘液抗菌肽的细胞膜色谱制备法和抗菌机理的研究(31402334)，国家自然科学基金项目，资助经费 25 万元，起止年月：2015.1—2017.12。

(2)王改玲，主持，鲤体表粘液抗菌肽的抗菌活性及其作用机制研究(142300410111)，河南省自然科学基金项目，资助经费 2 万元，起止年月：2014.1—2016.12。

(3)王改玲，主持，草鱼抗菌肽 NK-lysin 的重组表达及其抗菌应用(202102110108)，河南省科技攻关项目，资助经费 10 万元，起止年月：2020.1—2021.12。

前言

抗菌肽是一种广泛分布于各类生物体中的小分子多肽，因其具有抗菌谱广、生化性质稳定、毒副作用低、不易产生耐药性等诸多优点，被认为是抗生素的理想替代品。鱼类的先天免疫系统是其抵御病原的最基本的防御机制，主要由多种行使非特异性保护功能的体液调节因子和细胞组成，抗菌肽在参与先天免疫的体液调节因子中占据着非常重要的地位。本人在攻读博士期间开始从事鱼类抗菌肽方面的研究，自参加工作以来，在国家自然科学基金项目“草鱼体表粘液抗菌肽的细胞膜色谱制备法和抗菌机理的研究”、河南省自然科学基金项目“鲤体表粘液抗菌肽的抗菌活性及其作用机制研究”和河南省科技攻关项目“草鱼抗菌肽 NK-lysin 的重组表达及其抗菌应用”的支持下，继续从事该领域的研究工作。近 15 年来，在抗菌肽研究方面积累了一定的经验和心得，现总结整理成书——《鱼类抗菌肽的研究》。

本书主要介绍了对鱼类抗菌肽防御素（β-defensin）、hepcidin、NK-lysin 的研究成果，通过基因克隆的方法获得三种抗菌肽，首先对基因特性进行了分析，利用定量 PCR 技术检测鱼类在健康和细菌感染状态下的三种抗菌肽的基因表达情况，发现其对鱼类的免疫作用。同时在抗菌肽应用方面开展了大量探索性的实验，通过动物细胞表达系统、酵母表达系统对鳜防御素、草鱼和鲤 NK-lysin 进行重组表达，通过抑菌实验证实该抗菌肽对鱼类重要的病原菌如嗜水气单胞菌、柱状黄杆菌、爱德华菌、无乳链球菌等，均具有较强的抑制作用。在对鲤抗菌肽 NK-lysin-2 的稳定性、溶血性进行的研究中，发现该抗菌肽具有较强的稳定性和较低的溶血性，为抗菌肽应用于鱼类疾病的预防和治疗奠定了坚实基础。

本书介绍了本人在抗菌肽的研究方面的成果，研究中存在的不足之处，敬请读者提出宝贵意见，以利本人及时修改、提高。

作者

2023 年 9 月

目录

目录

第一章 绪 论

抗菌肽(antimicrobial peptides,AMPs)在自然界分布广泛,细菌、植物、无脊椎动物和脊椎动物都可产生,是一类对细菌、真菌、病毒、寄生虫、原虫和肿瘤细胞等具有杀伤作用的小分子多肽(12~50 个氨基酸),是生物体先天性免疫防御系统的重要组成部分。抗菌肽具有抗菌谱广、生化性质稳定、毒副作用低、不易产生耐药性等诸多优点,一直被人们认为是抗生素的理想替代品。

我国是水产养殖大国,近年来,随着养殖种类的增加、面积的扩大和密度的提高,养殖水体富营养化现象愈来愈严重,致使养殖环境恶化,病害时有爆发,严重阻碍了水产养殖业的健康发展。传统上使用化学类药物防治水产养殖病害,然而,广泛使用化学类药物,一方面药物的筛选导致了环境中病害微生物的致病力越来越强,另一方面化学药物在鱼体内残留积累,并通过食物链传递,对人类健康造成不可忽视的影响。因此,开发高效而无药物残留的药物成为水产养殖业迫切的发展方向。

鱼类生活在微生物丰富的水环境中,长期的生存适应使其形成了有效的防卫功能。先天免疫系统是其抵御病原的最基本的防御机制,主要由多种行使非特异性保护功能的体液调节因子和细胞组成,包括抗菌肽、溶菌酶、补体和非特异性白细胞。其中抗菌肽在参与先天免疫的体液调节因子中,占据着非常重要的地位,因具有以下优点而受到人们的青睐:①广谱的抗病作用,能够非特异性地抑制和杀死多种病原微生物;②对盐度和酸碱度具有广泛的适应性,能够在海水和体内环境中保持生物活性;③在分子结构上比较保守,在不同鱼类中使用时,不会被鱼体辨别为外源蛋白从而产生免疫反应;④成本低廉,便于操作和运输。由于抗菌肽的众多优点和鱼类的免疫特性,众多研究者的目光聚集到抗菌肽的研究上,最近十几年该项研究有了较快的发展,目前已从多种鱼的体内分离和鉴定得到抗菌肽。

目前抗菌肽的获得主要有两种途径:一是从动植物中获取天然的内源性抗菌肽;二是利用化学合成法、基因工程法和蛋白水解法等方式,得到外源性抗菌肽。动物的黏膜上皮层被认为是抵御外界残酷环境的物理屏障,多数抗菌肽都存在于其中,因而很多抗菌肽的分离都是从上皮组织开始的。抗菌肽分离鉴定最直接的方法是通过收集待测动物的皮肤分泌物,以蛋白纯化的方法直接分离,通过质谱鉴定。鱼类抗菌肽的分布范围相对比较广泛,研究发现,在体表黏液、皮肤、鳃、血液、小肠和肝脏组织等均有分离得到抗菌肽的报道。这些抗菌肽具有广谱的抑菌活性,有的还可以杀灭真菌和病毒。

迄今为止，人们在细菌、真菌、植物、无脊椎动物以及脊椎动物中已发现的抗菌肽种类超过2 000种，其中已被鉴定的水产动物抗菌肽种类包括hepcidin、防御素、pleurocidin、piscidin、moronecidin、misgurain、parasin、LEAP-2和NK-lysin等，为新型抗菌肽药物的设计提供了数目庞大的模板。尽管如此，但是抗菌肽蛋白的来源问题成为其进入实际应用的最大障碍。化学方法合成抗菌肽，成本较高，此法所得抗菌肽仅作为研究使用；直接从体内分离抗菌肽，在新型抗菌肽的鉴定方面给人们带来了可喜的成果，但是分离纯化过程烦琐、得率低。近年来，研究者多采用酵母和真核细胞表达抗菌肽蛋白。一方面，随着对鱼类各种抗菌肽的分离、结构和功能的研究进一步发展，为设计新型抗菌制剂提供理论依据；另一方面，随着基因工程技术的不断提高，大量生产抗菌肽成为可能，这些为抗菌肽药物的开发和应用奠定了坚实的基础。

此书从抗菌肽的克隆、基因表达分析、体外重组表达和功能等方面，介绍了鳜、鲤和草鱼的抗菌肽研究，为鱼类其他抗菌肽的研究提供参考。

第二章　鳜抗菌肽防御素的研究

第一节　概　述

先天免疫，即非特异性免疫，是鱼类抵御疾病的最基本的防御机制，主要包括各种体液调节因子的激活和/或释放，如：生长抑制剂、分解酶、凝集素、天然抗体、细胞因子、趋化因子和抗菌肽等，以及NK（natural killing，自然杀伤）细胞和吞噬细胞的激活，这些免疫反应共同相互协作，可以杀伤病原微生物进而限制其增殖。

参与体液免疫的调节因子当中，抗菌肽占据着重要的地位，具有杀灭微生物、中和有害的微生物产物、抑制微生物进入靶细胞、提高抗原特异性和激活淋巴细胞等功能。趋化因子（chemokines）是一类可诱导的、分子量为7～10 kDa的促炎细胞因子，可由多种细胞产生，具有趋化和激活白细胞的作用。

一、防御素的定义

在结构上，防御素以典型的β折叠和6个半胱氨酸相互连接而形成的框架为特征，它几乎广泛分布在所有的生物体中，包括植物、无脊椎动物和脊椎动物。防御素的发现存在一些偶然因素，1960年，Zeya和Spitznagel在利用高负电荷电泳迁移实验来研究兔和豚鼠白细胞溶解产物的抗菌物质时，发现了富含精氨酸的阳离子多肽，这类抗菌肽具有广谱的抗菌活性，吸引了人们的注意。科学技术的发展更加促进了抗菌肽的分离和化学结构的鉴定，Ganz和Selsted在人的白细胞中发现的一类结构相似的抗菌肽，它们在宿主体内广泛分布，并且与宿主防御相关，被命名为“防御素”，后来人们又发现多种上皮细胞都可以分泌防御素。

二、防御素的分类和传统命名

根据防御素6个半胱氨酸之间肽段的长度和分子内二硫键连接方式的不同，人们将哺乳动物的防御素分为三类：α-防御素、β-防御素和θ-防御素（图2-1）。

α-防御素的二硫键连接方式为 Cys^1-Cys^6, Cys^2-Cys^4, Cys^3-Cys^5，目前发现人体有6种α-防御素，由于它们最初是从中性粒细胞中被发现的，人体α-防御素1-4被命名为人中性粒细胞多肽1-4（human neutrophil peptides-1-4，HNP1-4），人体α-防御素5-6（human defensin，HD5和HD6）被称作帕内特（Paneth）细胞或肠防御素，因为它们最初来自小肠的帕内特细胞。

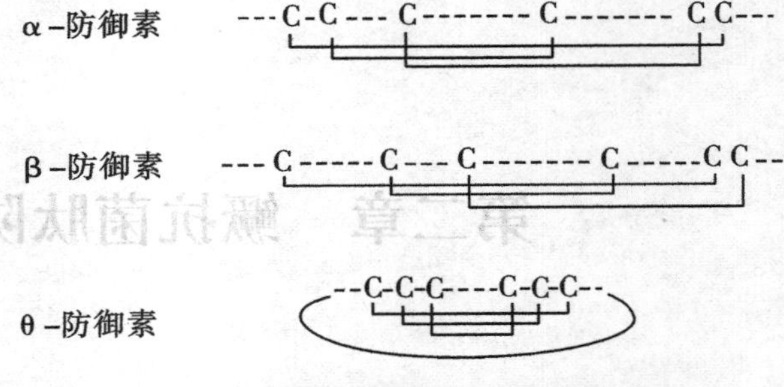

图2-1 三种防御素的二硫键连接方式

β-防御素的二硫键连接方式为 Cys^1-Cys^5, Cys^2-Cys^4, Cys^3-Cys^6，由于 Cys^1 和 Cys^5 半胱氨酸相邻，所以这两种防御素的结构极为相似。在人类基因组中发现了28个β-防御素基因，仅有β-防御素1-6（human β-defensin 1-6，HBD1-6）和HBD23报道了其功能。小鼠没有中性粒细胞α-防御素，但是含有多种帕内特细胞α-防御素，被称作cryptidin。在鼠29种β-防御素中，mBD（mouse β-defensin）1-8、mBD14和mBD29有蛋白特性的描述。

θ-防御素是一个环状结构的多肽，二硫键连接方式为 Cys^1-Cys^6, Cys^2-Cys^5, Cys^3-Cys^4。目前θ-防御素仅在恒河猴中报道，被称作RTD-1（Rhesus theta-defensin-1）。RTD-1是来自于两个不同的mRNA前体形成的前体肽，每个mRNA前体由突变的α-防御素编码，也就是在第3个和第4个半胱氨酸之间形成一个终止密码子，突变的2个α-防御素线性前体形成环形的RTD-1，需要经过在细胞内的后翻译加工，首尾相连形成一对9个氨基酸前体的肽柱，再次经过细胞的机械加工，进而形成18个氨基酸的发挥生物学功能的成熟的环形多肽。

三、防御素的分布

防御素大量存在于与宿主抗菌防御相关的细胞和组织中。白细胞和上皮细胞是哺乳动物防御素的主要来源，许多动物白细胞的颗粒中含有较高浓度的防御素，当白细胞摄入微生物形成吞噬液泡，白细胞中的颗粒就会融合这些液泡，将防御素释放到靶细菌的表面，由于这些吞噬液泡里面只有很少的自由空间，所以微生物便暴露在含有高浓度的防御素当中。在许多动物中，分布于宿主小肠的帕内特细胞，是另外一个表达高浓度防御素的地方，帕内特细胞内包含富有防御素的分泌颗粒，可以被释放到狭窄的肠凹面内，称为隐窝，位于隐窝内的防御素的浓度可以达到10 mg/mL以上。多种屏障型和分泌型上皮细胞可以组成性和诱导性地分泌防御素。在上皮细胞中防御素的平均浓度可以达到10～100 μg/mL，但是由于防御素不是均匀分布的，所以防御素在某个局部的浓度可能还会更高。

防御素的分布模式会因物种的不同而随之改变，几个物种防御素的多种表达模式见

表2-1。啮齿类动物小鼠缺少而大鼠中含有白细胞来源的防御素，但两个物种都含有帕内特细胞防御素和上皮细胞防御素。在猪舌头的上皮细胞中有β-防御素的表达，但是在粒细胞中没有检测到，相反地，猪粒细胞中表达大量的cathelicidin家族的抗菌肽，包括protegins、prophenins、PRs，以及其他种类的抗菌肽。有蹄类动物奶牛的粒细胞中大量表达由多个基因编码的β-防御素，同时在气管、舌和肠里面也可以表达其他类型的β-防御素，如TAP、LAP和EBD。有些情况下，防御素的诱导表达受特定细胞类型和组织环境的综合影响，比如：炎性巨噬细胞是在局部组织信号的影响下，由来自于循环血液中的单核细胞分化而得来。兔子肺巨噬细胞相比中性粒细胞来说表达大量的α-防御素，但是腹膜内的巨噬细胞却不表达α-防御素。尽管防御素在一些哺乳动物中由单核细胞表达，但是应用高敏感技术在巨噬细胞和淋巴细胞中同样可以检测到其表达。此外，某些物种的防御素表现出独特的表达模式，如：防御素在巨噬细胞中的高水平表达的现象仅仅在大鼠中存在，这可能与物种针对特定病原产生的进化压力有关。

表2-1 脊椎动物防御素表达的多样化模式

物种	中性粒细胞防御素	帕内特细胞防御素	上皮细胞防御素
人	α	α	α 和 β
恒河猴	α 和 θ	N. D.	β
小鼠	—	α	α 和 β
大鼠	α	α	β
猪	N. D.	N. D.	β
牛	β	—	β
鸡	β	N. D.	β

注：N. D. 为未确定。

四、防御素合成和释放的免疫调节

在组织特定的方式中，防御素的合成和释放是由微生物信号、发育信号、细胞因子和某种情况下的神经内分泌信号调节的。人中性粒细胞防御素是在中性粒细胞发育的特定时期，由中性粒细胞的骨髓前体细胞（前髓细胞和早期髓细胞）组成型合成的。通常情况下，防御素在初级颗粒（能够与吞噬泡融合的颗粒亚群）中进行包装，而次级颗粒仅含有低浓度的防御素，但是富含CAP18（Cathelicidin LL-37的前体）。中性粒细胞经过在骨髓中的成熟和在颗粒的储存库中的装配过程之后，会停止颗粒的合成，并释放到血液进入组织中。在吞噬过程中，富含防御素的初级颗粒会融合吞噬泡，在液泡内产生高浓度的防御素（图2-2）。

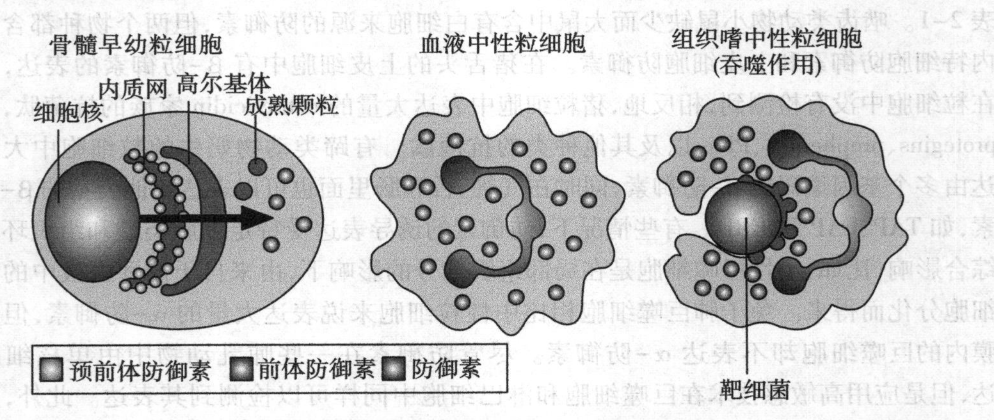

图 2-2 人嗜中性 α-防御素的合成和释放过程

人嗜中性 α-防御素的合成发生在骨髓的嗜中性粒细胞前体（也被称为早幼粒细胞）中。在核糖体内合成的形式是 94 个氨基酸预前体防御素（粉红色），当被去除了 N 端的 19aa 的信号肽后变成预 75aa 的前体防御素（紫色），更进一步剪掉 N 端 29～30aa 后成为成熟 α-防御素（红色）。在骨髓细胞系合成防御素的过程中，信号肽很快就被剪切掉，但是随后的成为成熟防御素的蛋白水解过程需要几个小时来完成，最终的蛋白水解的切割过程是发生在成熟的颗粒中。防御素的包装在初级颗粒中——一个最终会与吞噬泡融合的颗粒亚群。在骨髓中成熟后，嗜中性粒细胞就停止颗粒的合成，然后嗜中性粒细胞被释放到血液进入组织中，在吞噬过程（靶细菌标识为黑球）发生的时候，富含防御素的颗粒（红色）与吞噬泡结合，在液泡里会产生高浓度的防御素。

正常情况下，人帕内特细胞防御素的合成是组成型的，但是当机体遭受细菌和类胆碱的刺激时，它们会释放到肠隐窝的内腔，调节帕内特细胞防御素释放的特异受体和传导通路尚不明确。通过成对比较防御素基因启动子区域和相同位点表达的基因，发现 HNP1 和 HNP4、HD5 和 HD6 表现出高度的相似性，甚至当基因的非启动子区完全分化时，同样会表现出高度的相似性，比如帕内特细胞防御素 HD5 和 HD6 就是一个例子。人中性粒细胞防御素基因的启动子区含有几个典型的来源于 HL-60 骨髓细胞系的骨髓转录因子结合位点，是转录所必需的。通过对防御素启动子序列的分析，还没有发现指引防御素分布到其他组织的特异基序。

HBD1 主要在人的尿道表达，在皮肤和其他上皮细胞同样有表达，推测其为组成型分泌；HBD2 在皮肤的合成需要细菌激活一个通路，同时这个通路需要由骨髓细胞（树突状细胞和巨噬细胞）合成的 IL-1 介导。HBD2 诱导表达需要 IL-1 作为中介，这一现象在由 LPSA549 肺上皮细胞系和 MM6 或 U937 单核细胞样细胞系共培养的模式系统受到 LPS 刺激时同样存在。IL-1 介导 HBD2 mRNA 的表达依赖-205～-186 位点上的核转录因子κB（NF-κB）以及与-65～-50 位点上的 NF-κB 异二聚体的相互作用，HBD3 和 HBD4 的分泌同样受到依赖 NF-κB 机制的调节。牛的气管、舌头和肠的上皮细胞 β-防御素作为早期重要防御素类型，可以在感染和炎症时诱导表达，牛气管中的β-防御素的转录通过NF-κB通路调节。

有些情况下，防御素的合成可以在发育的过程中被调节，如在出生后一个月以内，兔肺泡巨噬细胞和小鼠帕内特细胞可以合成和蓄积防御素。

五、防御素在先天免疫中的作用

在先天免疫中，防御素具有杀死病原微生物、中和细菌毒素以及趋化和激活吞噬细胞等作用，下面将分类描述它的作用机制。

1. 直接杀菌作用

迄今为止，所有已发现的防御素在低盐和低浓度血清蛋白的体外环境下，具有广谱的杀菌作用，包括革兰氏阳性细菌和革兰氏阴性细菌，以及杀灭真菌和寄生虫的作用。不同种类的防御素杀灭病原体的能力不同，同时杀灭目标病原体的种类也不同，比如：HBD1和HBD2能够有效杀死大肠杆菌（*Escherichia coli*）和绿脓杆菌（*Pseudomonas aeruginosa*），但是对金黄色葡萄球菌（*Staphlococcus aureus*）的杀菌能力较弱；HBD3能够杀灭大肠杆菌、绿脓杆菌、洋葱假单胞菌（*Burkholderia cepacia*）、肺炎链球菌（*Streptococcus pneumoniae*）、酿脓链球菌（*Streptococcus pyogenes*）、粪肠球菌（*Enterococcus faecium*）、肉葡萄球菌（*Staphylococcus carnosus*）、白念珠菌（*Candida albicans*）、酿酒酵母（*Saccharomyces cerevisiae*）和金黄色葡萄球菌（*Staphylococcus aureus*）；HBD4对大肠杆菌、酿酒酵母、金黄色葡萄球菌、肺炎链球菌和洋葱假单胞菌不敏感，但是对肉葡萄球菌和绿脓杆菌有一定的杀菌作用。

早期对α-防御素杀菌机制研究表明：它能够增加细菌细胞膜的通透性，让细菌内的小分子物质泄漏。Kagan和Wimley等人利用磷脂组成的人工膜模拟细菌细胞膜研究防御素的杀菌机制时发现：α-防御素能够在膜上形成小孔或者通道（图2-3）。比如：人β-防御素HBD1、HBD3和附睾特异表达的β-防御素，同α-防御素一样，能够增加细菌细胞膜的通透性。α-防御素和β-防御素可以选择性地作用和渗透含有比哺乳动物的细胞膜更多阴离子磷脂的细菌细胞膜，对细菌细胞膜的渗透作用表现为在细胞膜上形成多个小孔或通道结构，进而造成细胞膜破裂和/或去偏极，使细菌内小分子物质外漏。

大多数防御素（HBD3和θ-防御素除外）在体外的杀菌活性会在具有生理盐浓度（150 mmol NaCl）和血清蛋白的环境中减弱，因而防御素的杀菌活性受到环境中盐和血清蛋白浓度的限制，要求两者的浓度非常低，比如上皮或皮肤的表面和中性粒细胞的吞噬体。但是有些防御素在生理环境下却能够表现出有效的杀菌活性，如HNP1-3在细菌感染的肺组织中表现较强的杀菌能力，HBD2同样可以在体内表现出杀菌能力。

大多数的防御素（显示为卵圆形）都是两极分子，它们有带阳性电荷的氨基酸侧链簇（粉红）和亲水的氨基酸侧链簇（绿色），这样的结构让其可以同细菌细胞膜相互作用，图2-3中带负电荷的磷脂头部（蓝色）和疏水的脂肪酸链（绿色），静电的吸引和跨膜生物电区域将多肽分子拉向并进入膜内，多肽分子在膜（地毯）内堆积，膜被挤开，多肽分子变换成另外一种排列方式用来降低张力，结果在膜上形成了许多孔或“虫洞”，针对防御素而言，多肽分子在孔内的这种特定排列方式还不清楚。

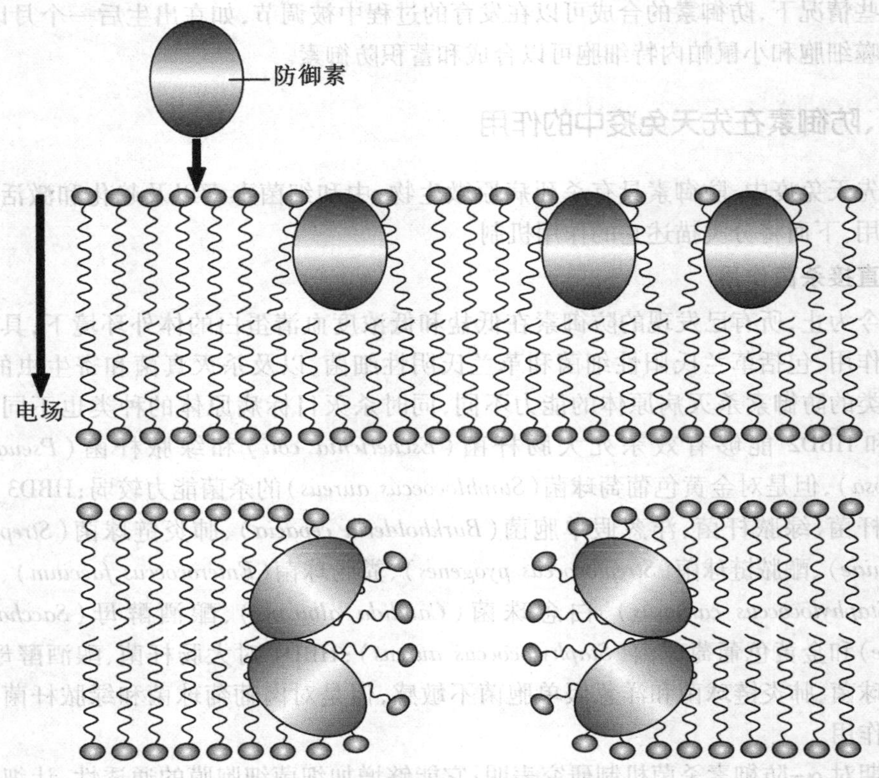

图2-3　防御素活性的地毯蛀孔模型

2. 抗病毒作用

α-防御素的抗病毒作用在三十多年前就已经被报道，HNP1-3 作为非趋化的分子，负责 HIV 病情稳定病人的 CD8 T 细胞产生抗病毒活性，这一发现与早期报道的 HNP1-3 能够抑制 HIV 的复制相一致。HBD1-3 具有抗 HIV 的作用，恒河猴的 θ-防御素和人工合成的人 θ-防御素同样具有抗 HIV 的活性。α-防御素和 θ-防御素能够对 HIV 嗜 T 细胞病毒株(T-tropic HIV strain)和嗜巨噬细胞病毒株(M-tropic HIV strain)均产生抗病毒作用。最近，多种 α-防御素、β-防御素和 θ-防御素报道对其他病毒具有抗病毒作用，如：疱疹病毒、流感病毒、呼吸道合胞病毒、乳头瘤病毒和腺病毒。HNP1-3 可以灭活胞外的病毒粒子，阻止病毒感染靶细胞，进而抑制病毒在细胞内的反转录和整合过程。θ-防御素高亲和性地结合在病毒粒子上的糖蛋白和糖脂(gp120 和 gp41)或者靶细胞的 CD4 上面，抑制病毒感染靶细胞。总的来说，防御素通过抑制病毒入侵和复制来减少病毒的感染。防御素的抗病毒机制如图 2-4 所示。

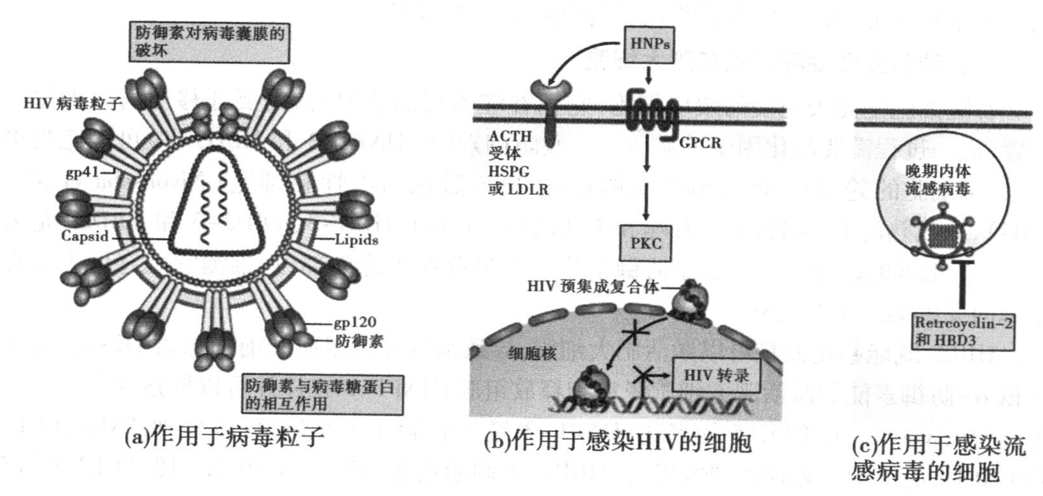

(a)作用于病毒粒子　(b)作用于感染HIV的细胞　(c)作用于感染流感病毒的细胞

图 2-4　防御素的抗病毒机制

(1)作用于病毒粒子[图 2-4(a)]。在缺少血清的情况下(如黏膜的表面),防御素通过破坏有囊膜病毒的囊膜或者影响病毒的糖蛋白(如 HIV 的 gp120 蛋白),从而使病毒失活。

(2)作用于感染 HIV 的细胞[图 2-4(b)]。血清存在的情况下,防御素 HNPs 可能通过与 G-蛋白偶联受体和/或细胞表面受体结合作用于靶细胞,如促肾上腺皮质激素(ACTH)受体、硫酸乙酰肝素蛋白多糖(HSPG)和低密度脂蛋白是受体(LDLR),导致下游信号通路改变,比如图示中的蛋白激酶 C(PKC)的信号通路,这些蛋白的相互作用阻断了 HIV 预集成复合体的输入细胞核或者阻断病毒 RNA 的转录,从而起到抗病毒作用。

(3)作用于感染流感病毒的细胞[图 2-4(c)]。防御素可以通过交联病毒的糖蛋白(流感病毒的血凝素、辛德比斯病毒 E1 和杆状病毒 gp64)而阻断病毒被膜与宿主细胞核内体的融合,进而阻止病毒复制。

3. 灭活或中和微生物的代谢产物

一些 α-防御素和 θ-防御素具有灭活细菌外毒素的能力,例如,炭疽杆菌致命的毒素中含有致死因子,它是一种以锌为底物的金属蛋白酶,能够扰乱细胞内重要的信号通路。HNP1-3 能够使致死因子中的酶失活,继而阻止炭疽致死毒素对鼠巨噬细胞的细胞毒性;除此之外,HNP1-3 还可以中和白喉杆菌和绿脓杆菌产生的外毒素中的单一 ADP 核糖基转移酶。θ-防御素不仅可以灭活炭疽杆菌致死毒素,而且可以杀死植物的炭疽杆菌,防止炭疽孢子发芽。

HNP1 和 HNP2 可以结合、中和细菌的脂多糖(LPS),限制 LPS 诱导单核/吞噬细胞分泌的细胞因子。HBD2-3 也可以结合 LPS,阻止 LPS 诱导鼠巨噬细胞系 RAW264.7 的基因表达,还可以保护小鼠遭到 LPS 诱导而发生急性败血症。在大鼠感染细菌性肺炎的实验中,当大鼠 HBD2 在肺中过表达时,能够减少肺的炎症反应和损伤。防御素的这些作用有助于减少细菌毒素的有害作用和与炎症相关的组织损伤。

4. 调动和激活吞噬细胞和肥大细胞

吞噬细胞是先天免疫的效应细胞，它们吞噬入侵的病原时，需要迁移至病原入侵的位置，这一过程需要趋化因子的调节。一些防御素（如 HNP1-3 和 HBD3-4）可以充当单核/巨噬细胞的趋化因子，HBD2 能够趋化 TNF 活化的中性粒细胞（Niyonsaba et al.，2004），未成熟的 DC 细胞能够吞噬和杀死病原。HNP1、HBD-3、mBD2-3 和 mBD29 是未成熟 DC 细胞的趋化因子。由于防御素往往大量存在于感染部位，推测它们有助于吞噬细胞向受感染的组织迁移。

HBD2 既能趋化而且可以激活肥大细胞，导致细胞释放组胺和前列腺素 D2；人、兔和豚鼠 α-防御素能够激活肥大细胞脱粒和释放组胺；HNP1-3 在体外可以增强支气管上皮细胞中的 CXCL8 和 CXCL5 的表达；HNP1-3 经气管滴注入小鼠，可以增加 TNFα、CCL2 和 CXCL2 的产量。近期的研究发现，HBD2-4 刺激角化细胞中 IL-6、IL-18、CCL2、CCL5 和 CXCL10 的表达。由于肥大细胞的颗粒产物增加嗜中性的渗出物，并且 CXCL2、CXC15、CXCL8、CCL2 和 CCL5 是吞噬细胞潜在的趋化因子，所以防御素很有可能间接地促进吞噬性白细胞游走到炎症部位。

防御素对白细胞的趋化效应可以被百日咳毒素抑制，揭示此过程利用了 Gαi 蛋白偶联受体（Gαi-PCR，Gαi-protein coupled receptor）。HBD1-3、mBD2-3 和 mBD29 趋化未成熟 DC 细胞和激活中性粒细胞时参与的受体为 CCR6，由于单核/巨噬细胞不能表达功能性的 CCR6，HBD3-4 必须利用 Gαi-PCR 诱导单核/巨噬细胞的趋化作用。介导 HNP1-3 趋化作用的受体尚未研究。

吞噬细胞一旦到达炎症部位，就会变得活跃，并与多种效应分子一起攻击病原。豚鼠 α-防御素被报道能够激活中性粒细胞，证明是因为中性粒细胞提高了黏附分子 ICAM-1、CD11b 和 CD11c 的表达。吞噬细胞表面黏附分子的表达，不仅促进它们游走到感染部位，而且促进激活吞噬细胞，有利于提高抗菌活性。此外，人 α-防御素能够直接激活吞噬细胞，提高吞噬能力，增加杀菌反应氧的中间产物的产量。

综上所述，防御素具有多种功能：直接杀死病原菌，中和或灭活细菌毒素，提高吞噬细胞的吞噬能力，促进吞噬细胞、肥大细胞和树突状细胞的募集能力。由此可见，防御素在宿主先天的抗菌防御中起着重要的作用。

六、防御素在获得性免疫中的作用

1. 调动树突状细胞和提高抗原摄取

获得性的抗菌免疫反应是在病原入侵的部位被发动的，在此部位未成熟 DC 细胞吸收病原体的成分，未成熟 DC 细胞对内源和外源的报警信号作出反应时，需要经历向成熟过程的转变，成熟的 DC 细胞天生具有向二级淋巴器官迁移和激活抗原特异性幼稚 T 细胞的能力，因此，DC 细胞被招募到病原入侵部位和在此部位的成熟对诱发获得性抗菌免疫反应至关重要。由于某些 α-防御素和 β-防御素具有直接的或间接的调动未成熟 DC

细胞的能力，因此它们能够募集未成熟DC细胞和成熟DC细胞渗入病原入侵部位，提高对病原的吸收能力。另外一种关于防御素提高抗原吸收的假设：防御素通过受体介导的内在化机制，结合到细菌的胞膜上，裂解靶细菌。假设的机制是这样的：靶细菌被裂解之后，防御素仍然与细菌的碎片结合，形成防御素-微生物碎片复合物，这一复合物随后与表达在DC细胞表面的防御素受体相互作用，通过内在化作用进入DC细胞的抗原加工小室中。最近，关于防御素HBD1的突变分析的研究显示：假定的HBD1-微生物碎片复合物不会妨碍HBD1与受体CCR6的相互作用，因为关键的杀菌残基和HBD1与CCR6相互反应的残基分别位于HBD1的C端和N端。此外，抗原可以共价连接到mBD2的C末端，这样大大提高了抗原进入DC细胞的MHC Π类抗原提呈途径，并且增强了后续的免疫反应。这些发现支持了防御素裂解靶细菌的假说。

2. 介导树突状细胞成熟

mBD2除了可以趋化表达CCR6的未成熟的DC细胞之外，还可以促进鼠DC细胞的表型和功能成熟。mBD2处理后的鼠DC细胞上调辅助刺激分子（CD40、CD80、CD86）、MHC Π类分子和趋化因子受体CCR7的表达，mBD2刺激DC细胞成熟的能力由Toll样受体4介导。最近研究发现，HBD3能够促进人外周血中的CD11c阳性DC细胞的成熟，导致DC细胞表面辅刺激分子CD80和CD86的上调表达。其他抗菌物质，包括高移动性的群蛋白、嗜曙红细胞派生的神经毒素和cathelicidin，同样具有动员和激活抗原提呈细胞的双重能力。

3. 在体内增强抗原特异的免疫反应

防御素具有调动和诱导DC细胞成熟的双重作用，因而推测其可以在机体内提高抗原特异的免疫反应。的确，在皮内共注射卵清蛋白（OVA）和HNP1-3提高了C57BL/6小鼠的体液免疫和细胞介导的卵清蛋白特异的免疫反应。HNP1-3增强免疫反应的现象，同样可以在与其他抗原腹膜内共注射时产生，如：模式抗原KLH和弱的肿瘤抗原鼠B细胞淋巴瘤特异基因型抗原。使用β-防御素和淋巴瘤特异基因型抗原的融合产物（融合蛋白或质粒DNA）免疫小鼠，证实了mBD2-3可以增强抗原特异的免疫反应。此外，mBD2融合HIV的gp120蛋白的DNA疫苗同样可以增强抗gp120的免疫反应。利用DNA疫苗的方法，将表达mBD2（或者mBD3）的质粒和表达目标抗原的质粒在相同注射位点共免疫动物，不能提高抗原特异性的免疫反应，但是将它们共价连接到目标抗原时，却可以表现出增强的免疫反应。用OVA和HBD1（或HBD2）的混合物免疫小鼠，可以增强OVA特异的抗体反应。近期研究发现，用L1210（一种鼠急性淋巴白血病细胞系）免疫小鼠，是为了产生分泌型的mBD2，结果产生了由CD8阳性CTL细胞和NK细胞介导的保护性免疫。可见，共价连接到目标抗原的方法并不能绝对地引起β-防御素特异的免疫增强反应，但是通常可以获得更强的免疫反应。

根据T细胞分泌细胞因子的不同，将其分为三个类型，即Th1、Th2和Th17。Th1细胞分泌IFNγ，Th2细胞表达IL-4、IL-5、IL-10和IL-13，Th17细胞分泌IL-17。HNP1-3可以增强IFNγ、IL-5、IL-6和IL-10的表达，暗示着由Th1和Th2介导的免疫反应增强了。mBD2 能够增强抗肿瘤免疫，由于有效的抗肿瘤免疫依赖于肿瘤相关的抗原特异性 Th1 反应，所以推测 mBD2 倾向于提高抗原特异性 Th1 反应，这一推论与 Biragyn 等人的实验结果相一致，mBD2 成熟的 DC 细胞所分泌的细胞因子表现出偏向 Th1 产生的细胞因子类群和促炎细胞因子 IL-12、IL-1α、IL-1β 和 IL-6。

4. 调动 T 淋巴细胞

激活的 CD4 和 CD8 阳性 T 细胞会被运输到感染部位并执行它们的功能，CD8 阳性 T 细胞直接杀死病原菌感染的细胞，CD4 阳性 T 细胞通过产生细胞因子（如 IFNγ）提高巨噬细胞和 NK 细胞的细胞毒活性。HNP-1 和 HNP-2 是外周血 T 细胞的趋化因子，HBD1 和 HBD2 是表达 CCR6 受体的记忆型 T 细胞的趋化因子，防御素对 T 细胞的趋化反应暗示其有助于 CD4 和 CD8 效应 T 细胞向病原感染部位迁移。

总之，防御素在宿主先天免疫和获得性免疫的多个时期参与抗细菌感染。防御素对哺乳动物抗菌免疫的贡献，可以得到转基因和基因敲除小鼠模型的研究数据的支持。mBD1 基因的敲除导致小鼠延迟清除肺组织中的流感病毒，并且增加了葡萄球菌在膀胱中的繁殖概率。HD5 的转基因过表达可以保护小鼠免遭鼠科沙门氏菌从口腔感染，在体内繁殖并达到致死浓度。尽管基因敲除和转基因小鼠的实验数据可以解释为防御素直接的抗菌活性的结果，但防御素介导白细胞转移的贡献同样是有证可查，例如，HNP1 在体内抗菌需要白细胞的参与。最近研究人百日咳博代氏杆菌（*Bordetella pertussis*）感染新生小猪时，用猪 BD1 经肺内给药不仅阻止了小猪得百日咳，并且诱导产生 Th1 型细胞因子 IL-12 和 IFNγ。因此，我们可以清晰地看到，防御素对体内抗菌防御的贡献部分依赖其调动先天免疫和获得性免疫的能力。

七、防御素在临床上的应用

防御素在临床治疗上潜在应用主要有两大方向：一是根据其具有杀菌、抗病毒和中和毒素的性能发明治疗药物，给多种模式动物服用外源性的防御素，能够阻止或减轻病原或者毒素引发的实验动物感染或者死亡，支持了防御素具有治疗疾病的可行性。二是利用 α-防御素和 β-防御素可以提高抗原特异的免疫反应，发展基于防御素的免疫佐剂，免疫佐剂被看作是抗传染病疫苗或者抗癌治疗疫苗的必要成分。在前面的综述中，几种 α-防御素和 β-防御素表现出可以促进保护性的抗肿瘤免疫，如小鼠的 B 细胞淋巴瘤或者急性淋巴白血病。通过对许多免疫增强剂进行研究发现，其中的大多数（明矾除外）因为严重的副作用而不能用于人体，然而由于防御素有效的免疫增强作用以及其内在的特性，因此可以当作有效的免疫佐剂。

八、鱼类防御素研究进展

与高等脊椎动物丰富的抗菌肽相比，鱼类抗菌肽研究起步较晚，江丽娜等根据目前已发现的鱼类抗菌肽的结构特点，将其分为四类，见表 2-2。其主要包括从豹鳎中得的

33个氨基酸的pardaxins，虹鳟血清分离的Salmocidin，七鳃鳗LCRP，泥鳅的misgurin，美洲拟鲽的pleurocidins，鲶皮肤中的parasin，斑点叉尾鮰的类似组蛋白的抗菌肽，虹鳟的组蛋白样抗菌肽Oncorhyncin Ⅱ和Ⅲ，杂交斑纹鲈的moronecidin、Hepcidin和piscidins，八目鳗小肠的HFIAPs，在八目鳗和虹鳟中发现的cathelicidin，还有罗非鱼TH1－5、TH2－2和TH2－3是三种类型的Hepcidins等。鱼类中已经发现的防御素基因只包含β－防御素，没有发现α－防御素和θ－防御素。近年来，报道的鱼类β－防御素基因包括斑马鱼（*Danio rerio*）、红鳍东方鲀（*Takifugu rubripes*）、绿河豚（*Tetraodon nigroviridis*）、虹鳟（*Oncorhynchus mykiss*）、青鳉（*Oryzias latipes*）和牙鲆（*Paralichthys olivaceus*）。斑马鱼、红鳍东方鲀和绿河豚的三个与β－防御素类似的基因，为首次报道的鱼类防御素基因，在文章中分析了斑马鱼的三种β－防御素zfBD－1、zfBD－2和zfBD－3的基因结构及其在斑马鱼基因组上的位置，同时对三种基因的mRNA在健康斑马鱼中的表达进行了分析；虹鳟的β－防御素OmBD－1在不同组织转录表达，在鲤上皮细胞（epithelioma papulosum cyprinid）转染OmBD－1的重组质粒，检测到重组的OmBD－1对VHSV（viral haemorrhagic septicemia virus，病毒性出血败血症病毒）的抗病毒活性；青鳉的β－防御素比较有趣，它在青鳉的眼睛中表达量最高，启动子假定转录因子结合位点的突变分析表明，其启动子区域的NF－κB和Sp1参与抗细菌的免疫调节，并且报道了青鳉β－防御素特异性地对G^-细菌有明显的抑菌作用；最近，从发育早期的牙鲆中发现了5个β－防御素的亚型（fBDIs），它们的氨基酸序列组成与前面已经报道的防御素有所不同，在信号肽和成熟肽之间含有5～15个氨基酸的前导肽序列，fBDIs在鱼卵阶段呈组成型表达，病原刺激时可以诱导fBDIs基因的表达，原核表达的重组蛋白fBD可以抑制大肠杆菌BL21（DE3）。与哺乳动物的防御素研究相比，关于鱼类防御素的知识是相当贫乏的，其在动物体内的抗菌和抗病毒能力以及发挥作用的机理，是否具有趋化因子的功能等，还有待进一步研究证实。

表2-2 鱼类中已发现的抗菌肽

抗菌肽种类	特点	举例
富含某种氨基酸的线性多肽	形成α螺旋	Salmocidin，HFIAPs，misgurin，pardaxins moronecidin，piscidins，pleurocidins
富含半胱氨酸	形成β折叠结构	Defensin，hepcidin，LCRP
组蛋白样抗菌肽	与组蛋白高度相似	Parasin，HLPs，SAM
经酰胺化、糖基化修饰的抗菌肽		鲤体表黏液中27 kDa和丁鲷、鳗鲡皮肤黏液的65 kDa、49 kDa和45 kDa的抗菌肽

九、本研究的目的和意义

鳜（*Siniperca chuasti*）是我国重要的淡水养殖鱼类，近年来随着养殖规模不断扩大，水体环境恶化和抗生素的滥用导致水产养殖陷入了恶性循环，抗菌肽因其安全、高效、无残留，成为研究的焦点。近年来，尽管防御素基因在多种鱼类中被报道，但是对其功能的研究尚处于起步阶段。本研究在克隆鳜 β-防御素基因序列的基础上，通过 RT-PCR、Real-time PCR 和 Western Blot 技术对基因及其蛋白的表达特性进行了分析，原位杂交技术检测了鳜 β-防御素在造血组织中的分布情况，并且构建重组的真核表达质粒，转染入哺乳动物的细胞中，获得其重组蛋白，检测了蛋白的抑菌能力，为防御素在疾病的预防和治疗方面的应用提供理论依据。

第二节　鳜 β-防御素基因的克隆和序列分析

一、材料与方法

1. 主要仪器设备

PCR 扩增仪［Programmable Thermal Controller（PTC）-100 型］：美国 MJ Research 公司；

台式冷冻离心机（Centrifuge 5417R 型）：德国 Eppendorf 公司；

台式高速离心机（Centrifuge 5415D 型）：德国 Eppendorf 公司；

恒温孵育器（Thermo Stat plus）：德国 Eppendorf 公司；

分光光度仪（BioPhotometer）：德国 Eppendorf 公司；

凝胶成像系统（White/Ultraviolet Transilluminator GDS8000 型）：UVP 公司；

切片机（LeicaRM2235）：Leica 公司；

生化培养箱：上海福玛实验设备有限公司产品；

超低温冰箱（U570-86）：美国 NBS 公司。

2. 试剂盒与酶

SMART cDNA synthesis Kit，Universal Genome Walker™ kit：Clontech 公司；

逆转录试剂盒（RevertAid™ First Strand cDNA Synthesis Kit），Taq DNA Polymerase（5 U/μL），DNase I（RNase Free；5 U/μL），RNA 酶抑制剂 Ribonuclease inhibitor（40 U/μL）限制性内切酶 *Eco*R Ⅰ、*Dra* Ⅰ、*Pvu* Ⅱ、*Sca* Ⅰ：Fermentas 公司；

反转录酶 SuperScript™ Ⅱ RNase H Reverse Transcriptase（200 U/μL）：Invitrogen 公司；

dNTP（2.5 mmol/L，10 mmol/L），TaKaRa Ex Taq™（5 U/μL），T_4 DNA 连接酶（350 U/μL）：TaKaRa 公司；

B Taq 聚合酶，Realtime PCR Master Mix（2×SYBR® Green Realtime PCR Master Mix）：TOYOBO 公司。

3. 主要试剂

蛋白酶抑制剂（PMSF，leupetin，aprotinin）：AMRESCO 公司；

DNA Marker:DL2000、DL5000,TaKaRa 公司;

TRIzol® Reagents,Invitrogen 公司;

实验中其他化学试剂除特别注明外,均为国产分析纯。

实验有关溶液和缓冲液除特别注明外,均参照萨姆布鲁克(2002)所述方法配制。

4. 载体和菌株

pMD18-T 载体:TA 克隆,TaKaRa 公司;

大肠杆菌(*E. coli*)DH5α 菌株:克隆载体宿主菌,本实验室保存;

实验中所用引物由上海生工生物工程技术公司和武汉博杰公司合成;

序列测定由武汉华大、上海华诺公司完成。

5. 实验材料

鳜(*Siniperca chuatsi*)购自武汉牛山湖渔场,体重 200~300 g。实验进行前,在池中暂养两周。用于 LPS 诱导表达实验的鳜,实验水温保持在 25 ℃。

6. RNA 的提取

用 Trizol 提取组织的总 RNA。匀浆器和解剖器械经 180 ℃高温烘烤,离心管、枪头和溶液均无 RNA 酶。无菌条件下取出脾脏,放入匀浆器中,加入 10 倍体积的 Trizol,匀浆。室温静置 10 min,4 ℃、12 000*g* 离心 10 min;取上清,加入 0.2 mL 氯仿,剧烈摇动 15 s,室温静置 3 min,4 ℃、12 000*g* 离心 15 min;取上清,转移到干净的离心管中,加入 0.5 mL 的异丙醇,室温静置 10 min,4 ℃、10 000*g* 离心 10 min。沉淀用 75% 乙醇洗涤后,打开管口,室温干燥,DEPC 水溶解,-80 ℃备用。

所得 RNA 样品通过分光光度计测量 RNA 的浓度,通过电泳检测 RNA 的质量。RNA 样品的浓度按下列公式计算:

$$[RNA] = OD_{260} \times D \times 40\ ng/\mu L$$

公式中 D 为样品的稀释倍数。

7. 鳜 β-防御素 cDNA 和 DNA 序列扩增及序列分析

(1)cDNA 第一链的合成(用于扩增 cDNA 中间片段和 3′-RACE 扩增)。参照 Fermentas 公司的 RevertAid™ First Strand cDNA Synthesis Kit 的方法合成 cDNA。

SMART cDNA 第一链合成所用的引物:3-CDS 引物(10 μmol/L)5′-AAGCAGTGG-TAACAACGCAGAGTACT$_{(30)}$N$_{-1}$N-3′。步骤如下:

1)取 2 μg RNA,在终体积为 20 μL 的反应体系中加入 3-CDS 引物 1 μL,加 DEPC 水补足至 13 μL,70 ℃ 5 min 后,迅速置于冰上。

2)加入 5×第一链反应缓冲液(250 mmol/L Tris-HCl,pH 8.3;250 mmol/L KCl;20 mmol/L $MgCl_2$,50 mmol/L DTT)4 μL,Ribonuclease Inhibitor(40 U/μL)1 μL,dNTP(10 mmol/L)1 μL,短暂离心,25 ℃、5 min 后迅速置于冰上。

3)加逆转录酶 RevertAid™ M-MulV Reverse Transcriptase(200 U/μL)1 μL,25 ℃ 10 min,42 ℃ 1 h,70 ℃ 15 min 合成第一链 cDNA。合成反应在 PCR 扩增仪完成。

(2)SMART cDNA 第一链的合成(用于 5′-RACE 扩增)。SMART cDNA 的合成原理

见图 2–5，步骤详见 SMART cDNA Synthesis Kit（Clontech）操作手册。

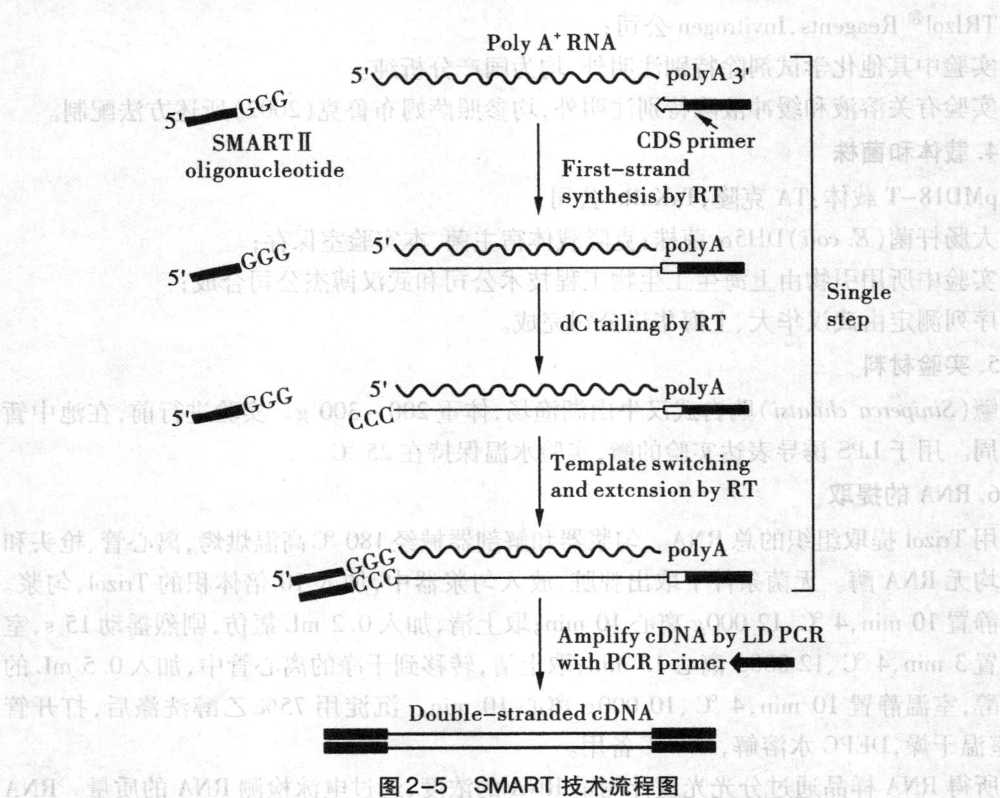

图 2–5 SMART 技术流程图

（引自 Clontech 公司 SMARTTM RACE cDNA Amplification Kit）

SMART cDNA 第一链合成所用的引物：①CDS 引物（10 μmol/L）5′–AAGCAGTGGTA-ACAACGCAGAGTACT(30)N_{-1}N–3′（N＝A，C，G or T；N_{-1}＝A，G or C）；②Smart Ⅱ 寡核苷酸（10 μmol/L）5′–AAGCAGTGGTAACAACGCAGAGTACGCGGG–3′。

按照 Clontech 公司的 SMART™ RACE cDNA Amplification Kit 的方法合成 cDNA。取总 RNA 2 μg，在终体积为 20 μL 的反应体系中加入 CDS 引物和 Smart Π 引物各 1 μL，加水补足至 11 μL，65 ℃保温 5 min 后，冰上速冷 2 min；然后加入 5×第一链反应缓冲液（250 mmol/L Tris–HCl，pH 8.3；375 mmol/L KCl；30 mmol/L $MgCl_2$）4 μL、DTT（20 mmol/L）2 μL、dNTP（10 mmol/L）1 μL、Ribonuclease Inhibitor（40 U/μL）1 μL 和逆转录酶 Superscript Ⅱ transcriptase 1 μL，42 ℃ 1 h、70 ℃ 15 min 合成第一链 cDNA，合成反应在 PCR 扩增仪中完成。

（3）RACE–PCR 方法扩增鳜 β–防御素（*Siniperca chuasti* β–defensin，ScBD）基因 cDNA 全长。根据绿河豚和青鳉中获得的 β–防御素基因序列，设计保守区域引物 DFF 和 DFR（引物序列详见表 2–3），扩增到特异性片段并测序验证后，应用 Primer Premier 5.0 软件设计巢式引物，引物 T_m>64 ℃。RACE 共进行两轮 PCR 反应。

表2-3　鳜β-防御素基因扩增和表达所用引物

引物名称	序列(5′-3′)	用途
DFF	ATGAAGGGACTGAGCTTGGTTC	扩增中间片段
DFR	GTGATG(CA)CCAACG(AG)TGTACTCCTG	Conserved region cloning
DF51	GTCCAGTACTGCATTTCTGGAT	5′RACE 第一轮 5′RACE 1st round
DF52	CACAAGGAGAACCAAGCTCAGT	5′RACE 第二轮 5′RACE 2nd round
DF31	AATGATCCAGAAATGCAGTACTGG	3′RACE 第一轮 3′RACE 1st round
DF32	ATGCTCAGGAGTACATCGTTGGT	3′RACE 第二轮 3′RACE 2nd round
gDFF	AGGGACTGAGCTTGGTTCTC	扩增内含子 Genomic DNA cloning
gDFR	GACCGCATAGCACAGCACCT	扩增内含子 Genomic DNA cloning
qDFF	TATGCGGTCTTAGCACCTGTCA	荧光定量 PCR Real-time PCR
qDFR	TATCCAGAAGAATGCTGCGTCA	荧光定量 PCR Real-time PCR
ExDF	AGGGGTACCGGGAATGATCCAGAAATGCAG	原核表达
ExDR	AGGAAGCTTCTAAGACCGCATAGCACA	Expression in *E. coli*
ZHdefF	AAAAGCTTGCCACCATGGCAATGAAGGGACTGAGCTTG	真核表达 Expression in cells
ZHdefR	AAGGATCCCTAAGACCGCATAGCACA	真核表达 Expression in cells
ScActinF	GAGAGGCAAATCGTGCGTGA	内参引物
ScActinR	CATACCGAGGAAGGAAGGCTG	Actin primers for real-time PCR
UPM Long	CTAATACGACTCACTATAGGGCAAGCAG TGGTATCAACGCAGAGT	RACE-PCR 的通用引物 Universal primers mix
UPM Short	CTAATACGACTCACTATAGGGC	
AP1	GTAATACGACTCACTATAGGGC	Genome walking 第一轮引物 Universal primer 1st round
AP2	ACTATAGGGCACGCGTGGT	Genome walking 第二轮引物 Universal primer 2nd round
DEF51	CACAAGGAGAACCAAGCTCAGT	启动子扩增引物
DEF52	TGCCTATGAATGACCTACACAATGC	Promoter sequence amplification
DEF53	GCCAACTTCATACAACGGAACCCTA	

反应组分的配制：10×Taq buffer 2.5 μL；dNTP mixture（各 10 mmol/L）2.5 μL；模板 1 μL；引物（10 μmol/L）各 1 μL；Taq 酶（5 U/μL）0.25 μL，补水至终体积 25 μL。

以 SMART cDNA 为模板，使用基因特异引物和通用引物 UPM 进行第一轮扩增。

PCR 反应条件为:94 ℃预变性 5 min 后;94 ℃变性 30 s,66 ℃退火 30 s,72 ℃延伸 1 min,运行 5 个循环;94 ℃ 30 s,64 ℃ 30 s,72 ℃ 1 min,运行 30 个循环;最后 72 ℃延伸 10 min。

第一轮 PCR 扩增产物用无菌蒸馏水稀释 10 倍后,取 1 μL 用作第二轮扩增反应的模板。使用下游引物和 UPM 进行第二轮 PCR 反应,反应条件同上。

PCR 所得的片段均用 Omega 公司的胶回收试剂盒进行回收,电泳检测后,与 TaKaRa 公司的 pMD18-T 载体 16 ℃连接过夜后,转化入大肠杆菌(*Escherichia coli*)M15 感受态中,PCR 检测,将阳性克隆送测序。

第二轮 PCR 产物经 1% 琼脂糖凝胶电泳,切下含目的 DNA 片段的胶条,使用 Omega 公司的凝胶回收试剂盒回收 DNA。主要步骤如下:

在含有目的 DNA 片段的胶条中加入 500 μL 溶胶液,60 ℃温浴 6~8 min 直至胶条完全融化;将溶液转移到 DNA 纯化柱,室温 10 000*g* 离心 1 min;弃废液,于上层柱床加入 750 μL 漂洗液,室温静置 5 min,12 000*g* 离心 1 min;重复使用漂洗液洗涤一次;室温 12 000*g* 离心空柱 2 min;将纯化柱转移到干净的离心管,柱床上加 20 μL 灭菌双蒸水,室温静置 2 min,10 000*g* 离心 1 min 洗脱 DNA。

将回收的目的片段连接到 pMD18-T 载体中,转化大肠杆菌 $DH_{5\alpha}$感受态细胞,经 PCR 检测,阳性克隆送武汉华大生物科技有限公司测序。

RACE-PCR 扩增得到 3′端序列,与 cDNA 的核心片段拼接得到鳜 β-防御素基因全长 cDNA。RACE-PCR 技术克隆基因 cDNA 全长流程图详见图 2-6。

(4)鳜 β-防御素基因组 DNA 的克隆。根据已获得的鳜 β-防御素 cDNA 全长序列,使用 Primer Premier 5.0 软件设计特异引物,扩增基因组上的内含子,获得基因组全长。扩增内含子所用引物详见表 2-3。

(5)采用 Genome Walker 方法扩增鳜 β-防御素启动子区域。将基因组 DNA 分别用 4 种限制性内切酶 *Eco*R Ⅰ、*Dra* Ⅰ、*Pvu* Ⅱ、*Sca* Ⅰ进行酶切。30 μL 酶切溶液为:18 μL 灭菌去离子水,6 μL DNA(0.1 μg/μL),3 μL 限制性内切酶;3 μL buffer。*Eco*R Ⅰ、*Dra* Ⅰ、*Pvu* Ⅱ、*Sca* Ⅰ 37 ℃ 各酶切 5 h。1% 琼脂糖电泳检测酶切效果。

酶切产物用 E.Z.N.A^{TM} Cycle-pure kit 试剂盒回收纯化:加入 5 倍酶切体积的 Buffer CP,混匀后室温静置 5 min,将混合样品加入 HiBind DNA 纯化柱中,10 000*g* 室温离心 1 min,弃下层收集管的液体,于上层柱床加入 700 μL DNA 洗涤缓冲液,室温静置 2 min,10 000*g* 离心 1 min;重复使用 DNA 洗涤溶液洗涤一次;室温 13 000*g* 离心空柱 2 min;将纯化柱转移到干净的离心管,柱床上加 40 μL 灭菌双蒸水,室温静置 2 min,13 000*g* 离心 1 min,收集纯化的酶切产物。

在 20 μL 的反应体系中连接 Genome walker 接头引物:10 μL 各组酶切的 DNA,6 μL 混合长短链接头(25 μmol/L),2 μL T4 DNA 连接酶,2 μL 连接缓冲液。16 ℃连接过夜。70 ℃ 5 min 终止反应。

根据鳜 β-防御素已知的 5′端外显子区域序列,使用 Primer Premier 5.0 软件设计巢式引物，引物 T_m>66 ℃，引物序列见表 2-3。分别以上述的酶切产物为模板，巢式特异外引物和 AP1 进行第一轮 PCR 扩增。第一轮 PCR 扩增产物用无菌蒸馏水稀释 50 倍，取 1 μL 用作第二轮扩增反应的模板，巢式特异内引物和 AP2 为引物进行第二轮扩增。扩增的目的片段回收、纯化，连接 pMD-18T、转化，挑取阳性克隆，测序。根据已获得的片段再设计引物，巢式 PCR 扩增未知区域。将三次巢式 PCR 扩增的序列拼接获得了鳜 β-防御素的启动子序列。

（6）序列分析。使用 NCBI 网站的 BLASTN 和 BLASTX 软件进行同源基因的搜索；使用 ExPASy 网站有关软件进行开放阅读框的搜索、氨基酸序列的推断，ProtParam 工具预测蛋白的分子量、等电点和净电荷等；SignalP 3.0 推断蛋白的信号肽。采用 1999 Neural Network Promoter Prediction（NNPP version 2.2）预测鳜 β-防御素启动子序列，5′侧翼区上的转录因子结合位点采用 TRANSFAC 4.0 来预测。

氨基酸的多序列排列比较使用 ClustalW1.83 分析。不同物种同源基因的相似性用 MatGat2.02 程序分析。鳜和其他脊椎动物 β-防御素的进化关系采用 MEGA3.1 软件的邻接法（neighbor-joining，NJ）构建的系统进化树来分析，设置 1 000 次 bootstraps 进行评估。

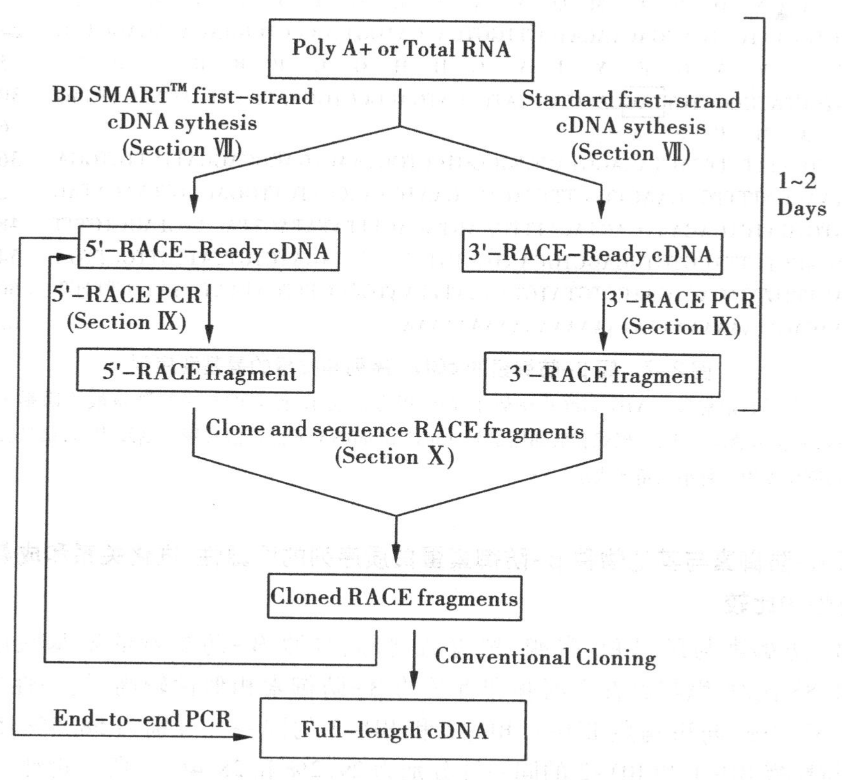

图 2-6　SMART RACE 的流程图

（引自 Clontech 公司 SMART™ RACE cDNA Amplification Kit 操作手册）

二、结果

1. 鳜 β-防御素基因的 cDNA 全长及推导的氨基酸序列

鳜 β-防御素的 cDNA 全长 634 bp，包含 192 bp 的开放阅读框，编码 63 个氨基酸。3′ UTR 在 poly(A)加尾信号前 16 bp 处发现一个多聚腺苷酸加尾信号(AATAAA)、34 bp 处有 1 个 mRNA 不稳定基序(ATTTA)(图 2-7)。

SignalP 软件分析鳜 β-防御素 N 端含有 20 个氨基酸的信号肽(剪切位点用 GEG-NDP 表示)，剪切信号肽之后的成熟肽包含 43 个氨基酸，其中含有 6 个半胱氨酸(图 2-7)，用于形成分子内二硫键。使用 ProtParam 软件分析编码蛋白的理化性质，预测鳜 β-防御素蛋白的分子量为 7.29 kDa，理论等电点为 8.88。成熟肽的分子量为 5.24 kDa，理论等电点为 8.90，净电荷为+4。

```
AAATGCTGTATAAATGCAGCATCAGCCTGTCCACAACAGTGTCTGAAAGCTTATTGGTAC   60
CCAAAC[ATG]AAGGGACTGAGCTTGGTTCTCCTTGTGCTTCTCCTGATGCTCGCAGTCGGG   120
      M  K  G  L  S  L  V  L  L  V  L  L  L  M  L  A  V  G   18
GAGGGCAATGATCCAGAAATGCAGTACTGGACATGTGGGTATAGAGGACTCTGCAGACGG   180
E  G ▲N  D  P  E  M  Q  Y  W  T  C  G  Y  R  G  L  C  R  R    38
TTCTGCTATGCTCAGGAGTACATCGTTGGTCATCATGGTTGCCCTCGAAGATACAGGTGC   240
F  C  Y  A  Q  E  Y  I  V  G  H  H  G  C  P  R  R  Y  R  C    58
TGTGCTATGCGGTCT[TAG]CACCTGTCATCTGATGACGCCTGGAAGATGTCACAGCATGAG   300
C  A  M  R  S  *                                                63
GGCTGATTTCTTCAGTACAGGTAGCTGGGGTCCTGGTAACTGACGCAGCATTCTTCTGGA   360
TAAACCATTTTGACAACTTTGTTTTACTCTCAATCAACCCTTCTTGGACTTCTAACATAC   420
TGTGTGATCTGACAATGAGTACTTTTGAAGTGCACTTTATATAGTTAGATCTAGCTCTTT   480
TACAGCTGTTAGGTGTGCAGCTGCAATCCTGTTGCTCATAGATCTGTTATTGTTGCTTGA   540
AACTTTGTGTGACTGATCCTGTATCTAACATTTAATGCCGTTTCATAATAAATTCTTTGT   600
GAACAGTTAAAAAAAAAAAAAAAAAAAAAAAAAAA                            634
```

图 2-7 鳜 β-防御素的 cDNA 序列和推导的氨基酸序列

翻译起始密码子 ATG 和终止密码子 TAG 用方框表示，保守的 6 个半胱氨酸用阴影表示，* 表示翻译终止，多聚腺苷酸加尾信号 aataaa 和 mRNA 不稳定信号用下划线表示，信号肽切割位点用黑色小三角形表示。

2. 鳜 β-防御素与其他物种 β-防御素蛋白质序列的同源性、进化关系和成熟肽特性的比较

鳜 β-防御素与斑马鱼、青鳉、黑青斑河豚、虹鳟 β-防御素的氨基酸序列采用 ClustalW1.83 比对，鳜与黑青斑河豚和青鳉的 β-防御素相似性较高，同一性分别达到 88.9% 和 87.3%，与斑马鱼 BD-1、BD-2 和 BD-3 的同一性分别为 58.5%、52.1% 和 32.3%，与虹鳟 BD-1 和 BD-2 的同一性分别为 29.2% 和 28.4%。所有物种的 β-防御素基因都含有 6 个保守的半胱氨酸(cysteine，Cys)位点，成熟肽 C 端的赖氨酸(lysine，Lys)和精氨酸(arginine，Arg)在所有物种中也是高度保守的，两者使 β-防御素的

净电荷在+1 和+7 之间,这一特性属于大多数抗菌肽的特征之一(图 2-8)。

```
                                                        1     2   3            4     56   Identity
SCBD     -MKGLSLVLLVLLLMLAVG-EGNDPEMQYWTCGYR-GLCRR-FCYAQEYIVGHHGCPRRYRCCAMRS-
TnBD     -MKGLSLVLLVLLLMLAAG-EDSDSEMQYWTCGYR-GLCRR-FCYAQEYTVGHHGCPRRYRCCATRP-   88.9%
OlBD     -MKGLGLVLLVLLLMFADG-EEKDPVMQYWTCGYR-GLCRR-FCYAQEYIIGHHGCPRRYRCCAMRF-   87.3%
DrBD-1   -MKPQSIFILLVLVVLALHFKENEAASFPWSCASLSGVCRQGVCLPSELYFGPLGCGKGFLCCVSHFL   58.5%
DrBD-2   MKKLGMIIFITLPALFAGNVHNAEVQIQNWTCGYG-GLCRR-FCFDQEYIVAHHGCPRRYRCCAVRF-   52.1%
DrBD-3   --MRTLGLIIFALLLLTASQ-ANDTDVQRWTCGYR-GLCRK-HCYAREYMIGYRGCPRRYRCCALRF-   32.3%
OmBD-1   ------MVTLVLLVFLLLNVVEDEAASFPFSCPTLSGVCRK-LCLPTEMFFGPLGCGKGFLCCVSHF-   29.2%
OmBD-2   -MSCQRMVTLVLLVFLLLNVVEDEAASFPFSCPTLSGVCRK-LCLPTEMFFGPLGCGKGFLCCVSHF-   28.4%
           :. :  :        .   *    *:**:  *    *   ..  ** : : **. :
```

图 2-8 鳜与其他鱼类β-防御素氨基酸序列同源性比较

使用 ClustalW 1.83 进行序列比对,6 个半胱氨酸用阴影表示,黑体表示阳离子残基赖氨酸和精氨酸(K 和 R)。6 个半胱氨酸的连接顺序为 C1-C5、C2-C4 和 C3-C6。用于比对的序列分别来自鳜(FJ876152)、黑青斑河豚(CAG00590)、青鳉(EU676010)、斑马鱼 BD-1(CAJ57442)、斑马鱼 BD-2(CAJ57443)、斑马鱼 BD-3(CAJ57444)、虹鳟 BD-1(ABR68250)和 BD-2(CAR82090.1)。

用邻接法构建的鱼类和其他脊椎动物β-防御素蛋白序列的系统进化树表明,哺乳类、鸟类和鱼类的β-防御素基因各自聚为一支,鳜与青鳉和黑青斑河豚的β-防御素基因聚类在一起(图 2-9)。

鱼类β-防御素成熟肽的特性比较见表 2-4。从表中可以看出,它们的共同特点是分子量小,属于阳离子多肽。在切除 N 端的信号肽之后,成熟肽的大小在 41~45 个氯基酸之间,分子量在 4.4~5.5 kDa 之间,阳离子净电荷在+1 和+7 之间。

表 2-4 鱼类β-防御素蛋白成熟肽的特性

序列名称	登录号	物种	氨基酸数目	净电荷	分子量/kDa	等电点 pI
*Sc*BD	FJ876152	鳜(*Siniperca chuasti*)	43	+4	5.24	8.90
*Tr*BD	BN000875	红鳍东方鲀(*Takifugu rubripes*)	42	+2	4.54	8.35
*Tn*BD-1	BN000873	黑青斑河豚(*Tetraodon nigroviridis*)	42	+2	4.50	8.35
*Tn*BD-2	CAG00590	黑青斑河豚(*Tetraodon nigroviridis*)	45	+2	5.41	8.34
*Ol*BD	EU676010	青鳉(*Oryzias latipes*)	45	+3	5.55	8.56
*Dr*BD-1	CAJ57442	斑马鱼(*Danio rerio*)	43	+1	4.52	7.82
*Dr*BD-2	CAJ57443	斑马鱼(*Danio rerio*)	43	+3	5.11	8.68
*Dr*BD-3	CAJ57444	斑马鱼(*Danio rerio*)	43	+7	5.29	9.50
*Om*BD-1	ABR68250	虹鳟(*Oncorhynchus mykiss*)	41	+2	4.38	8.35
*Om*BD-2	CAR82090.1	虹鳟(*Oncorhynchus mykiss*)	43	+5	5.09	9.08

注:本表中除 *Sc*BD 和 *Ol*BD 外,其余成熟肽序列摘自 Falco 等(2008)。

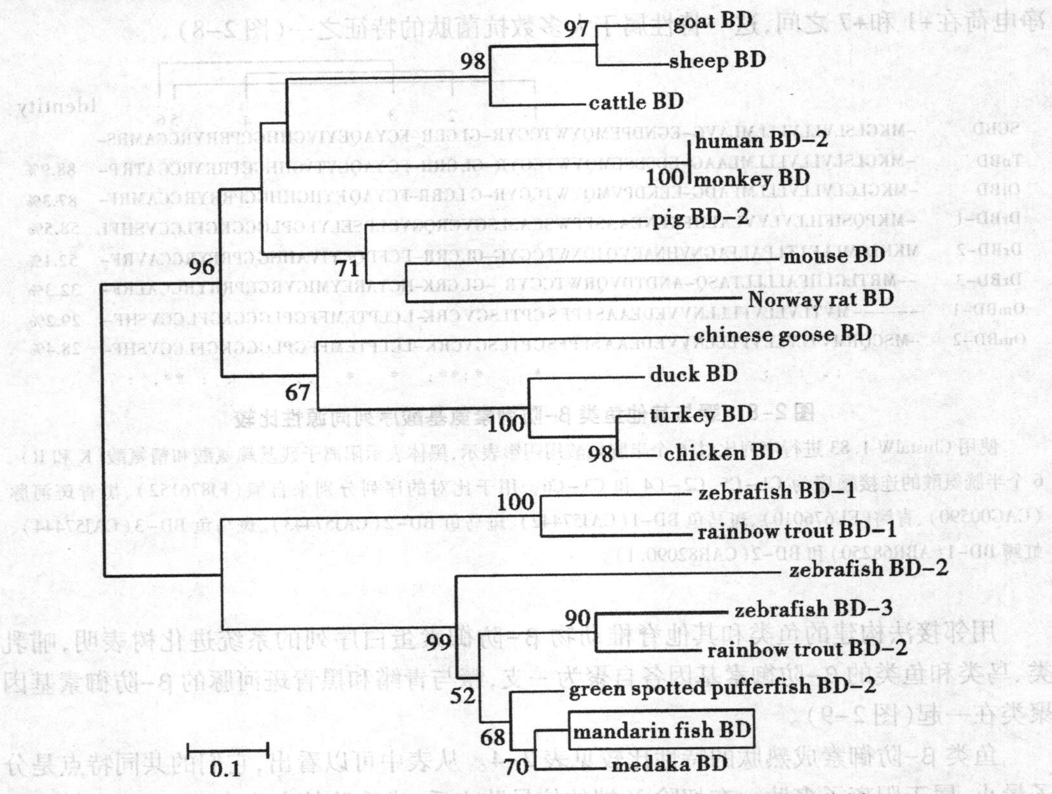

图2-9 邻接法构建的鳜与其他脊椎动物β-防御素的系统进化树

GenBank 登录号为：goat，ABF71365. 1；sheep，AAB61995；cattle，CAC15400. 1；human BD－2，CAB65126；monkey，AAK26259；pig BD－2，AAR90346；mouse，CAB42815；Norway rat，EDM08977；Chinese goose，ACC78295；duck，AAV52799；turkey，AAC36054；chicken，AAC36052. 1；zebrafish BD－1，CAJ57442，BD－2，CAJ57443，BD－3，CAJ57444；rainbow trout BD－1，ABR68250，BD－2，CAR82090. 1；green spotted pufferfish，CAG00590；medaka，EU676010；mandarin fish，FJ876152。

3. 鳜β-防御素的基因组结构和启动子分析

鳜 *Sc*BD 基因全长 1 197 bp（登录号为 FJ876152），将该序列与 cDNA 序列相比较，*Sc*BD 基因含有三个外显子（分别为 58 bp、112 bp 和 22 bp）和两个内含子（分别为 293 bp 和 177 bp），外显子和内含子剪切位点都符合 GT-intron-AG 规则，基因组结构示意图见图 2-10。半胱氨酸 C1 ~ C4 位于第二个外显子上，C5 和 C6 位于第三个外显子上（图 2-10）。

在鳜 *Sc*BD 基因 5′端利用 Genome Walker 方法扩增到大约 3 240 bp 的启动子序列。在起始位点上游约 25 bp 处含有 1 个 TATA 盒，经 TRANSFAC 软件分析得到 47 个转录因子和可能的结合位点（表 2-5），其中包括 8 个 C/EBP-β、22 个 Sp-1、11 个 AP-1、2 个 IRF-1、2 个 AP-2α、1 个 AP-2 和 1 个 NF-κB（图 2-11）。

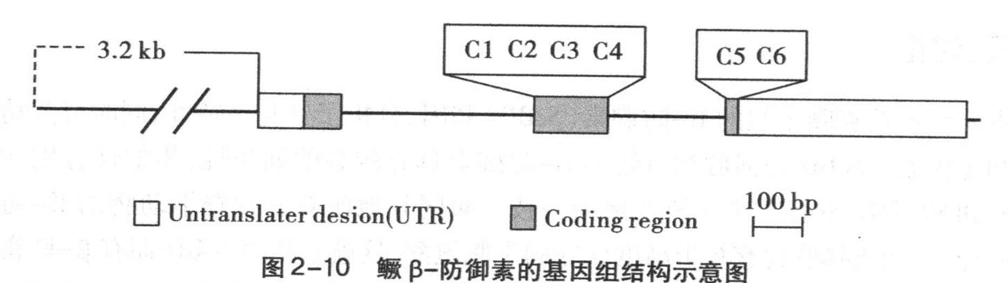

图 2-10　鳜 β-防御素的基因组结构示意图

（GenBank 登录号为 FJ876152）

表 2-5　鳜防御素 *Sc*BD 假定的转录因子结合位点

转录因子	假定结合位点
TATA box	-25
C/EBP-β	-32，-179，-720，-1008，-1152，-1199，-1462，-2955
Sp-1	-46，-108，-303，-377，-390，-512，-527，-628，-944，-1105，-1134，-1193，-1750，-1944，-2369，-2373，-2401，-2603，-2620，-2769，-2781，-2839
AP-1	-446，-566，-838，-1094，-1333，-1806，-1851，-1870，-2652，-2655，-2712
IRF-1	-1208，-2255
AP-2α	-2366，-2407
AP-2	-47
NF-κB	-2075

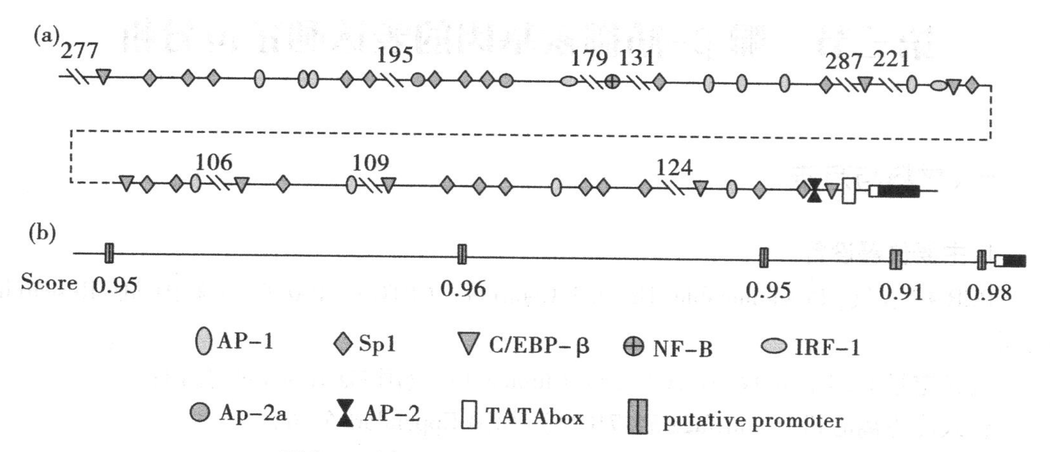

图 2-11　鳜 β-防御素 5′侧翼序列结构示意图

图(a)所示为假定的转录因子结合位点；图(b)显示预测的启动子区域得分率。鳜 β-防御素基因的非翻译区和翻译区分别用白色框和黑色框表示。

三、讨论

本实验成功克隆了鳜的β-防御素(*Sc*BD)基因,分析了其基因特性,同时对其功能进行了初步探索。*Sc*BD与河豚和青鳉的β-防御素具有较高的同源性,相似性分别达到了88.9%和87.3%,并且在进化树上聚为一枝。鳜同其他所有已知脊椎动物的β-防御素基因一样,C端成熟肽含有6个高度保守的半胱氨酸,这就意味着*Sc*BD拥有β-防御素经典的分子内二硫键结构(C1-C5、C2-C4和C3-C6)。据文献报道,防御素二硫键的连接对其功能是否存在影响依赖于其发挥怎样的功能,比如:二硫键的正确连接对HNP1、HBD3和Paneth细胞α-防御素cryptdin-4的抗菌作用没有影响,但是却影响HBD3的趋化作用。同时,二硫键的破坏对HNP1和θ-防御素的抗病毒作用会产生影响,研究发现二硫键可以保护蛋白不被蛋白酶降解。鱼类β-防御素的二硫键连接对其功能的影响还没有文献报道,但是赵久刚等人发表的文章中提到了原核表达的青鳉β-防御素和合成的多肽直接用于检测抗菌活性时,这两种蛋白均没有抗菌作用,而本书中用同样方法获得的*Sc*BD也没有抗菌作用,说明二硫键很有可能在抗菌作用中发挥重要作用。

SignalP软件分析*Sc*BD基因的N端存在长度为20个氨基酸的信号肽,没有发现前导肽(propiece)。研究发现,前导肽普遍存在于α-防御素中,是α-防御素的一个重要结构,而在所有已知的β-防御素基因中,仅牙鲆的β-防御素含有前导肽。前导肽具有多种功能,它参与HNP1前体的亚细胞转运和分选,是HNP-1细胞毒性的有效的分子内抑制剂,是抗菌类防御素的折叠催化剂和分子内伴侣。但是,β-防御素的前导肽通常很短或者没有。β-防御素前体缺乏阴离子前导肽,而α-防御素前体含有相对较大的前导肽,这两类抗菌肽之间为什么存在差异还没有得到一个满意的解释。

第三节　鳜β-防御素基因的表达和定位分析

一、材料与方法

1.主要仪器设备

PCR扩增仪[Programmable Thermal Controller (PTC)-100型]:美国MJ Research公司;

荧光定量PCR扩增仪(DNA Engine Chromo 4):美国MJ Research公司;

台式冷冻离心机(Centrifuge 5417R型):德国Eppendorf公司;

台式高速离心机(Centrifuge 5415D型):德国Eppendorf公司;

恒温孵育器(Thermo Stat plus):德国Eppendorf公司;

分光光度仪(BioPhotometer):德国Eppendorf公司;

凝胶成像系统(White/Ultraviolet Transilluminator GDS8000 型):UVP 公司;

Leica RM2235 切片机:Leica 公司;

生化培养箱:上海福玛实验设备有限公司产品;

恒温振荡器(HZQ-Q):哈尔滨东联电子技术开发公司;

电热鼓风干燥箱(HPG-9075):北京东联哈尔仪器制造有限公司;

恒温水浴锅:金坛市富华仪器公司。

2. 试剂盒与酶

SMART cDNA synthesis Kit, Universal Genome Walker™ kit:Clontech 公司;

逆转录试剂盒(RevertAid™ First Strand cDNA Synthesis Kit), DNase I (RNase Free; 5 U/μL), RNA 酶抑制剂 Ribonuclease inhibitor(40 U/μL):Fermentas 公司;

地高辛 RNA 标记试剂盒:Roche Molecular Biochemicals 公司;

反转录酶 SuperScript™ II RNase HReverse Transcriptase(200 U/μL):Invitrogen 公司;

质粒提取试剂盒(E. Z. N. A™Plasmid mini kit I),胶回收试剂盒,酶切产物回收试剂盒(E. Z. N. A™ cycle-pure kit), PCR 产物回收试剂盒(E. Z. N. A™ Cycle-pure kit):Omega 公司;

dNTP (2. 5 mmol/L, 10 mmol/L), TaKaRa ExTaq™ (5 U/μL), T_4 DNA 连接酶(350 U/μL):TaKaRa 公司;

DNA 提取试剂盒(Wizard ® Genomic DNA Purification Kit):Promega 公司;

B Taq 聚合酶, Realtime PCR Master Mix (2×SYBR ® Green Realtime PCR Master Mix):TOYOBO 公司;

DAB 显色试剂盒:武汉意德生物工程有限公司。

3. 实验材料

鳜(*Siniperca chuatsi*)购自武汉牛山湖渔场,体重 200 ~ 300 g。实验进行前,在池中暂养两周。用于 LPS 诱导表达实验的鳜,实验水温保持在 25 ℃。

4. 鳜 β-防御素基因的 mRNA 在各种组织中的表达

(1)RNA 的提取。分别取 3 尾健康鳜的头肾、脾脏、肝脏、中肾、心脏、鳃、脑、肠和肌肉(含皮肤)9 个组织各 100 mg,三尾鱼相同的组织混合在一起提取 RNA,按照本章“第二节 6. RNA 的提取”中的方法提取 RNA。

(2)RNA 样品中的 DNA 处理。取 1 μL 溶于水的 RNA 样品,加入 99 μL DEPC 水充分混匀,在紫外分光光度计上测出 RNA 样品的纯度和浓度,取 2 μg 总 RNA 进行 DNase I 处理。反应体系为:

RNA	2 μg
10×DNase I Buffer	2 μL
DNase I(RNase-free, 1 U/μL, Fermentas)	2 μL
RNase Inhibitor(40 U/μL, Fermentas)	1 μL
DEPC-treated H_2O	up to 20 μL

将反应液短暂离心以混匀，PCR 仪上 37 ℃运行 30 min。然后向离心管加入 1 μL 25 mmol EDTA，65 ℃处理 10 min，立即置于冰上或者−80 ℃冻存。

（3）cDNA 模板的制备。取 2 μg 经 DNase Ⅰ处理过的 RNA 样品进行反转录。20 μL 反转录体系如下：

RNA	2 μg
Oligo（dT）$_{18}$	1 μL
Random hexamer	1 μL
DEPC-treated H_2O	up to 12 μL

70 ℃反应 5 min，冰上冷却，短暂离心。再加入 5×Reaction Buffer 4 μL，Ribolock™ Ribonuclease Inhibitor 1 μL，10 mmol dNTP mix 2 μL，25 ℃反应 5 min，再加入 RevertAid™ M-MuLV Reverse Transcriptase（Fermentas）1 μL，25 ℃反应 10 min，42 ℃反应 60 min，70 ℃反应 10 min，反应结束后将产物分装，−20 ℃保存。

（4）荧光定量 PCR 引物检测。根据已知 β-防御素序列使用 Primer Premier 5.0 设计荧光定量引物，引物长度要求在 20～25 bp，产物大小在 100～250 bp 之间，引物内和引物间避免形成二聚体或发夹结构，引物和模板序列要求紧密互补，无错配。然后利用荧光定量仪检测引物是不是特异性扩增，是否有引物二聚体等。反应体系如下：

2×SYBR® Green Real time PCR Master Mix	10 μL
ScActin F（稀释 10 倍）	1 μL
ScActin R（稀释 10 倍）	1 μL
cDNA 模板（稀释 5 倍）	1 μL
dd H_2O	7 μL

同时做不加模板的空白对照。如果 β-actin 扩增荧光值正常（0.3～0.5），且熔解曲线有单一的主峰，而空白对照组出现杂乱的峰，表示引物较好，可用于荧光定量。

（5）鳜 β-actin 和 β-防御素基因的扩增。以鳜脾脏组织 RNA 为模板，扩增内参基因 β-actin 和 β-防御素基因片段，切胶回收，纯化，连接入 pMD18-T，转入 DH5α 感受态细胞，挑克隆检测，阳性克隆测序。

（6）质粒标准样品的制备。将测序正确的克隆菌株接种于 5 mL 含 Amp 的 LB 培养基，过夜培养，按照 E. Z. N. A™ Plasmid mini kit Ⅰ试剂盒说明书提取质粒，步骤如下：5 mL 的菌液室温 10 000*g* 离心 5 min，弃上清，沉淀中加入 250 μL 溶液Ⅰ，重悬细胞；加入 250 μL 溶液Ⅱ，颠倒混匀，室温孵育 2 min；加入 350 μL 的溶液Ⅲ，轻缓颠倒离心管直至出现白色絮状沉淀，室温 13 000*g* 离心 10 min；将上清加入回收柱中，10 000*g* 离心 1 min；弃废液，柱床加 500 μL HB 缓冲液，室温静置 2 min，10 000*g* 离心 1 min；弃废液，加 750 μL 洗涤缓冲液静置 5 min，10 000*g* 离心 1 min；使用洗涤缓冲液重复洗柱一次；空柱于 10 000*g* 离心 2 min；将柱子转移到干净的离心管中，加 50 μL 灭菌水，静置 2 min，10 000*g* 离心 1 min 洗脱质粒。

（7）稀释质粒。质粒原液进行 10 倍系列稀释，稀释到原液的 $\frac{1}{10}$～$\frac{1}{10^8}$。在荧光定量

PCR 上进行 PCR 反应，检测质粒是否为等比稀释，同时看所获得标准曲线是否合格（R^2> 99%，斜率接近-0.30）。

（8）荧光定量 PCR 检测。实时荧光定量 PCR 是在 MJ 公司的 Chromo 4™ Continuous Fluorescence Detector 上完成的。反应体系是：20 μL PCR 反应液中包括 1 μL cDNA 模板，10 μL 2×SYBR green Real-time PCR Master Mix，正反引物各 1 μL（10 μmol/L）和 7 μL H_2O。反应程序：95 ℃ 变性 5 min；94 ℃ 10 s、58 ℃ 15 s、72 ℃ 20 s，80 ℃荧光读板，运行 45 个循环；72 ℃延伸 5 min；绘制熔解曲线。实验结束后，通过分析熔解曲线判断扩增是否具有特异性。实验采用双标准曲线法，内参基因和目标基因分别进行标准曲线和待测样品同时扩增，每个样品重复 3 次，设置不加模板的反应液作为空白对照。标准曲线 $y=Ax+B$（A 代表斜率，B 代表截距）以扩增效率 E（$E=10^{-A}-1$）接近 100%，相关系数 R^2> 99%为可靠。PCR 结果用 OpticonMonitor software 2.03 version（MJ research）进行分析。每个组织中 β-防御素基因 mRNA 的精确拷贝数根据标准曲线计算。最后算出目的基因相对于同一组织中内参基因的拷贝数，将鳃相对于内参的拷贝数作为 1，分析比较各个组织中的表达情况。

5. 实时荧光定量 PCR 检测 β-防御素基因的诱导表达变化

取 10 尾体重约 500 g 的健康鳜，实验前在室内水池中暂养 2 周。水温保持在（23 ±2）℃。

实验分为两组，每组 5 尾，分别注射 PBS 和 LPS，刺激前后水温维持在 25 ℃左右。对照组：每尾注射 100 μL 灭菌的 PBS（0.1 mol/L，pH 7.2）；实验组：每尾注射 200 μg LPS（*E. coli* 055：B5，Sigma，溶解于 PBS 中），注射 24 h 后，分别取对照组和实验组 3 尾鳜的肝、头肾、脾脏、鳃、肠、肾和肌肉（含皮肤）。

Trizol 提取 RNA，经无 RNase 的 DNase I 处理后，不同组织均取 2 μg 总 RNA，逆转录成 cDNA，方法同 4.（2）和 4.（3）。

采用实时荧光定量 PCR 定量检测 LPS 诱导后 β-防御素的变化。对照组和实验组每个组织样品重复 3 次，基因的表达量以标准曲线的方式统计分析，方法同 4.（7）和 4.（8）。数据分析采用 Purcell 的一种相对定量的方法。该方法要求标准曲线与样本一起进行荧光定量 PCR，根据标准曲线的相对浓度而确定样本中目的基因的相对浓度，最终得到的是一个目的基因（转录水平）在不同 cDNA 样品中相差的倍数。具体公式如下：

$$\text{Folds}=\frac{C_1(\text{处理样品，待测基因})}{C_2(\text{处理样品，持家基因})}\div\frac{C_3(\text{对照样品，待测基因})}{C_4(\text{对照样品，持家基因})}$$

注：C 值指根据标准曲线将 $C(t)$ 值转换成的模板原始浓度。

标准误差利用 Excel 统计计算，诱导组和对照组间的差异采用 t-test 统计分析，$P<0.05$ 表示差异显著。

6. 原位杂交

（1）所需试剂和溶液的配制。所需试剂和溶液均以 0.1% DEPC 处理过的纯水配制。常规溶液如 SSC 等按 Molecular Cloning 所述方法配制。所需试剂除特别说明外均为国产分析纯。

原位杂交专用载玻片和盖玻片购自武汉博士德生物工程有限公司。

敏感性加强型原位杂交检测试剂盒(碱性磷酸酶)购自武汉博士德生物工程有限公司,试剂盒中包括的试剂:胃蛋白酶(10×;Pepsin);预杂交液;寡核苷酸探针杂交液;封闭液,生物素化鼠抗地高辛;SABC-AP;BCIP/NBT;核固红;水溶性封片剂。

所用玻璃容器的处理:洗净后 180 ℃烘烤 8 h,以灭活 RNase。

PBST:1000 mL 0.1% DEPC 水中含 8 g NaCl,0.2 g KCl,1.44 g Na_2HPO_4,0.24 g KH_2PO_4,pH 7.4。

甘氨酸 PBS:按质量分数 0.1% 溶解于 pH 7.4 的 PBS 中,高压灭菌。

梯度乙醇:将乙醇按相应体积分数稀释于 DEPC 处理的 ddH_2O 中。

4% 多聚甲醛:将固体多聚甲醛(Sigma)按质量分数 4% 比例溶于 PBS,NaOH 调 pH 7.2,分装后−20 ℃保存。

3% 柠檬酸:100 mL 0.1% DEPC 水中加柠檬酸($C_6H_8O_7 \cdot H_2O$)3 g,pH 2.0 左右。

2×SSC:1 000 mL 0.1% DEPC 水中加氯化钠 17.6 g,柠檬酸三钠($C_6H_5O_7Na_3 \cdot 2H_2O$) 8.8 g。

0.5×SSC:300 mL 0.1% DEPC 水加 100 mL 2×SSC。

0.2×SSC:270 mL 0.1% DEPC 水加 30 mL 2×SSC。

20% 甘油:20 mL 甘油加 80 mL 0.1% DEPC 水。

0.5 mol/L TBS:1 000 mL 0.1% DEPC 水加氯化钠 30 g,Tris 1.2 g,纯乙酸 0.4~0.5 mL,pH 7.2~7.6。

0.01 mol/L TBS(pH 9.0~9.5):1 000 mL 0.1% DEPC 水加氯化钠 9 g,Tris 1.2 g。

中量提取质粒的溶液如下:

溶液Ⅰ:50 mmol/L 葡萄糖,25 mmol/L Tris-HCl(pH 8.0),10 mmol/L EDTA(pH 8.0),高压灭菌,贮存于 4 ℃。

溶液Ⅱ:0.2 mol/L NaOH,质量分数 1% SDS。临用前配置。

溶液Ⅲ:醋酸钾(KAc)300 mL,冰醋酸 57.5 mL,加 ddH_2O 至 500 mL,调 pH 4.8,4 ℃保存备用。

(2)样品采集与组织固定。取鳜新鲜组织脾脏和头肾,用 4% 多聚甲醛固定,4 ℃固定过夜后梯度酒精脱水,转到 70% 酒精内,保存于−20 ℃。

(3)探针 cDNA 片段的扩增。根据鳜防御素的 cDNA 序列设计特异性引物(表 2-3),PCR 扩增,循环条件为 94 ℃ 4 min,94 ℃ 30 s,58 ℃ 30 s,72 ℃ 40 s,35 个循环,72 ℃ 10 min。将 PCR 产物进行琼脂糖凝胶电泳,切取目的条带,用 Omega 胶回收试剂盒回收。

(4)目的片段的鉴定及克隆。目的片段连接入 pGEM-T(Promega)载体,10 μL 反应体系为:

DNA 回收产物	3 μL
2×T4 DNA 连接酶缓冲液	5 μL
T4 DNA 连接酶	1 μL
pGEM-T 载体(50 ng/μL)	1 μL
总体系	10 μL

4 ℃连接过夜后，将连接液转入大肠杆菌(*Escherichia coli*)DH5α 感受态细胞(制备方法参考分子克隆指南)中，涂布于 LB 平板，37 ℃倒置培养过夜。挑取单克隆，接种于含 Amp 液体 LB 培养基中 37 ℃摇床培养。用防御素基因的特异引物 PCR 检测，选取部分阳性克隆送生工公司进行测序，部分阳性克隆加入 50% 甘油 LB 存放于-20 ℃保存，以备提取质粒用。

(5)质粒的提取与纯化。因所需质粒较多，因此采用碱裂解法制备中量质粒，其步骤基本参考分子克隆，在此基础上稍有改动。操作如下：

取 40 mL 培养物入 50 mL 大离心管中，室温 8 000*g* 离心 5 min，弃上清，将离心管倒置，使液体尽可能流尽；将细菌沉淀重悬于 5 mL 预冷的溶液Ⅰ中，剧烈振荡，使菌体分散混匀；加 10 mL 新鲜配制的溶液Ⅱ，颠倒数次混匀(不要剧烈振荡)，并将离心管放置于冰上 2～3 min，使细胞膜裂解(溶液Ⅱ为裂解液，故离心管中菌液逐渐变清)；加入 7.5 mL 预冷的溶液Ⅲ，将离心管轻柔地颠倒数次混匀，可见白色絮状沉淀，冰上放置 3～5 min。溶液Ⅲ为中和溶液，此时质粒 DNA 复性，染色体和蛋白质不可逆变性，形成不可溶复合物，同时 K^+使 SDS-蛋白复合物沉淀；加入 22.5 mL 的苯酚-氯仿-异戊醇(25∶24∶1)，振荡混匀，4 ℃、12 000*g* 离心 10 min；小心移出上清至一新离心管中，加入 2.5 倍体积预冷的无水乙醇，混匀，室温放置 2～5 min，4 ℃、12 000*g* 离心 15 min；10 mL 预冷的 70% 乙醇洗涤沉淀 1 次，4 ℃、8 000*g* 离心 10 min，弃上清，将沉淀在室温下晾干；沉淀溶于 100 μL ddH_2O 中，取 5 μL 于 0.8% 琼脂糖凝胶电泳，剩余 DNA-20 ℃保存备用。

(6)质粒的酶切与纯化。图 2-12 为 pGEM-T 载体的环形图谱，插入片段的位置即为要转录的目的片段部分，在其两端有多个内切酶切割位点，以及 T7 和 SP6 RNA 聚合酶的启动子位点。

根据需要选取合适的限制性内切酶进行酶切，使质粒线性化，作为转录的模板，提供 RNA 聚合酶与之结合的启动子位点，从而启动转录合成探针。本实验中选取了 *Nco*Ⅰ和 *Not*Ⅰ(Fermentas)，分别进行单酶切，100 μL 酶切体系如下：

纯化的质粒	25 μL(约 25 μg)	纯化的质粒	25 μL(约 25 μg)
10×Tango Buffer	10 μL	10×O Buffer	10 μL
*Nco*Ⅰ内切酶	5 μL	*Not*Ⅰ内切酶	5 μL
ddH_2O	60 μL	ddH_2O	60 μL
总体积	100 μL	总体积	100 μL

将反应液混匀后于 37 ℃酶切过夜，取 3 μL 于 0.8% 琼脂糖中凝胶电泳检测，以判断是否酶切完全。酶切是否彻底非常重要，会严重影响探针标记的结果。经鉴定酶切彻底

后，对酶切产物进行纯化。纯化步骤如下：每管中加入等体积平衡酚，反复颠倒混匀呈乳浊状，12 000*g* 离心 5 min，移上清入新离心管；（以下步骤严格无 RNase 操作）重复平衡酚抽提；加等体积氯仿-异戊醇，充分混匀，5 000*g* 离心 5 min，移上清入新离心管；加 2.5 倍体积的无水乙醇混匀，-20 ℃静置过夜；12 000*g* 离心 15 min，-70 ℃静置 3 h，弃上清，无 RNase 环境中倒置晾干；200 μL 70% 乙醇洗一次，12 000*g* 离心 5 min，弃上清，无 RNase 环境中干燥；用 10 μL DEPC 水溶解沉淀即得到转录用的线性 cDNA 模板。于-20 ℃保存备用。

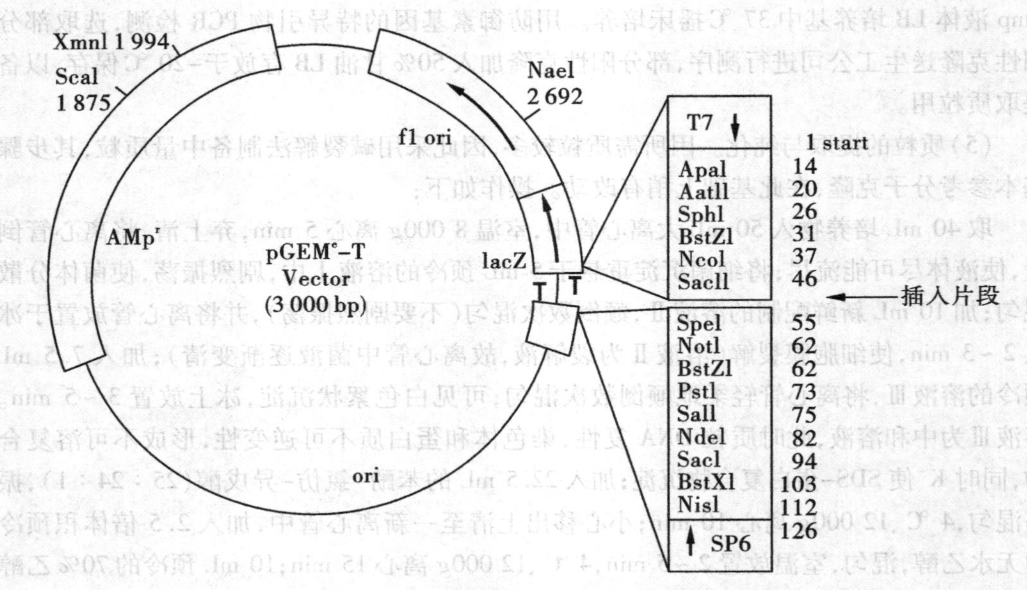

图 2-12 pGEM-T 载体环形图谱及相关的序列位点

（7）探针的标记及纯化。分别以 *Nco* I 和 *Not* I 酶切并纯化的线性化质粒 DNA 为模板，与之相应的以 Sp6 和 T7 RNA 聚合酶（TaKaRa）和地高辛 RNA 标记试剂盒（Roche Molecular Biochemicals）进行转录标记以获得正义或反义 RNA 探针。反应过程中严格无 RNase 操作，10 μL 反应体系如下：

线性化 DNA 模板	2 μL（约 1 μg）
10×DIG RNA labeling mix（Roche）	1 μL
5×T7/Sp6 transcription buffer	2 μL
RNase Inhibitor（TaKaRa）	1 μL
ddH_2O	3 μL
T7/Sp6 RNA polymerase（TaKaRa）	1 μL
Total volume	10 μL

混合液于 37 ℃反应 2 h，取 1 μL 进行琼脂糖电泳，检测标记效率。剩余反应液中各加入 1 μL LiCl（4 mol/L），25 μL 的无水乙醇（-20 ℃预冷），-20 ℃放置过夜；于

4 ℃,12 000*g* 离心 20 min,弃去上清;70% 乙醇洗涤沉淀,4 ℃、12 000*g* 离心 5 min;弃上清,空气干燥,肉眼可见管底白色沉淀即为所需的 RNA 探针;沉淀溶于 20 μL DEPC 水,保存于-20 ℃备用。

(8) 组织切片处理。保存于 70% 乙醇的样品梯度脱水 80%、95%、100% 各 30 min,二甲苯透明,石蜡包埋,切片 5 μm 厚。42 ℃烘箱内烤片过夜,以使组织紧密贴于玻片上,二甲苯脱蜡,梯度乙醇(100%、95%、85%、75%、50%)下行重水化,DEPC-PBS 水洗 5 min×2 次,将切片上的水甩干。4% 多聚甲醛后固定 15 min,PBS 室温洗涤 5 min×2 次,DEPC 水洗涤 5 min×1 次;每片加 100 μL 新鲜稀释的胃蛋白酶(1 mL 3% 柠檬酸加 2 滴浓缩型蛋白酶,混匀),37 ℃消化 5 ~ 15 min,消化的时间根据样品的不同而有所调整,PBS 室温洗涤 5 min×2 次,DEPC 水洗涤 5 min×1 次。

(9) 预杂交与杂交。按照试剂盒说明书上的方法进行,步骤如下:

每张切片在组织所在的位置滴加 100 μL 预热的预杂交液,放于湿盒中于杂交炉 37 ℃预杂交 4 h。

取适量探针 68 ℃水浴锅中变性 5 min 以消除 RNA 二级结构,迅速置于冰上 2 min,加入适量预热的杂交液及相应的 RNA 酶抑制剂,4 ℃离心以混匀混合液,每张切片滴加 20 μL 杂交液,轻轻盖上封口膜,将切片置于湿盒中 37 ℃杂交 18 h 以上。杂交后洗涤在 55 ℃ 进行,洗涤液提前放于 55 ℃预热,首先 2×SSC 洗涤 5 min×2 次;0.5×SSC 洗涤 15 min×1 次;0.2×SSC 洗涤 15 min×2 次。滴加封闭液 37 ℃封闭 30 min ~ 1 h,以阻断非特异性结合,然后甩掉封闭液,不洗。滴加生物素化鼠抗地高辛抗体,加盖玻片以防止挥发,湿盒内 25 ℃孵育 2 h,0.5 mol/L TBS 洗涤 5 min×4 次。滴加 SABC-AP 37 ℃ 孵育 30 min,0.5 mol/L TBS 洗涤 5 min×4 次。NBT/BCIP 避光显色 10 ~ 20 min,充分水洗。核固红(Boster)复染 3 ~ 5 min,水洗;水溶性封片剂封片镜检。

二、结果

1. 鳜 β-防御素在健康鳜各个组织中的表达

为了揭示 *Sc*BD 的组织表达特征,我们采用半定量和定量 RT-PCR 方法从 mRNA 水平鉴定了其在鳜不同组织中的表达谱。首先采用半定量 RT-PCR 检测了 *Sc*BD 在鳜不同组织中的表达情况,如图 2-13(a)所示,*Sc*BD mRNA 在鳜心、脑、肠、肝脏、鳃、头肾、中肾、脾脏、肌肉(含皮肤)组织中均有不同程度的表达。

为了能够定量研究 *Sc*BD mRNA 在鳜各个组织的表达情况,我们采用了荧光定量 PCR 的方法。使用含有鳜 β-actin 和 *Sc*BD 片段的质粒标准样品所检测出的荧光强度对 $C(t)$ 值作图,得到基因扩增标准曲线[图 2-13(b)],显示扩增效率 E≥95%,标准曲线回归系数均接近于 1.0,显示出极好的线性关系。图 2-14(a)、(b)中的熔解曲线分别显示 β-actin 和 *Sc*BD 在 90 ℃和 86 ℃形成单一峰,表明扩增产物的特异性很好。荧光定量 PCR 数据为 *Sc*BD 表达量和相同组织中 β-actin 表达量的比值,以鳃组织表达量的比值作为标准,其余组织的 *Sc*BD 表达量分别表示为鳃的倍数。结果显示,*Sc*BD mRNA 的表达量在脾脏中最高，其次为肠、鳃和头肾[图 2-14(b)]。

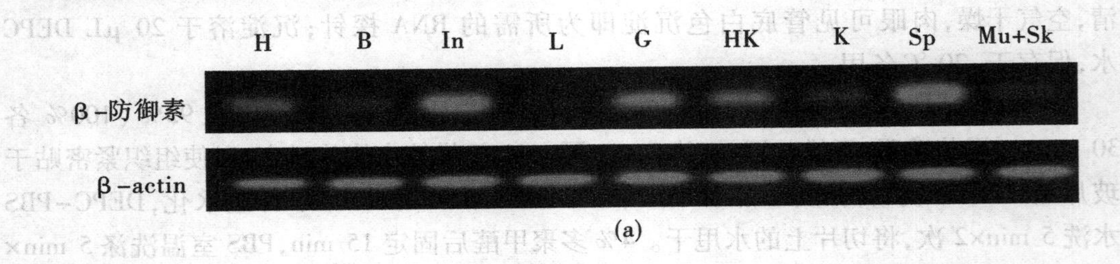

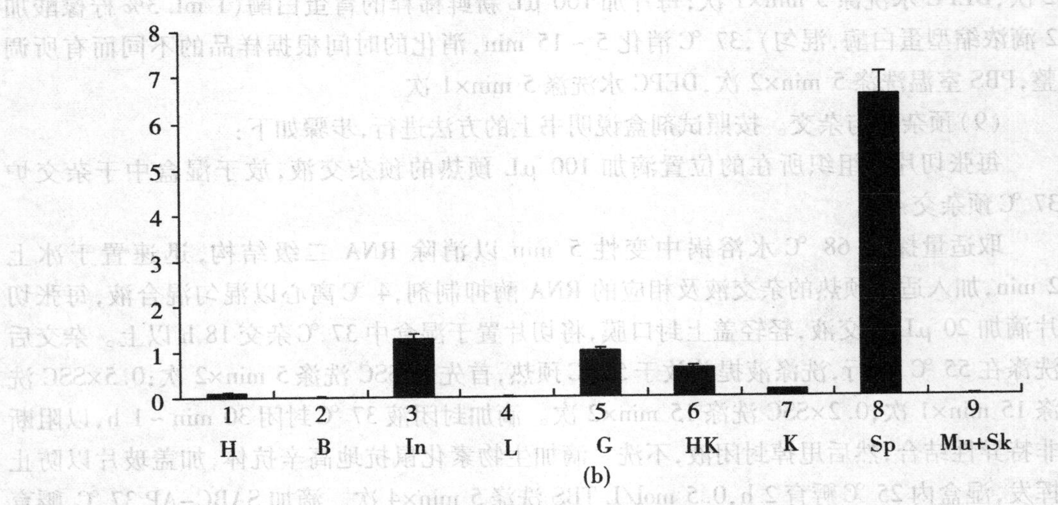

图 2-13　健康鳜各组织中 *Sc*BD 基因的表达

图(a)和(b)分别为半定量和荧光定量 PCR 结果。检测的组织包括心(H)、脑(B)、肠(In)、肝脏(L)、鳃(G)、头肾(HK)、中肾(K)、脾脏(Sp)、肌肉(Mu)和皮肤(Sk)，β-actin 作为内参基因，实验结果显示 *Sc*BD 基因在多个组织中均有表达，以鳃组织中 *Sc*BD 的表达量为标准，其他各组织的表达量为鳃组织表达量的倍数。每组数据为 3 条鱼的平均值±标准差。

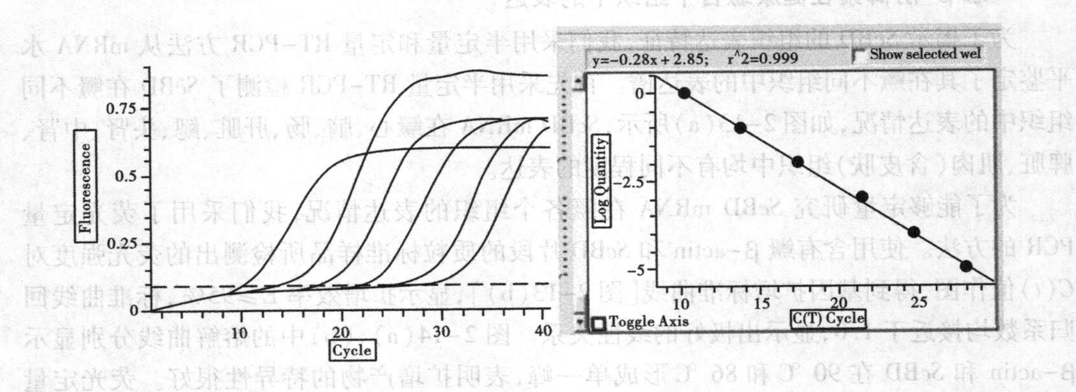

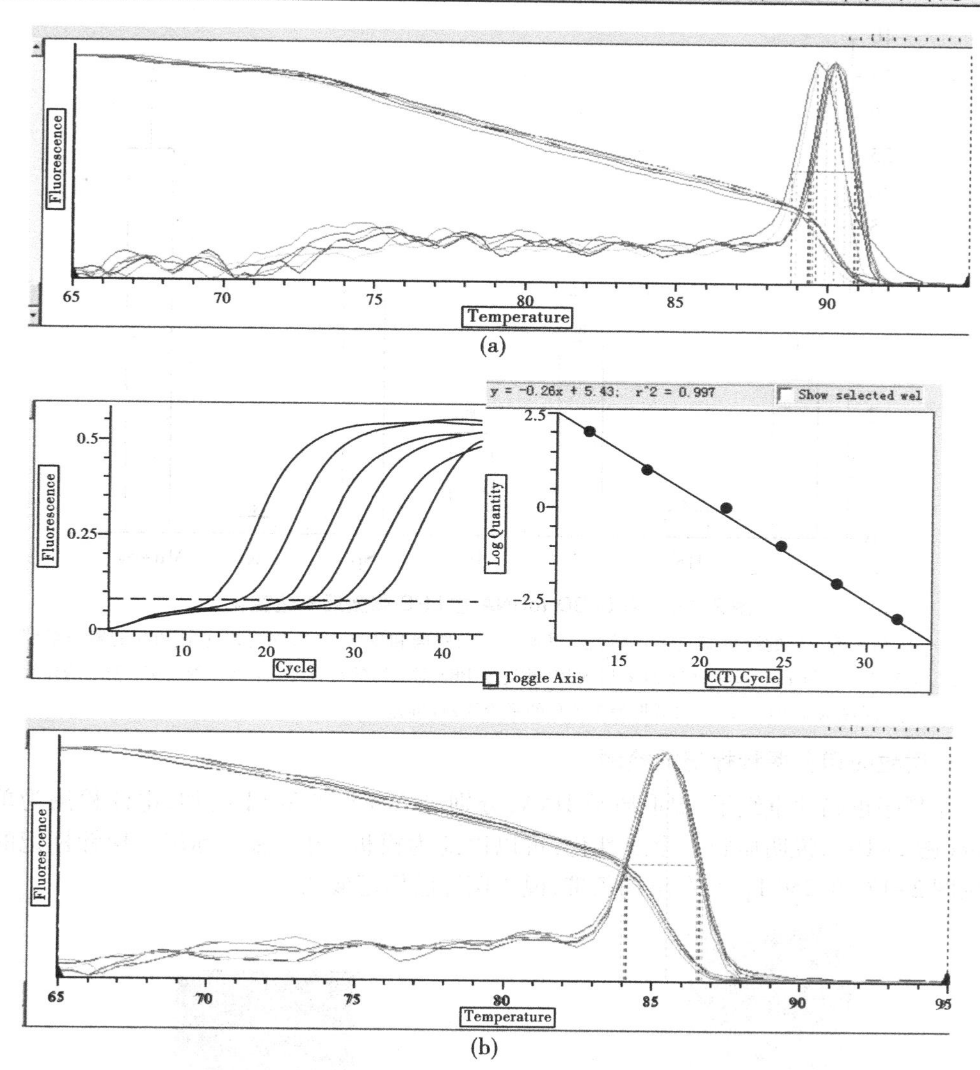

图2-14　β-actin 和 *Sc*BD 的标准曲线和熔解曲线

2. 实时荧光定量 PCR 检测 *Sc*BD 的诱导变化

为了研究 *Sc*BD 在活体鱼遭受病原菌侵袭时的表达变化，用细菌外膜刺激物脂多糖（Lipopolysaccharides，LPS）来刺激健康的鳜，刺激 24 h 后，取肝脏、头肾、鳃、肠、脾脏和中肾，然后通过荧光定量 PCR 检测诱导前后 *Sc*BD 的表达变化。与对照组相比，肌肉和皮肤在 LPS 诱导后，*Sc*BD 的表达量明显升高，为对照组的 25. 20 倍，脾脏（3. 62 倍）、鳃（3. 12 倍）、肠（2. 53 倍）比对照组略微升高，并且这几个组织的 *Sc*BD 表达量与对照组相比有显著差异（$P<0.05$）。肝脏 *Sc*BD 的表达量为对照组的 2. 53 倍，差异不显著，头肾（0.42 ± 0.04，$P<0.05$）和中肾（0.25 ± 0.02，$P<0.05$）的 *Sc*BD 表达量低于对照组的表达量（图 2-15）。

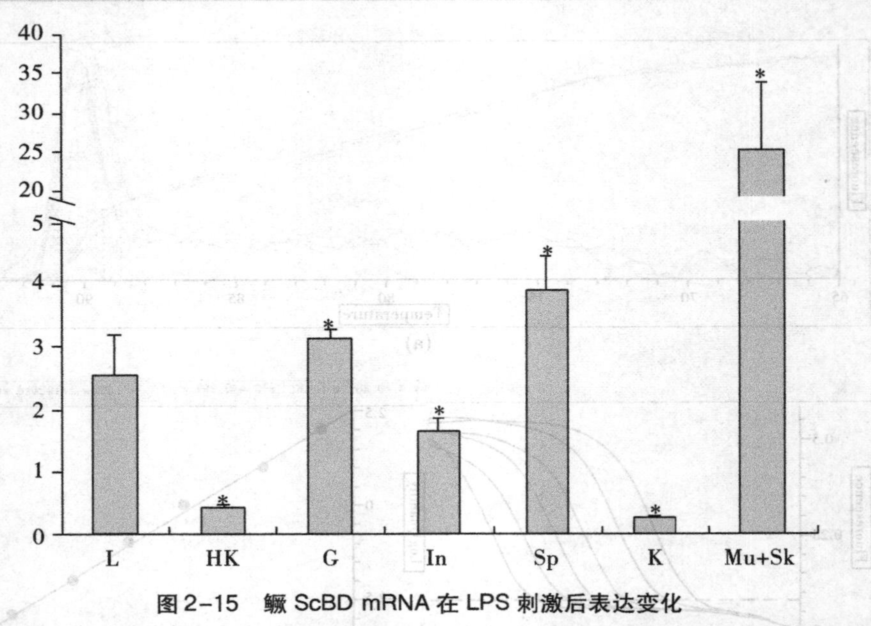

图 2-15 鳜 ScBD mRNA 在 LPS 刺激后表达变化

取 LPS 诱导后的鳜肝脏、头肾、鳃、肠、脾脏、中肾、肌肉和皮肤组织，同时以注射 PBS 的鳜为对照组，实时荧光定量 PCR 检测诱导 24 h 后 *ScBD* 相对于 PBS 对照组的定量变化。*（$P<0.05$）表示诱导组和对照组存在明显的差异；每组数据为 3 条鱼的平均值±标准差。

3. 质粒酶切和探针标记的检测

经测序正确的重组子，提取质粒 DNA，分别经 *Nco* Ⅰ 和 *Not* Ⅰ 酶切，电泳检测为单一条带（图 2-16），说明质粒完全线性化，可以以此为模板，用于探针标记。探针标记的效果见图 2-17，在 250 bp 左右出现条带，说明探针已标记成功。

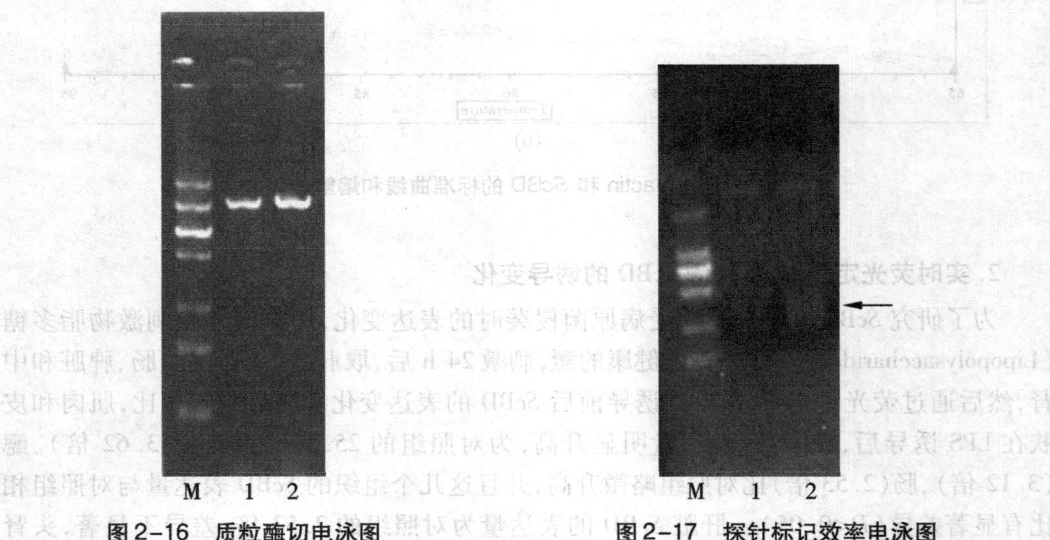

图 2-16 质粒酶切电泳图

M：DL2000；1：*Nco* Ⅰ；2：*Not* Ⅰ。

图 2-17 探针标记效率电泳图

M：DL2000；1：*Nco* Ⅰ 酶切标记的探针；2：*Not* Ⅰ 酶切标记的探针。箭头所示为探针。

4. *Sc*BD 阳性细胞在脾脏和头肾中的分布

取健康鳜的脾脏和头肾组织，经固定、石蜡包埋，制作切片。在受检测的两个组织中，*Sc*BD 阳性细胞的数目较少，3 ~4 个细胞成簇状聚在一起，每个细胞簇在整个组织切片上呈散在分布。鳜脾脏内含有许多骨小梁，延伸到实质组织，将脾脏分割成红髓和白髓，红髓由网状细胞等网络着充满血液的血窦组成，占据了器官的一大部分。白髓的发育较差，通常由黑色素巨噬细胞中心和椭球体组成。黑色素巨噬细胞中心由细小的嗜银胶囊束缚，被白髓围绕，并且与薄壁的狭窄血管相连。黑色素巨噬细胞有的分散于脾脏中，有的集中于脾脏的血管边缘形成黑色素巨噬细胞中心。在脾脏中，*Sc*BD 阳性细胞分布在黑色素巨噬细胞中心[图 2-18(b)和(c)]。头肾是重要的造血器官，实质部分分散在丰富的血窦之间，由肾基质支撑，头肾中的 *Sc*BD 阳性细胞分布在小血管中，阳性细胞的形态似淋巴细胞[图 2-18(e)和(f)]。脾脏和头肾的阴性对照切片上未见阳性信号[图 2-18(a) 和(b)]。

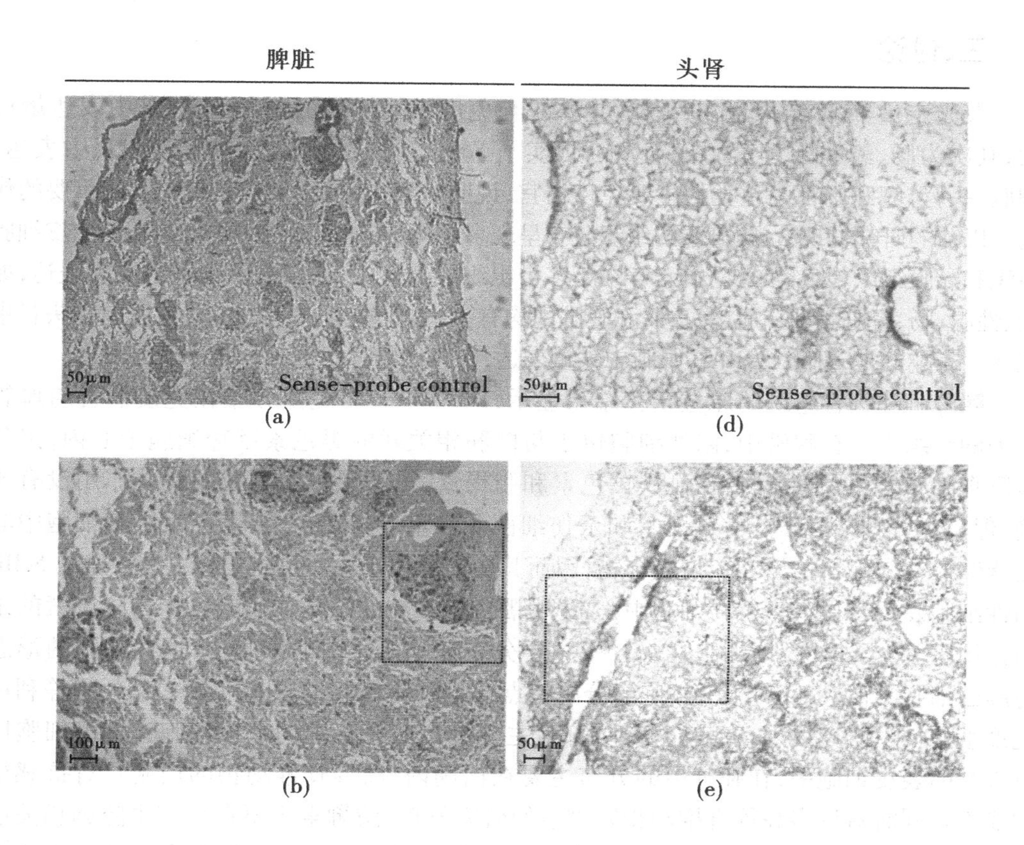

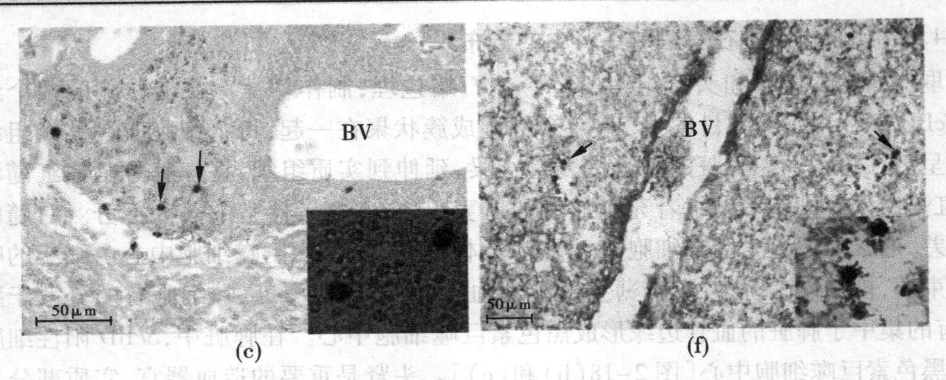

图2-18　鳜β-防御素阳性细胞在脾脏和头肾中的分布

(a)和(d)为阴性对照,(c)和(f)分别为(b)和(e)方框内的放大图,箭头所示为阳性细胞,是经探针杂交的细胞内mRNA与偶联碱性磷酸酶的地高辛抗体相互作用而显色的。BV:血管,图中标尺为50 μm和100 μm。

三、讨论

荧光定量PCR结果证实,*Sc*BD主要在与免疫相关的组织中表达,脾脏中表达量最大,其次为肠、鳃和头肾。Western Blot证实了*Sc*BD蛋白在脾脏、头肾和鳃组织中表达。脾脏、头肾、鳃和肠都是鱼类的主要免疫器官,说明*Sc*BD在鳜的免疫系统中起着重要的作用。以前的研究发现β-防御素的组织分布呈现多样化,在哺乳动物中主要分布于上皮细胞组织和黏膜组织。鱼类β-防御素存在于多个组织或器官中,在斑马鱼中呈组成型表达,如鳃、性腺、肠、肾脏、肝脏、肌肉、皮肤和脾脏中均有表达;虹鳟*Om*BD-1主要在肌肉和头肾中表达。有趣的是,青鳉*Ol*BD在眼睛中大量表达,在其他器官中也有不同程度地表达。

鳜脾脏和头肾组织的原位杂交结果显示,*Sc*BD mRNA主要分布在免疫器官与血管相关的组织中。在脾脏中,阳性细胞位于与白髓相关联的黑色素巨噬细胞中心内,黑色素巨噬细胞含有黑色素颗粒、血铁黄色素和脂褐素,虽然黑色素颗粒的具体作用没有明确,但是这些颗粒对于产生自由基和杀伤细菌非常重要。在鱼类,黑色素巨噬细胞中心还能够捕获和保留抗原和免疫复合物,因而其功能类似于原始的淋巴结生发中心。*Sc*BD阳性细胞发现于黑色素巨噬细胞中心,说明黑色素颗粒的杀菌作用有可能与防御素的杀菌作用有关。*Sc*BD阳性细胞在头肾中主要分布在小血管内的细胞中,这些细胞的形态与淋巴细胞类似。*Sc*BD阳性细胞的分布特点与青鳉防御素的分布一致。赵久刚等利用免疫组化技术研究发现,青鳉的β-防御素主要分布在血管中的单核细胞和淋巴细胞以及眼睛的表皮细胞中,在脾脏中的分布主要在白髓内,高等脊椎动物的白髓具有抗感染的能力。同时对许多高等脊椎动物防御素的研究发现,防御素主要在与宿主防御相关或者与抵抗病原感染相关的组织和细胞中表达,而且白细胞是β-防御素在机体中表达浓度最高的地方。可见,β-防御素主要参与机体的抗感染免疫。

为了了解机体在感染状态下*Sc*BD的表达情况,我们采用荧光定量PCR方法检测了鳜在LPS刺激后,*Sc*BD mRNA在一些组织中的表达变化,结果显示,在肌肉(含皮肤)、脾脏、鳃和肠组织中 *Sc*BD mRNA 的表达量升高，并且在肌肉（含皮肤）中表达量升高的最为明显，然而 *Sc*BD 在健康鳜的脾脏组织中表达最丰富，有可能是因为大量的 β-防御素前体最初贮存在淋巴组织中，当机体受到感染或者炎症刺激时，在黏膜组织（如皮肤、鳃和肠）中表达上调，抵御病原菌入侵。此外，研究证实 β-防御素在 LPS 和促炎因子的诱导下表达量增加，是通过激活一些信号通路来实现的。哺乳动物大多数上皮细胞来源的防御素在病原侵袭时可以被诱导表达，是通过激活了多个转录因子如 NF-κB、AP-1、AP-2、C/EBP-β 和 IRF-1。Sha 证实了 NF-κB 在机体受感染和病原侵袭时用于整合来自先天免疫和获得性免疫信号通路的信息。在 HBD-2 启动子功能分析实验中，转录因子 NF-κB 和 C/EBP-β 对 LPS 刺激物表现出很高的免疫反应。鱼类青鳉的 β-防御素中，NF-κB 和 Sp1 调节机体对病原的抗菌能力。牙鲆的 β-防御素启动子区域虽然没有 NF-κB 转录因子，但是 C/EBP-β 和 AP-1 可能参与炎症反应。通过对 *Sc*BD 的 5′侧翼序列分析发现，含有上述参与机体免疫调节的转录因子，如：C/EBP-β、AP-1、AP-2、NF-κB、Sp1 和 IRF-1，说明鳜在受到病原入侵时，能够激活相应的信号通路，激发 *Sc*BD 在机体中诱导表达，进而参与抗感染反应。

第四节　鳜 β-防御素的重组表达和活性分析

一、材料与方法

1. 主要仪器设备

生化培养箱：上海福玛实验设备有限公司；

垂直板电泳系统（Mini-PROTEAN® Ⅱ型）：美国 Bio-Rad 公司；

电泳仪（Power Pac-200 型）：美国 Bio-Rad 公司；

电泳转移系统（SD Semi-Dry Transfer Cell）：美国 Bio-Rad 公司；

脱色摇床（WD-9405A 型）：北京市六一仪器厂沃德生物医学仪器分公司；

胶扫描系统（ARCUS 1200）：AGFA 公司；

ECL 免疫印记系统（LAS-4000mini）：日本 Fuji 公司；

恒温振荡器（HZQ-Q）：哈尔滨东联电子技术开发公司；

电热鼓风干燥箱（HPG-9075）：北京东联哈尔仪器制造有限公司；

恒温水浴锅：金坛市富华仪器公司；

高压灭菌锅：日本 SANYO 公司；

超净工作台：苏州净化设备有限公司；

超低温冰箱（U570-86）：美国 NBS 公司；

超声波破碎仪（Ultrasonic Homogenizer 4710 型）：美国 Cole-Parmer 公司；

蛋白浓缩管（MICROCON Centrifuge Filter Devices）：美国 Millipore 公司。

2. 试剂盒与酶

限制性内切酶 *Eco*R V、*Dra* I、*Pvu* II、*Sca* I、*Nco* I、*Not* I、*Hind* III、*Kpn* I 和 *Bam*H I：Fermentas 公司；

质粒提取试剂盒(E. Z. N. A^{TM} Plasmid mini kit I)，胶回收试剂盒，酶切产物回收试剂盒(E. Z. N. A^{TM} cycle-pure kit)，PCR 产物回收试剂盒(E. Z. N. A^{TM} Cycle-pure kit)：Omega 公司；

B 型超纯质粒大量快速提取试剂盒：BioDev 公司；

dNTP(2.5 mmol/L，10 mmol/L)，TaKaRa ExTaq^{TM}(5 U/μL)，T_4 DNA 连接酶(350 U/μL)：TaKaRa 公司；

SuperSignal West Pico Trial kit：Thermo 公司。

3. 主要试剂

蛋白酶抑制剂(PMSF，leupetin，aprotinin)：AMRESCO 公司。

标准蛋白质 Marker：

SDS-PAGE 超低分子量标准蛋白质(3.313～20.1 kDa)：中国科学院上海生物化学研究所；

预染蛋白质 Marker，Spectra Multicolor Low Range Protein Ladder(1.7～42 kDa)：Fermentas 公司。

细胞培养用试剂：

0.25% 胰酶，0.02% EDTA 细胞消化液：AMRESCO 公司；

胎牛血清，Hyclone；

DMEM 细胞培养基，青-链霉素：Gibco 公司。

细胞转染试剂：

脂质体 2000(Lipofectamine 2000)：Invitrogen 公司；

Opti-MEN Reduced Serum Medium：Gibco 公司。

二抗：山羊抗鼠 IgG-HRP，Sigma。

蛋白纯化树脂(His · Bind Resin)：Novagen 公司。

PVDF 膜(0.22 μm)：美国 Millipore 公司。

其他常规试剂：

TRIzol® Reagents：Invitrogen 公司；

尿素：Sanland 进口分装；

琼脂糖：西班牙进口；

IPTG：Promega 进口分装。

实验中其他化学试剂除特别注明外，均为国产分析纯。

实验有关溶液和缓冲液除特别注明外，均参照萨姆布鲁克(2002)所述方法配制。

4. 载体、细胞和菌株

pQE-30、pQE-40 载体：用于表达重组蛋白的原核表达；

pcDNA3.1(+)载体:Invitrogen 公司,用于真核表达;

pMD18-T 载体:TA 克隆,TaKaRa 公司;

HEK 293T 细胞:肖武汉老师惠赠;

大肠杆菌(*E. coli*)M15 菌株:pQE-30、pQE-40 表达载体的宿主菌,本实验室保存。

5. 原核表达载体的构建与鉴定

根据要表达的目的基因序列设计表达所用引物(见表2-3),5′引物含有 *Kpn* Ⅰ 酶切位点,3′引物含有 *Hind* Ⅲ 酶切位点和终止密码子 TAG,引物的5′末端均有3个保护碱基,以保证内切酶能切出黏性末端。PCR 扩增要表达的基因,琼脂糖电泳,切胶回收,纯化产物经 *Kpn* Ⅰ 和 *Hind* Ⅲ 双酶切后,E. Z. N. A™ cycle-pure kit 回收,步骤如下:酶切产物中加入3~5倍体积的 buffer CP,充分混匀,静置2 min,加入回收柱中,10 000*g* 离心1 min,漂洗液洗柱两次后,10 000*g* 离心2 min,清除残余的漂洗液,加入20 μL 灭菌水溶解 DNA。同时将 pQE-40 质粒用 *Kpn* 和 *Hind* Ⅲ 双酶切后,酶切产物纯化回收方法同前。将目的基因与载体连接,转化 M15 感受态细胞,PCR 筛选重组克隆,测序检查读码框是否正确。构建的重组表达质粒 pQE40-*Sc*BD(见图2-19)。

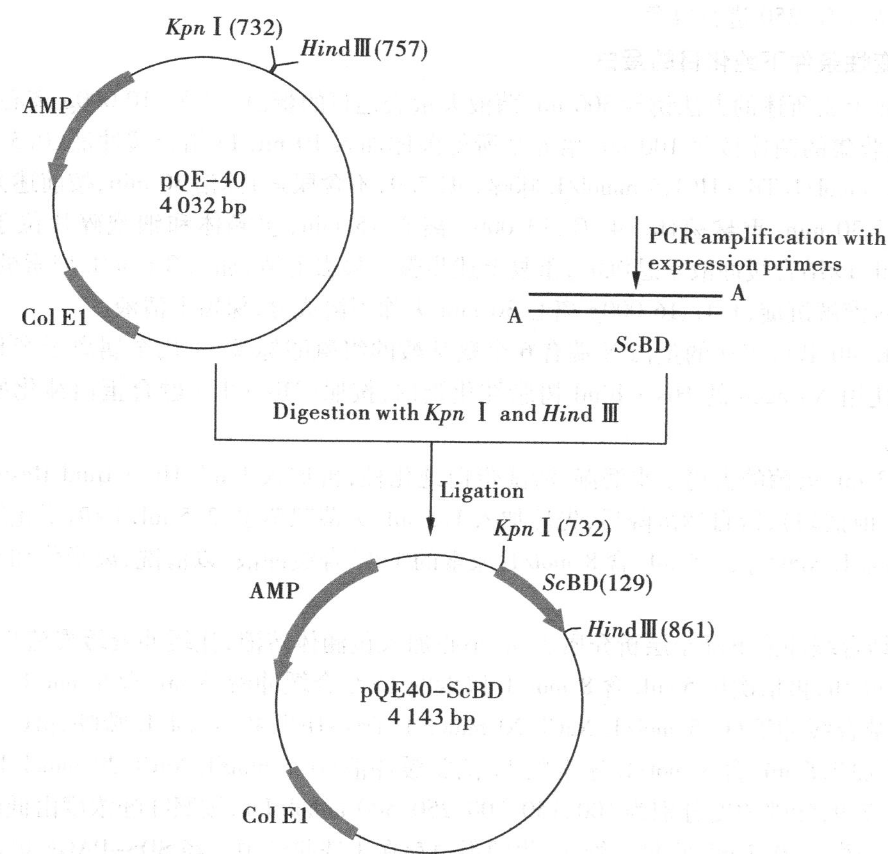

图2-19　重组表达质粒 pQE40-*Sc*BD 的构建示意图

6. 重组蛋白的诱导表达

将测序正确的阳性克隆菌液和空载体菌液按照1∶100的比例接种于5 mL含100 μg/mL氨苄青霉素（ampicillin，Amp）的LB培养液中，37 ℃、200 r/min培养至菌液OD_{600}为0.4～0.6时，取出1 mL菌液分别作为阴性对照和空白对照，剩余菌液加入终浓度为1 mmol/L的IPTG，然后继续以相同条件培养。培养5 h后，两种诱导菌液分别取出1 mL作表达分析。为了检测菌液的表达形式，另外取出诱导后的重组质粒菌液2 mL，离心收集菌体，用200 μL PBS重悬，超声波处理（15 W，超声10 s，间隔10 s）5 min，4 ℃、16 000*g*离心20 min收集上清，沉淀重悬于200 μL的PBS中。

7. 表达产物的鉴定

用变性不连续SDS-PAGE对表达产物进行分析，浓缩胶浓度为4%，分离胶为12%；取全菌和经超声处理的样品与等量2×上样缓冲液（100 mmol/L Tris-Cl pH 6.8，200 mmol/L β-巯基乙醇，0.1%溴酚蓝，20%甘油，4% SDS）混合，95 ℃水浴中变性5 min后，10 000*g*离心5 min后上样。电泳时样品在浓缩胶中低压70 V电泳约20 min，当样品进入分离胶后，电压调整为120 V，继续电泳至溴酚蓝前沿到凝胶底部结束，采用0.25%考马斯亮蓝G-250进行染色。

8. 变性条件下纯化目的蛋白

按照上文所述的方法诱导300 mL菌液大量表达目的蛋白。4 ℃、10 000*g*离心5 min弃上清，收集的菌体按每100 mL培养基所得菌体加入10 mL 1×结合缓冲液（0.5 mol/L NaCl，20 mmol/L Tris-HCl，5 mmol/L咪唑，pH 7.9，不含尿素）冰浴30 min，按前述方法超声波破碎30 min，重悬菌体。4 ℃、13 000*g*离心15 min，包涵体和细胞碎片位于沉淀中，10 mL 1×结合缓冲液重悬沉淀，重复上述步骤。移去上清，加入8 mol/L尿素的1×结合缓冲液溶解沉淀，4 ℃、16 000*g*离心30 min去除不溶成分，保留上清液。

pQE-40载体表达的蛋白N端有6个氨基酸的组氨酸标签，可用金属离子亲和层析纯化。使用Novagen的His · Bind树脂纯化蛋白，按照《His · Tag融合蛋白纯化操作手册》进行。

用3 mL灭菌的去离子水润湿、清洗蛋白纯化柱，再加入1 mL His · Bind Resin树脂悬液（用前摇匀），待自然沉降后，先后加入1.5 mL灭菌双蒸水，2.5 mL 1×离子化缓冲液（50 mmol/L $NiSO_4$），1.5 mL含8 mol/L尿素的1×结合缓冲液，以清洗、离子化和平衡纯化柱。

待结合缓冲液下降至层析介质表面，小心加入包涵体溶液，让缓冲液缓慢流出，控制流速5 mL/h；再依次用5 mL含8 mol/L尿素的1×结合缓冲液、3 mL含8 mol/L尿素的1×漂洗结合缓冲液（0.5 mol/L NaCl，20 mmol/L Tris-HCl，40 mmol/L咪唑，pH 7.9）漂洗；然后加7.5 mL含8 mol/L尿素的1×洗脱缓冲液（0.5 mol/L NaCl，20 mmol/L Tris-HCl，pH 7.9，咪唑浓度分别为100、150、200、250、500 mmol/L），按照咪唑浓度由低向高进行梯度洗脱，每0.5 mL收集一管，纯化的蛋白存在于洗脱液中。经SDS-PAGE电泳检测其纯度和浓度。

9. 小鼠多克隆抗体的制备

用作免疫的动物为BALB/c小鼠，由武汉病毒所动物饲养中心提供，免疫5只，按以下免疫程序来免疫。第一次免疫用500 μg的蛋白与弗氏完全佐剂乳化，每只注射100 μg。第一次注射2周后加强免疫2次，各次剂量为上次剂量的二分之一，每次间隔两周。第二次、第三次蛋白溶液用弗氏不完全佐剂乳化，在第三次免疫2周后，眼底动脉取血。采集的血液于4 ℃放置过夜，3 000*g* 离心10 min，吸取上层的多抗血清，分装后于-80 ℃冻存。

10. 鳜β-防御素蛋白在组织中的分布

(1)鳜组织蛋白的提取。分离鳜组织[头肾、中肾、肠、鳃、脾脏、肌肉(含皮肤)、心脏和肝脏]迅速置于预冷的生理盐水中，漂洗数次，以清洁表面的血迹，将组织块放入匀浆器中，加入适量预冷的RIPA裂解液(150 mmol/L NaCl,50 mmol/L Tris HCl pH 7.2,1% NP-40,0.1% SDS,1% Triton X-100,1% Deoxycholic acid,1 mmol/L EDTA，临用前加入1 mmol/L DTT,1 μg/mL leupetin,25 μg/mL aprotinin and 1 mmol/L PMSF)，在冰上匀浆，直至充分裂解。充分裂解后，14 000*g* 离心20 min，去上清，加入蛋白上样缓冲液，95 ℃变性10 min,12 000*g* 离心5 min后取上清，分装，-20 ℃保存备用。

(2)Western Blot技术检测β-防御素蛋白在鳜组织中的分布。Western Blot是通过聚丙烯酰胺电泳根据分子量大小分离蛋白后转移到杂交膜上，然后通过一抗/二抗复合物对靶蛋白进行特异性检测的方法。Western Blot技术是蛋白质分析最流行的成熟的技术手段之一，常用来检测生物体内目标蛋白的表达丰度等。以下简要介绍Western Blot技术的操作步骤。

1)组织蛋白样品、合成多肽和蛋白Marker经16.5% Tricine SDS-PAGE胶分离。

2)电泳结束后，按照SD Semi-Dry Transfer Cell电泳转移系统操作指南装配转膜Sandwich(由下到上依次为三层滤纸、膜、胶、三层滤纸)，安装电转移系统，以恒流200 mA转膜30 min，将蛋白转移至孔径为0.22 μm的PVDF膜上；转膜缓冲液配方：25 mmol/L Tris pH 8.3,192 mmol/L甘氨酸,30%甲醇，使用之前置于冰上冰浴。

3)转印膜用TBST溶液(25 mmol/L Tris pH 7.5,150 mmol/L NaCl,0.05% Tween-20)洗膜三次，每次5 min；然后经2.5%戊二醛固定1 h,TBS洗两次。

4)5%脱脂奶粉(溶于TBS中)室温封闭1 h；以1∶200稀释比例(根据抗体效价调整)将抗血清稀释于含2%脱脂奶粉的TBS中,4 ℃过夜孵育。

5)TBST洗膜3次，每次10 min；以1∶1 000稀释比例加入辣根过氧化物酶(HRP)标记的羊抗鼠IgG，室温孵育1 h。

6)TBST洗膜3次，每次10 min；采用ECL化学发光试剂盒(SuperSignal West Pico Trial kit)进行显色，取试剂盒中的A和B溶液等量混匀，根据膜的大小确定用量，在暗室中曝光显影。

β-tubulin内参抗体用于检测蛋白上样量是否一致，与其反应的蛋白大小为55 kDa，作为阳性对照的pQE40-*Sc*BD重组蛋白大小为31 kDa，它们的检测经12% SDS-

PAGE 电泳，DAB 显色试剂盒显色。

11. 鳜 β-防御素真核表达载体的构建和在 HEK 293T 细胞中的表达

（1）真核表达载体的构建。设计表达引物，正向引物中包含 GCCACCATGG，即所谓的 Kozak 序列，引物序列见表 2-3。扩增表达片段，连接入 pMD18-T，转化 TOP10 感受态，挑取阳性克隆，测序正确后，提取质粒，*Hin*d Ⅲ 和 *Kpn* Ⅰ 双酶切，切胶回收目的片段。同时表达载体 pcDNA3.1（+）进行 *Hin*d Ⅲ 和 *Kpn* Ⅰ 双酶切，切胶回收酶切片段。纯化的目的基因和载体的酶切产物，T4 连接酶连接过夜，转化 TOP10 感受态，挑取阳性克隆，用 B 型超纯质粒大量快速提取试剂盒（BioDev）提取重组质粒，命名为 pcDNA3.1-*Sc*BD，构建的重组质粒经双酶切鉴定。表达载体 pcDNA3.1（+）同样需要大量提取质粒，质粒的浓度要高，而且质粒纯度要高（$OD_{260/280}$>1.8）。

（2）细胞培养。HEK 293T 细胞为人胚胎肾细胞系，是贴壁依赖型呈上皮样细胞。细胞转染后蛋白表达水平高，转染后 2～3 天用碱性磷酸酶分析可较容易地检测到表达的蛋白。瞬时转染 293T 细胞是过表达蛋白并获得细胞内及细胞外（分泌的或膜）蛋白的便捷方式。

复苏的细胞待长满至细胞培养皿的 90% 时，吸去细胞培养基，PBS 润洗细胞一次，轻轻晃动培养瓶，吸去 PBS，加入 1 mL 含 0.25% 胰酶和 0.02% EDTA 的细胞消化液，约 3 min，显微镜下观察细胞形态稍有变化，细胞变圆、间隙消失，立即加入含 10% 胎牛血清的 DMEM 终止消化，轻轻吹打 10 次左右，按一传三的比例将细胞接种于 100 mm 的培养皿中，37 ℃、5% CO_2 培养约 24 h，细胞贴壁至单层、80% 融合时进行转染。

（3）转染试剂的准备。按照 Invitrogen 的 Lipofectamine 2000 说明书准备质粒和 Lipofectamine 2000 脂质体混合物：

1）将 5 μg 质粒 DNA（空载体和含目的基因的重组质粒）加入 500 μL Opti-MEM 无血清培养基，混匀，室温放置 5 min。

2）10 μL Lipofectamin 2000 稀释至 500 μL Opti-MEM 无血清培养基，混匀，室温放置 5 min。

3）将（1）和（2）准备的试剂混匀，室温下静置 20 min。

（4）细胞转染。转染前 4 h，吸去培养板中的培养基，轻轻加入 4 mL 含血清的培养基，注意不要吹起细胞，然后加入混合液，将细胞放回培养箱中培养 6 h，移除混合液，加入含 10% 胎牛血清的 DMEM，继续培养 6～8 h，再次更换为含 0.1% BSA 的 DMEM 培养基，继续培养 48 h，收集细胞培养基。未转染细胞做空白对照。

（5）细胞转染效果检测。RT-PCR 检测 *Sc*BD mRNA 在 HEK 293T 细胞的转录水平。质粒转染细胞 48 h 后，收集细胞培养基，贴壁的细胞直接加入 Trizol，用枪头吹打 5 min，吸入 1.5 mL 离心管中，按照常规方法提取 RNA，DNaseI消化处理，反转录合成 cDNA 第一链。分别用载体引物 T7 和 BGH、*Sc*BD 基因的特异性引物检测 mRNA 转录水平。

（6）鳜 β-防御素蛋白的抗菌活性检测。转染 48 h 后，收集细胞培养基，经 0.22 μm 的除菌滤器过滤后，由于表达的蛋白分子量大小估计在 5 kDa 左右，首先采用 30 K 超滤管（Millipore）去除培养基中的 BSA 蛋白，再经过 3 K 的超滤管浓缩，4 ℃、7 500 *g* 离心，蛋白浓缩100倍，按照Bradford法测定蛋白浓度。

抗菌活性检测采用琼脂糖孔穴扩散法，具体操作如下：

选择G^+细菌金黄色葡萄球菌和G^-细菌M15用于抑菌实验。平皿制作：培养的新鲜菌液用PBS稀释至$OD_{600}=0.2$时，取100 μL细菌加入经高压灭菌、冷却至42 ℃的10 mL含1%琼脂糖、30 mg TSB的溶液中，立即混匀，倒入直径为9 cm的平皿中，待琼脂糖凝固后，厚度大约为1 mm，用孔径为5 mm不锈钢打孔器打孔，每个平皿均匀打3个孔，分别加入20 μL的空载体表达蛋白、pcDNA3.1-*Sc*BD重组质粒表达的蛋白（约50 μg）和抗生素样品（50 μg），放置37 ℃培养约12 h。出现抑菌圈时，加入考马斯亮蓝R-250染液（染料2 mg，甲醇27 mL，37%的甲醛溶液15 mL，水63 mL），置于4 ℃，染色24 h。

二、结果

1. *Sc*BD在大肠杆菌中的表达和纯化

重组质粒pQE40-*Sc*BD转化入M15菌株，经测序鉴定读码框正确后，进行诱导表达。重组质粒和空载体分别在0.5 mmol/L IPTG、25 ℃条件下诱导，5 h后检测到目的蛋白的表达，表达的蛋白分子量大小与预期大小一致，约31 kDa，包含目的蛋白N端融合的一段约26 kDa空载体蛋白和计算的理论大小为4.7 kDa的*Sc*BD表达蛋白，未诱导的空载体和重组质粒未见相应大小的蛋白表达。蛋白以包涵体形式表达（图2-20）。

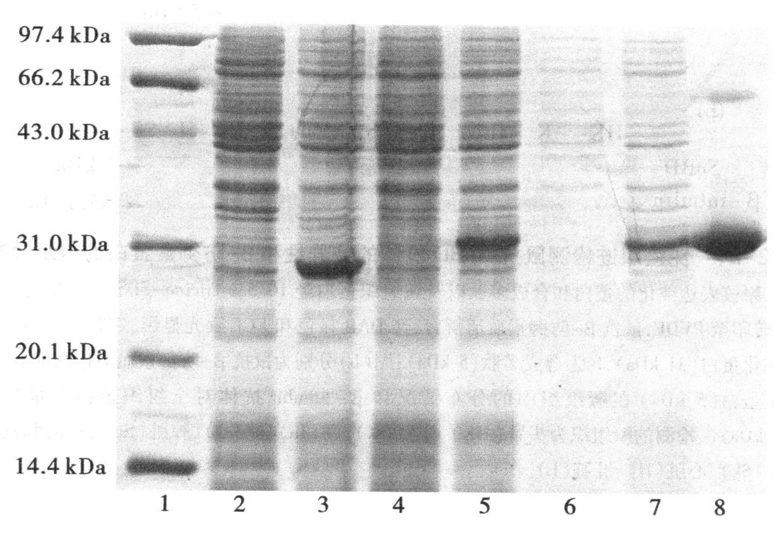

图2-20　鳜pQE40-*Sc*BD重组蛋白的表达和纯化

细胞裂解物和纯化的蛋白经15% SDS-PAGE电泳分离。1为蛋白Marker；2和3分别为未诱导和诱导的pQE40空载体；4和5分别为未诱导和诱导的pQE40-*Sc*BD重组质粒；6和7分别为诱导的pQE40-*Sc*BD上清和沉淀；8为纯化的蛋白。

大量诱导表达蛋白,使用 His · Bind 树脂纯化重组蛋白,蛋白纯度较高,直接用于免疫小鼠,制备鼠多克隆抗体。

2. 免疫印迹

首先用原核表达的重组蛋白和合成多肽检测抗体的特异性,如图 2-21A 所示,两者能够被鼠抗 *Sc*BD 抗体特异性地识别,重组蛋白大小为 31 kDa,合成多肽的大小为 5 kDa,可以用于 *Sc*BD 的组织特异性表达检测。提取的组织总蛋白的质量和浓度用鼠抗 β-tubulin 抗体检测,可以识别总蛋白中 55 kDa 的 β-tubulin 蛋白,并且蛋白上样量基本保持一致(图 2-21B)。经鼠抗 *Sc*BD 抗体检测,能够检测到一条大小约 5 kDa 的蛋白,*Sc*BD 蛋白存在于鳜的头肾、鳃和脾脏中,其余组织肾脏、肠、肌肉、心脏和肝脏中没有检测到表达,*Sc*BD 蛋白主要在免疫器官中表达。

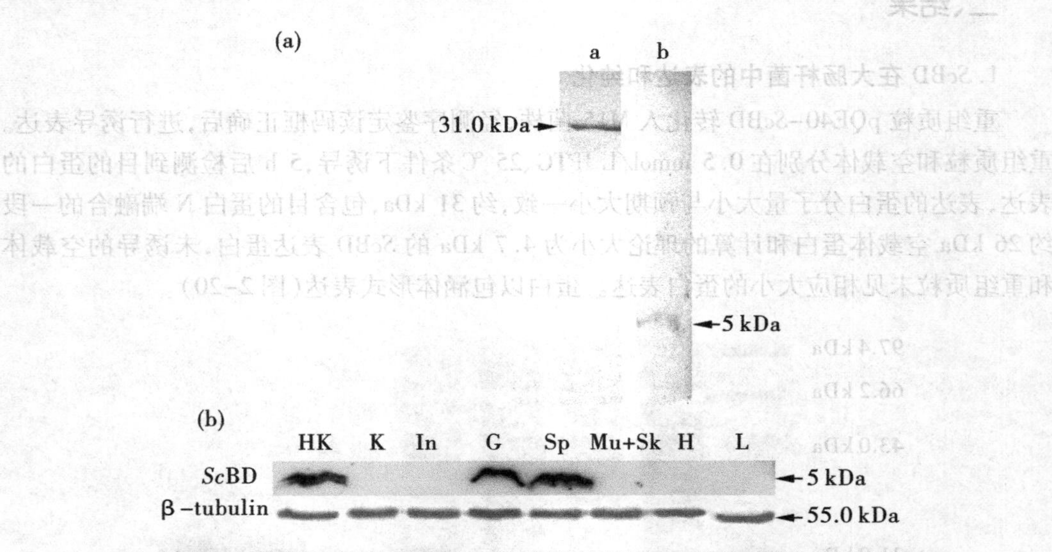

图 2-21 免疫印迹检测鼠抗 *Sc*BD 抗体的特异性和 β-防御素蛋白的组织分布

原核表达纯化的蛋白和合成多肽以及鳜组织蛋白经 16.5% Tricine-SDS-PAGE 电泳分离,转印至 PVDF,鼠抗 β-防御素血清孵育,经 DAB 显色和 ECL 曝光显影。图(a)中泳道 a 为纯化蛋白(31 kDa),b 为合成多肽(5 kDa);图(b)分别为鼠抗 β-防御素血清检测的 β-防御素蛋白(5 kDa)在鳜组织中的分布情况和 β-tubulin 抗体对全组织蛋白定量检测(55 kDa)。检测的鳜组织为头肾(HK)、中肾(K)、肠(In)、鳃(G)、脾脏(Sp)、肌肉和皮肤(Mu+Sk)、心脏(H)、肝脏(L)。

3. 重组质粒 pcDNA3.1-*Sc*BD 酶切鉴定

重组质粒 pcDNA3.1-*Sc*BD 经 *Hin*d Ⅲ 和 *Kpn* Ⅰ 酶切后,检测到约 200 bp 的电泳条带,可见重组质粒已嵌入目的基因[图 2-22(a)和(b)],同时经测序鉴定插入的目的基因的读码框正确。

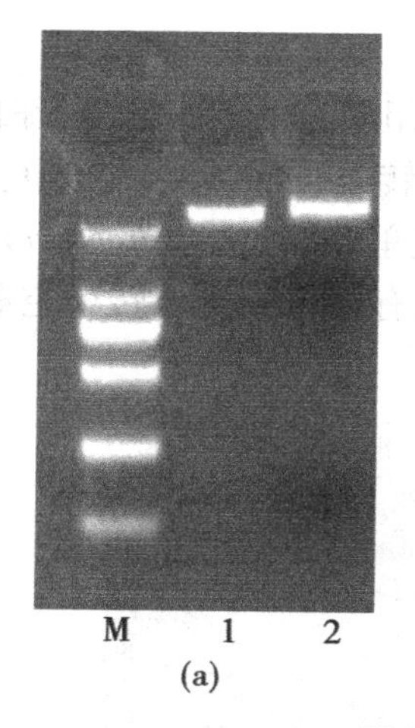

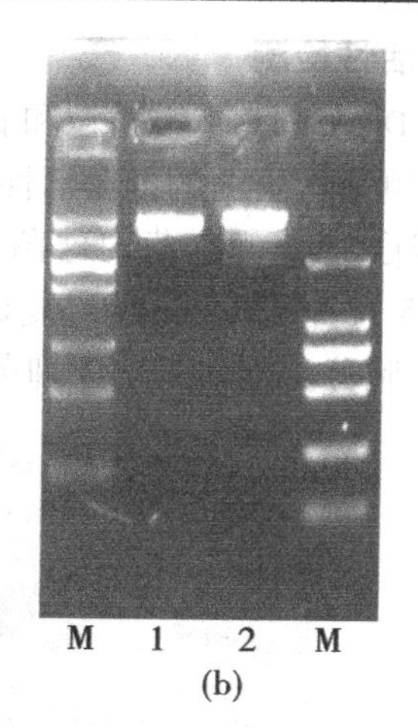

图 2-22　重组质粒酶切鉴定

图(a)所示为 pMD-18T/*Sc*BD 双酶切结果;图(b)所示为 pcDNA3.1+/*Sc*BD 双酶切结果。A2 和 B1 显示酶切前的质粒,A1 和 B2 显示酶切后的质粒,插入的目的片段的大小为 216 bp。M:DL2000,片段由大到小依次为 2 000 bp、1 000 bp、750 bp、500 bp、250 bp、100 bp。DL5000,片段由大到小依次为 5 000 bp、3 000 bp、2 000 bp、1 500 bp、800 bp、500 bp、200 bp。

4. **细胞转染效果**

RT-PCR 结果显示,*Sc*BD mRNA 在转染重组质粒 pcDNA3.1-*Sc*BD 的 HEK 293T 细胞中呈高水平表达,而在阴性对照组 pcDNA3.1(+)空质粒的细胞和未转染的 HEK 293T 细胞中没有检测到表达[图 2-23(a)和(b)]。

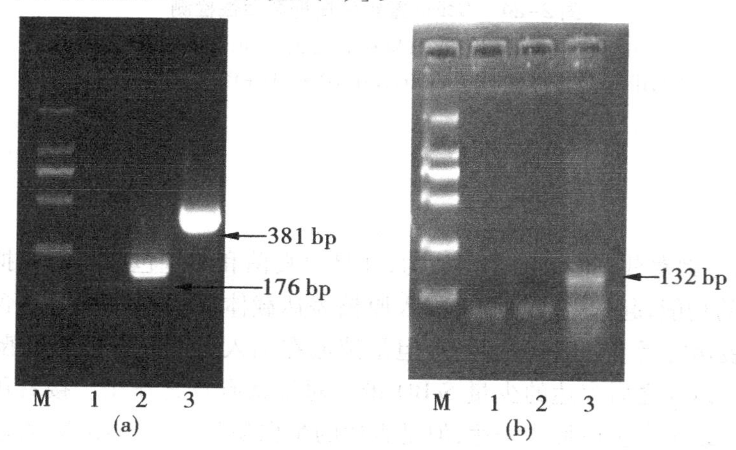

图 2-23　RT-PCR 检测 *Sc*BD 在细胞中的转录情况

图(a)所示为 pcDNA3.1(+)载体引物检测结果;图(b)所示为 *Sc*BD 特异性检测结果。

M:DL2000,片段由大到小依次为:2 000 bp、1 000 bp、750 bp、500 bp、250 bp、100 bp。1:未转染的细胞;2:转染空载体的细胞;3:转染重组质粒的细胞。

5. 抑菌活性检测

转染 pcDNA3. 1(+)空质粒和 pcDNA3. 1–*Sc*BD 重组质粒的细胞分泌蛋白,采用琼脂糖扩散法检测表达蛋白的抑菌活性。如图 2–24 所示,转染 pcDNA3. 1–*Sc*BD 重组质粒的细胞分泌蛋白对金黄色葡萄球菌(*S. aureus*)、嗜水气单胞菌(*A. hydrophila*)、大肠杆菌(*E. coli*)M15 有抑菌作用,而对爱德华菌(*E. tarda*)没有抑菌作用。转染空载体 pcDNA 3. 1(+)的细胞分泌蛋白对均无抑菌作用。

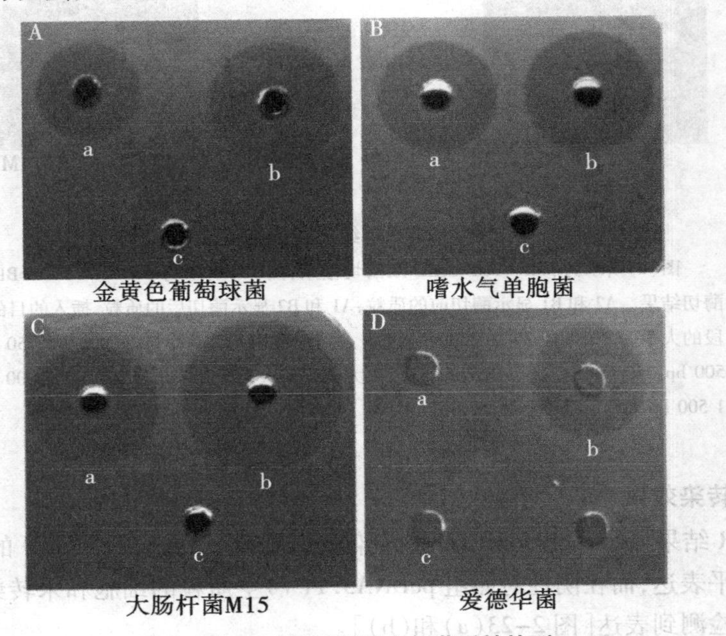

图 2–24 *Sc*BD 重组蛋白抑菌活性检测

a:pcDNA3. 1+/*Sc*BD 重组质粒表达蛋白;b:氨苄青霉素(A, C),诺氟沙星(B),卡那霉素(D);c:pcDNA3. 1(+)空载体表达蛋白。

三、讨论

大多数的防御素具有广谱的杀菌能力,并且对真菌和某些包膜病毒有抑制作用。为了研究 *Sc*BD 的功能,起初将成熟肽连接入原核表达载体 pQE–30,因为其含有较短的标签,省去了在表达之后要切除表达标签,但是菌液在加入 IPTG 诱导之后,菌液会逐渐变清,可能是由于诱导之后表达的少量 *Sc*BD 蛋白对细菌有毒害作用。接着用 pQE–40 构建了表达载体,以融合蛋白形式表达,但是表达的蛋白易于形成包涵体,通过尝试改变诱导条件(降低温度和 IPTG 浓度),获得可溶的蛋白,但是该蛋白没有抑菌作用,可能是因为表达的融合蛋白含有标签,影响蛋白的折叠。将表达的包涵体蛋白复性,复性效率很低,没有获得活性蛋白。此外,还采用了酵母表达系统,但仍未成功表达出目的蛋白。由于原核表达系统中存在的缺陷,如蛋白易形成包涵体、不能正确折叠等,我们构建了

pcDNA3.1-*Sc*BD 真核表达载体，通过脂质体转染方法，转入人胚胎肾细胞（HEK 293T），它是目前表达重组蛋白最常用的细胞系，瞬时转染293T细胞是过表达蛋白并获得细胞内及细胞外（分泌的或膜）蛋白的便捷方式。质粒转染细胞48 h后，收集细胞培养基，浓缩表达的蛋白，抑菌活性检测实验证实表达的蛋白能够抑制大肠杆菌M15的生长，不能抑制金黄色葡萄球菌，这一结果与Zhao等人（2009）报道的青鳉β-防御素成熟肽的抑菌结果一致。然而，表达的蛋白为分泌蛋白，蛋白会分泌到细胞培养基中，但是细胞培养基中含有BSA蛋白，所以表达的蛋白不能准确定量，只能证实蛋白是否具有抑菌能力。瞬时转染得到的蛋白量有限，下一步的工作将筛选稳定表达*Sc*BD的细胞株，大量表达蛋白，并将蛋白进行纯化，检测其对水产动物病原的作用。

四、小结

通过RT-PCR和RACE PCR技术获得了鳜β-防御素的cDNA全长，并采用Genome Walking的方法获得了基因组序列和β-防御素的启动子区域，分析了基因组结构。利用原核和真核表达技术获得了β-防御素的重组蛋白，并研究了其抑菌活性。

鳜β-防御素（*Siniperca chuatsi* β-防御素，*Sc*BD）基因组全长1 197 bp，包含3个外显子和2个内含子，开放阅读框包含192 bp，编码63个氨基酸，由20个氨基酸的信号肽和43个氨基酸的成熟肽组成。启动子区域包含与抗细菌和抗病毒转录调控相关的转录因子，如：NF-κB、Sp1、C/EBP-β和IRF-1等。健康鳜的*Sc*BD mRNA主要表达于脾脏，LPS刺激之后在肌肉中表达量最高。原核表达的*Sc*BD重组蛋白制备的鼠多克隆抗体，经Western Blot技术检测到*Sc*BD蛋白表达于脾脏、头肾和鳃中。真核重组表达质粒pcDNA3.1-*Sc*BD转染HEK 293T细胞，分泌表达的蛋白对金黄色葡萄球菌（*S. aureus*）、嗜水气单胞菌（*A. hydrophila*）、大肠杆菌（*E. coli*）M15有抑菌作用，而对爱德华菌（*E. tarda*）没有抑菌作用。

参考文献

[1]金伯泉. 细胞和分子免疫学[M]. 北京：科学出版社，2001.

[2]江丽娜，赵瑞利，雷连成，等. 鱼类抗菌肽的研究进展[J]. 中国水产，2008，5：81-88.

[3]AGERBERTH B，CHARO J，WERR J，et al. The human antimicrobial and chemotactic peptides LL-37 and alpha-defensins are expressed by specific lymphocyte and monocyte populations[J]. Blood，2000，96：3086-93.

[4]AYABE T，SATCHELL D P，WILSON C L，et al. Secretion of microbicidal alpha-defensins by intestinal Paneth cells in response to bacteria[J]. Nat Immunol，2000，1：113-8.

[5]BAGGIOLINI M. Chemokines and leukocyte traffic[J]. Nature，1998，392：565-8.

[6]BALS R，WANG X，WU Z，et al. Human β-defensin 2 is a salt-sensitive peptide antibiotic expressed in human lung[J]. J Clin Invest，1998，102：874-80.

[7]BASTIAN A,SCHÄER H. Human α-defenisn 1 (HNP-1) inhibits adenoviral infection in vitro[J]. Regul Pept,2001,101:157-161.

[8]BEFUS A D,MONWAT C,GILCHRIST M,et al. Neutrophil defensins induce histamine secretion mast cells:mechanism of action[J]. The Journal of Immunology,1999,163(2):947-953.

[9]BENSCH K W,RAIDA M,MAGERT H J,et al. hBD-1:a novel β-defensin from human plasma[J]. FEBS Lett,1995,368:331-335.

[10]BIRAGYN A,SURENHU M,YANG D,et al. Mediators of innate immunity that target immature,but not mature,dentritic cells induce antitumor immunity when genetically fuse with nonimmunogenic tumor antigens[J]. J Immunol,2001,167:6644-6653.

[11]BIRAGYN A,RUFFINI P A,COSSIA M,et al. Chemokine receptor-mediated delivery directs self-tumor antigen efficiently into the class Π processing pathway in vitro and induces protective immunity in vivo[J]. Blood,2004,104:1961-1969.

[12]BIRAGYN A,RUFFINI P A,LEIFER C A,et al. Toll-like receptor 4-dependent activation of dendritic cells by β-defensin 2[J]. Science,2002,298:1025-1029.

[13]BIRAGYN A,BELYAKOV I M,CHOW Y H,et al. DNA vaccines encoding human immunodeficiency virus-1 glycoprotein 120 fuusion with proinflammatory chemoattractants induce systemic and mucosal immune responses[J]. Blood,2002,100:1153-1159.

[14]BOMAN H G. Antibacterial peptides:basic facts and emerging concepts[J]. Journal of Internal Medicine,2003,254(3):197-215.

[15]BROGDEN K A,HEIDARI M,SACCO R E,et al. Defensin-induced adaptive immunity in mice and its potential in preventing periodontal disease[J]. Oral microbiology and immunology,2003,18(2):95-99.

[16]BULET P,STOCKLIN R. Insect antimicrobial peptides:structures,properties and gene regulation[J]. Protein and Peptide Letters,2005,12(1):3-11.

[17]CASTRO M S,FONTES W. Plant defense and antimicrobial peptides[J]. Protein and Peptide Letters,2005,12:13-18.

[18]CHANG C I,PLEGUEZUELOS O,ZHANG Y A,et al. Identification of a nonel cathelicidin gene in the rainbow trout,Oncorhynchus mykiss [J]. Infection and immunity,2005,73:5053-5064.

[19]CHERTOV O,MICHIEL D F,XU L,et al. Identification of defensin-1,defensin-2,and CAP37/azurocidin as T-cell chemoattractant proteins released from interleukin-8-stimulated neutrophils[J]. Journal of Biological Chemistry,1996,271:2935-2940.

[20]COLE A M,WEIS P,DIAMOND G. Isolation and characterization of pleurocidin,an antimicrobial peptide in the skin secretions of winter flounder[J]. Journal of Biological Chemistry,1997,272:12008-12013.

[21]COLE A M,HONG T,BOO L M,et al. Retrocyclin:a primate peptide that protects cells from infection by T-and M-tropic strains of HIV-1[J]. Proc. Natl. Acad. Sci. USA, 2002,99:1813-1818.

[22]CONEJO-GARCIA J R,BENENCIA F,COURREGES M C,et al. Tumor-infltrating dendritic cell precursors recruited by a β-defensin contribute to vasculogenesis under the influence of Vegf-A[J]. Nat Med,2004,10:950-958.

[23]CONLON J M,SOWER S A. Isolation of a peptide structurally related to mammalian corticostatins from the lamprey petromyzon marinus[J]. Comp Bioch and Physio,1996,114:133-137

[24]COWLAND J B,BORREGAARD N. The individual regulation of granule protein mRNA levels during neutrophil maturation explains the heterogeneity of neutrophil granules[J]. J Leukoc Biol,1999,66:989-995.

[25]DAHER K A,SELSTED M E,LEHRER R I. Direct inactivation of viruses by human granulocyte defensins[J]. J Virol,1986,60:1068-1074.

[26]DIAMOND G,ZASLOFF M,ECK H,et al. Tracheal antimicrobial peptides,a cysteine-rich peptide from mammalian tracheal mucosa:peptide isolation and cloning of a cDNA [J]. Proc. Natl. Acad Sci. USA,1991,88:3952-3956.

[27] DIAMOND G, KAISER V, RHODES J, et al. Transcriptional regulation of beta-defensin gene expression in tracheal epithelial cells [J]. Infection and Immunity, 2000,68:113-119.

[28]DUITS L A,RADEMAKER M,RAVENSBERGEN B,et al. Inhibition of hBD-3,but not hBD-1 and hBD-2, mRNA expression by corticosteroids [J]. Biochem Biophys Res Commun,2001,280:522-525.

[29]ECHTENACHER B,MANNEL D N,HULTNER L. Critical protective role of mast cells in a model of acute septic peritonitis[J]. Nature,1996,381:75-77.

[30]ELAHI S,BUCHANAN R M,ATTAH-POKU S,et al. The host defense peptide beta-defensin 1 confers protection against Bordetella pertussis in newborn piglets[J]. Infect Immun,2006,12(32):4247-4254.

[31] EISENHAUER P B, LEHRER R I. Mouse neutrophils lack defensins [J]. Infect Immun,1992,60:3446-3447.

[32]EISENHAUER P B,HARWIG S S,SZKLAREK D,et al. Purification and antimicrobial properties of three defensins from rat neutrophils [J]. Infect Immun, 1989, 57: 2021-2027.

[33]FACLO A,CHICO V,MARROQUÍ L,et al. Expression and antiviral activity of a β-defensin-like peptide identified in the rainbow trout (Oncorhynchus mykiss) EST sequences[J]. Mol Immunol,2008,45:757-765.

[34] FERNANDES J M, MOLLE G, KEMP G D, et al. Isolation and characterisation of oncorhyncin II, a histone H1 – derived antimicrobial peptide from skin secretions of rainbow trout Oncorhynchus mykiss[J]. Dev Comp Immunol, 2004, 28: 127–138.

[35] FERNANDES J M, SAINT N, KEMP G D, et al. Oncorhyncin III: a potent antimicrobial peptide derived from the nonhistone chromosomal protein H6 of rainbow trout Oncorhynchus mykiss[J]. Biochem J, 2003, 373: 621–628.

[36] FERNANDEZ P C, FRANK S R, WANG L, et al. Genomic targets of the human c–Myc protein[J]. Genes Dev, 2003, 17: 1115–1129.

[37] GALLO S A, WANG W, RAWAT S S, et al. Theta–defensins prevent HIV–1 Env–mediated fusion by binding gp41 and blocking 6–helix bundle formation[J]. J Biol Chem, 2006, 281: 18787–18792.

[38] GANZ T. Defensins: antimicrobial peptides of innate immunity[J]. Nat Rev Immunol, 2003, 3: 710–720.

[39] GANZ T, SELSTED M E, SZKLAREK D, et al. Defensins: Natural peptide antibiotics of human neutrophils[J]. J Clin Invest, 1985, 76: 1427–1435.

[40] GANZ T, RAYNER J R, VALORE E V, et al. The structure of the rabbit macrophage defensin genes and their organ–specific expression[J]. J Immunol, 1989, 143: 1358–1365.

[41] GARCIA J R, KRAUSE A, SCHULZ S, et al. Human β–defensin 4: a novel inducible peptide with a specific salt–sensetive spectrum of antimicrobial activity[J]. FASEB J, 2001, 15: 1819–1821.

[42] GARCIA J R, JAUMANN F, SCHULZ S, et al. Identification of a novel, multifunctional β–defensin (Human β–defensin 3) with specific antimicrobial activity: its interaction with plasma membranes of Xenopus oocytes and the induction macrophage chemoattraction [J]. Cell Tissue Res, 2001, 306: 257–264.

[43] GOLDMAN M J, ANDERSON G M, STOLZENBERG E D, et al. Human β–defensin–1 is a salt–sensitive antibiotic in lung that is inactivated in cystic fibrosis[J]. Cell, 1997, 88: 553–561.

[44] GRAHAM F L, SMILEY J, RUSSELL W C, et al. Characteristics of a human cell line transformed by DNA from human adenovirus type 5[J]. J Gen Virol, 1977, 36(1): 59–74.

[45] HARDER J, BARTELS J, CHRISTOPHERS E, et al. A peptide antibiotic from human skin [J]. Nature, 1997, 387: 861.

[46] HARDER J, BARTELS J, CHRISTOPHERS E, et al. Isolation and characterization of human β–defensin–3, a novel human inducible peptide antibiotics[J]. J Biol Chem, 2001, 276: 5707–5713.

[47] HAYFLICK J S, KILGANNON P, GALLATIN W M. The intercellular adhesion molecule

(ICAM) family of proteians: a new members and novel functions[J]. Immunol Res, 1998,17:313-327.

[48] HUANG G T, ZHANG H B, KIM D, et al. A model for antimicrobial gene therapy: demonstration oof human β-defenisn 2 antimicrobial activities in vivo[J]. Hum Gene Ther,2002,20:2017-2025.

[49] HUANG P H, CHEN J Y, KUO C M. Three different hepcidins from tilapia, Oreochromis mossambicus: analysis of their expression and biological functions [J]. Mol Immunol,2007,44:1922-2134.

[50] ICHINOSE M, ASAI M, IMAI K, et al. Enhancement of phagocytosis by corticostatin I (CSI) in cultured mouse peritoneal macrophages [J]. Immunopharmacol, 1996, 35: 103-109.

[51] JIA H P, SCHUTTE B C, SCHUDY A, et al. Discovery of new human beta-defensins using a genomic-based approach[J]. Gene,2001,263:211-218.

[52] JOINER K A, GANZ T, ALBERT J, et al. The opsonizing ligand on Salmonella typhimurium influences incorporation of specific, but not azurophil, granule constituents into neutrophil phagosomes[J]. J Cell Biol,1989,109:2771-2782.

[53] JONES D E, BEVINS C L. Paneth cells of the human small intestine express an antimicrobial peptide gene[J]. J Biol Chem,1992,267:23216-23225.

[54] JONES D E, BEVINS C L. Defensin-6 mRNA in human Paneth cells: Implications for antimicrobial peptides in host defense of human bowel[J]. FEBS lett,1993,315:187-192.

[55] KIM Y O, HONG S, NAM B H, et al. Molecular cloning and expression analysis of two hepcidin genes from oliver flounder Paralichthys olivaceus [J]. Biosci Biotechnol Biochem,2005,69(7):1411-1414.

[56] KIM C, SLAVINSKAYA Z, MERRILL A R, et al. Human alpha-defensins neutralize toxins of the mono-ADP-ribosyltransferase family[J]. Biochem J,2006,399:225-229.

[57] KOKRYAKOV V N, HARWIG S S, PANYUTICH E A, et al. Protegrins: leukocyte antimicrobial peptides that combine features of corticostatic defensins and tachyplesins [J]. FEBS Lett,1993,327(2):231-236.

[58] KUROSAKA K, CHEN Q, YAROVINSKY F, et al. Mouse cathelin-related antimicrobial peptide chemoattracts leukocytes using formyl peptide receptor-like 1/mouse formyl peptide receptor-like 2 as the receptor and acts as an immune adjuvant [J]. J Immunol,2005,174:6257-6265.

[59] LAUTH X, SHIKE H, BURNS J C, et al. Discovery and characterization of two isoforms of moronecidin, a novel antimicrobial peptide from hybrid striped bass [J]. J Biol Chem,2002,277 (7):5030-5039.

[60] LEHRER R I, BARTON A, DAHER K A, et al. Interaction of human defensins with Esch-

erichia coli: Mechanism of bactericidal activity[J]. J Clin Invest, 1989, 84: 553-561.

[61] LEHRER R I, GANZ T. Defensins of vertebrate animals [J]. Curr Opin Immunol, 2002, 14: 96-102.

[62] LEIKINA E, DELANOE-AYARI H, MELIKOV K, et al. Carbohydrate-binding molecules inhibit viral fusion and entry by crosslinking membrane glycoproteins [J]. Nat Immunol, 2005, 6: 995-1001.

[63] LILLARD J J W, BOYAKA P N, CHERTOV O, et al. Mechanism for induction of acquired host immunity by neutrophil peptide defensins[J]. Proc. Natl. Acad. Sci. USA, 1999, 96: 651-656.

[64] LIU L, GANZ T. The pro region of human neutrophil defensin contains a motif that is essential for normal subcellular sorting[J]. Blood, 1995, 85: 1095.

[65] LIU L, ROBERTS A A, GANZ T. By IL-1 signaling, monocyte-derived cells dramatically enhance the epidermal antimicrobial response to lipopolysaccharide [J]. J. Immunol, 2003, 170: 575-580.

[66] MA X T, XU B, AN L L, et al. Vaccine with beta-defensin 2-transducted leukemic cells activates innate and adaptive immunity to elicit potent antileukemia responses[J]. Cancer Res, 2006, 66: 1169-1176.

[67] MA Y, SU Q, TEMPST P. Differentiation-stimulated activity binds an ETS-like, essential regulatory element in the human promyelocytic defensin - 1 promoter [J]. J Biol Chem, 1998, 273: 8727-8240.

[68] MAEMOTO A, QU X Q, ROSENGREN K J, et al. Functional analysis of the alpha-defensin disulfide array in mouse cryptdin - 4 [J]. Journal of Biological Chemistry, 2004, 279: 44188-44196.

[69] MALAVIYA R, IKEDA T, ROSS E, et al. Mast cell modulation of neutrophil influx and bacterial clearance at sites of infection through TNFα[J]. Nature, 1996, 381: 77-80.

[70] MALLOW E B, HARRIS A, SALZMAN N, et al. Human enteric defensins-Gene structure and developmental expression [J]. Journal of Biological Chemistry, 1996, 271: 4038-4045.

[71] MANDAL M, NAGARAJ R. Antibacterial activities and conformations of synthetic α-defensin HNP-1 and analogs with one, two and three disulfide bridges [J]. J. Pept. Res., 2002, 59: 95-104.

[72] MESSMER D, YANG H, TELUSMA G, et al. High mobility group box protein 1: an endogenous signal for dendritic cell maturation and Th1 polarization [J]. J Immunol, 2004, 173: 307-313.

[73] MINESHIBA J, MYOKIA F, MINESHIBA F, et al. Transcriptional regulation of β-defensin-2 by lipopolysaccharide in cultured human cervical carcinoma (Hela) cells

[J]. FEMS Immunol Med Microbiol,2005,45:37-44.

[74]MORRISON G,KILANOWSKI F,DAVIDSON D,et al. Characterization of the mouse β defensin 1,Defb1,mutant mouse model[J]. Infect Immun,2002,70:3053-3060.

[75]MOSER C,WEINER D J,LYSENKO E,et al. β-Defensin 1 contributes to pulmonary innate immunity in mice[J]. Infect Immun,202,70:3068-3072.

[76]MOSMANN T R,COFFMAN R L. TH1 and TH2 cells:different patterins of lymphokine secretion lead to different functional properties[J]. Annu Rev Immunol, 1989, 7: 145-173.

[77]MOTZKUS D,SCHULZ-MARONDE S,HEITLAND A,et al. The novel beta-DEFB23 prevent lipopolysaccharide-mediated effects in vitro and in vivo[J]. FASEB J,2006,20: 1701-1702.

[78]NAKASHIMA H,YAMAMOTO N,MASUDA M,et al. Defensins Inhibit Hiv Replication in vitro[J]. AIDS,1993,7:1129.

[79]NAM B H,MOON J Y,KIM Y O,et al. Multiple β-defensin isoforms identified in early developmental stages of the teleost Paralichthys olivaceus[J]. Fish & shellfish Immunol,2010,28:267-274.

[80] NIYONSABA F, OGAWA H, NAGAOKA I. Human β-defensin-2 functions as a chemotactic agent for tumor necrosis factor-alpha-treated human neutrophils[J]. Immunology,2004,111:273-281.

[81] NIYONSABA F, SOMEYA A, HIRATA M, et al. Evaluation of the effects of peptide antibiotics human β-defensin-1/2 and LL-37 on histamine release and prostaglandin D2 production from mast cells[J]. Eur J Immunol,2001,31:1066-1075.

[82]NIYONSABA F,USHIO H,NAGAOKA I,et al. The human beta-defensins (-1,-2,-3,-4) and cathelicidin LL-37 induce IL-18 secretion through p38 and EPK MAPK activation in primary human keratinocytes[J]. J Immnol,2005,175:1776-1784.

[83] NIYONSABA F, USHIO H, NAGAOKA I, et al. Antimicrobial peptides human beta-defensins stimulate epidermal keratinocyte migration,proliferation and production of proinflammatory cytokines and chemokines[J]. J Invest Dermatol,2007,127:594-604.

[84]NOGA E J,SILPHADUANG U. Piscidins:a novel family of peptide antibiotics from fish [J]. Drug News Perspect,2003;16:87-92.

[85]OPPENHEIM J J,YANG D. Alarmins:chemotactic activators of immune responses[J]. Curr Opin Immunol,2005,17:359-365.

[86]OREN Z,SHAI Y. A class of highly potent antibacterial peptides derived from pardaxin,a pore-forming peptide isolated from Moses sole fish Pardachirus marmoratus[J]. Eur J Biochem,1996,237:303-310.

[87]OUELLETTE A J, GRECO R M, JAMES M, et al. Developmental regulation of

cryptdin, a corticostatin/defensin precursor mRNA in mouse small intestinal crypt epithelium[J]. J Cell Biol,1989,108:1687-1695.

[88]OUELLETTE A J,SELSTED M E. Paneth cell defensins:endogenous peptide components of intestinal host defense[J]. FASEB J,1996,10:1280-1289.

[89]PALUCKA K,BANCHEREAU J. How dentritic cells and microbes interact to elicit or subvert protective immune response[J]. Curr Opin Immunol,2002,14:420-31.

[90]PARK C B,LEE J H,PARK I Y,et al. A novel antimicrobial peptide from the loach Misgurnus anguillicaudatus[J]. FEBS Lett,1997,411:173-178.

[91]PARK I Y,PARK C B,KIM M S,et al. Parasin 1,an antimicrobial peptide derived from histone H2A in the catfish,Parasilurus asotus[J]. FEBS Lett,1998 437(3):258-262.

[92]PATARROYO M. Adhesion molecules mediating recruitment of monocytes to inflamed tissue[J]. Immunobiology,1994,191:474-477.

[93]PORTER E M,VAN DAM E,VALORE E V,et al. Broad-spectrum antimicrobial activity of human intestinal defensin 5[J]. Infect Immun,1997,65:2396-2401.

[94]PORRO G A,LEE J H,D E AZAVEDO J,et al. Direct and indirect bacterial killing functions of neutrophil defensins in lung explants [J]. Am J Physiol, 2001, 281: L1240-L1247.

[95]PRESS C,EVENSEN O,REITAN L J,et al. Retention of furunculosis vaccine components in Atlantic salmon,Salmo salar L.,following different routes of administration[J]. J Fish Dis,1996,19:215-224.

[96]ROBINETTE D,WADA S,ARROLL T,et al. Antimicrobial activity in the skin of the Channel catfish Ictalurus punctatus:characterization of broad-spectrum histone-like antimicrobial proteins[J]. Cell Mol Life Sci,1998,54:467-475.

[97]ROVERE-QUERINI P,CAPOBIANCO A,SCAFFIDI P,et al. HMGB1 is an endogenous immune adjuvant released by necrotic cells[J]. EMBO Rep,2004,5:825-830.

[98]RYAN L K,RHODES J,BHAT M,et al. Expression of beta-defensin genes in bovine alveolar macrophages[J]. Infect Immun,1998,66:878-881.

[99] SALZMAN N H, GHOSH D, HUTTNER K M, et al. Protection against enteric salmonellosis in transgenic mice expressing a human intestinal defensin[J]. Nature, 2003,422:522-526.

[100]SAMPANTHANARAK P, NIYONSABA F, USHIO H, et al. The effect of antibacterial peptide human beta-defensin-2 on interleukin-18 secretion by keratinocytes[J]. J Dermatol Sci,2005,37:188-191.

[101] SCHONWETTER B S, STOLZENBERG E D, ZASLOFF M A. Epithelial antibiotics induced at sites of inflammation[J]. Science,1995,267:1645-1648.

[102]SCHRÖDER J M. Epithelial antimicrobial peptides: innate local host response elements

[J]. Cell Mol Life Sci,1999,56:32-46.

[103]SCHUTTE B C,MITROS J P,BARTLETT J A,et al. Discovery of five conserved beta-defensin gene clusters using a computational search strategy[J]. Proceedings of the National Academy of Sciences,2002,99:2129.

[104] SCOTT M G, HANCOCK R E W. Cationic antimicrobial peptides and their multifunctional role in the immune system[J]. Crit Rev Immunol,2002,20:407-431.

[105] SELSTED M E, HARWIG S S, GANZ T, et al. Primary structures of three human neutrophil defensins[J]. J Clin Invest,1985,76:1436-1439.

[106]SHI J,ZHANG G,WU H,et al. Porcine epithelial beta-defensin 1 is expressed in the dorsal tongue at antimicrobial concentrations[J]. Infect Immun,1999,67:3121-3127.

[107]SHIKE H,LAUTH X,WESTERMAN M E,et al. Bass hepcidin is a novel antimicrobial peptide induced by bacterial challenge[J]. Eur J Biochem,2002,269:2232-2237.

[108]SHU Q,SHI Z,ZHAO Z,et al. Protection against Pseudomonas aeruginonas pneumonia and sepsis-induced lung injured by over-expression of beta-defensin-2 in rats[J]. Shock,2006,26:365-371.

[109] SINGH P K,JIA H P, WILES K, et al. Production of β-defensins by human airway epithelia[J]. Proc. Natl. Acad. Sci. USA,1998,95:14961-14966.

[110] SINHA S, CHESHENKO N, LEHRER R I, et al. NP-1, a rabbit alpha-defensin, prevents the entry and intercellular spread of herpes simplex virus type 2[J]. Antimicrob Agents Chemother,2003,47:494-500.

[111]STOLZENBERG E D, ANDERSON G M, Ackermann M R, et al. Epithelial antibiotic induced in states of disease[J]. Proc. Natl. Acad. Sci. USA,1997,94:8686-8690.

[112]TANG Y Q, YUAN J, OSAPAY G, et al. A cyclic antimicrobial peptide produced in primate leukocytes by the ligation of two truncated alpha-defensins[J]. Science, 1999,286:498-502.

[113]TANI K,MURPHY W J,CHERTOV O,et al. Defensins act as potent adjuvants that promote cellular and humoral immune responses in mice to a lymphoma idiotype and carrier antigens[J]. Int Immunol,2000,12:691-700.

[114]TARVER A P,CLARK D P,DIAMOND G,et al. Enteric β-defensin:molecular cloning and characterization of a gene with inducible intestinal epithelial cell expression associated with cryptosporidium parvum infection[J]. Infect Immu, 1989, 66: 1045-1056.

[115] TERRITO M C, GANZ T, SELSTED M E, et al. Monocyte-chemotactic activity of defensins from human neutrophils[J]. J Clin Invest,1989,84:2017-2020.

[116]TSUTSUMI-LSHII Y,NAGAOKA I. Modulation of human β-defensin-2 transcription in pulmonary epithelial cells by lipopolysaccharide-stimulated mononuclear phagocytes via

proinflammatory cytokine production[J]. J Immunol,2003,4226-4236.

[117] UZZELL T, STOLZENBERG E D, SHINNAR A E, et al. Hagfish intestinal antimicrobial peptides are ancient cathelicidins[J]. Peptides,2003,24:1655-1667.

[118] VALORE E V, PARK C H, QUAYLE A J, et al. Human beta-defensin-1: an antimicrobial peptide of urogenital tissues[J]. J Clin Invest,1998,101:1633-1642.

[119] VAN-WETERING S, MANNESSE-LAZEROMS S P, VAN-STERKENBURG M A, et al. Effect of defensins on interleukin-8 synthesis in airway epithelial cells[J]. The American journal of physiology,1997,272:L888-L896.

[120] VAN-WETERING S, MANNESSE-LAZEROMS S P, DIJKMAN J H, et al. Effect of neutrophil serine proteinases and defensins on lung epithelial cells: modulation of cytotocity and production[J]. J Leukoc Biol,1997,62:217-226.

[121] VAN-WETERING S, MANNESSE-LAZEROMS S P, VAN-STERKENBURG M A, et al. Neutrophil defensins stimulate the release of cytokines by airway epithelial cells: modulation by dexamethasone[J]. Inflamm Res,2002,51:8-15.

[122] VERBRANAC D, ZANETTI M, ROMEO D. Chemotactic and protease-inhibiting activities of antibiotic peptide precursors[J]. FEBS lett,1993,371:255-258.

[123] WANG W, COLE A M, HONG T, et al. Retrocyclin, an antiretroviral θ-defensin, is a lectin[J]. J Immunol,2003,170:4708-16.

[124] WANG W, OWEN S M, RUDOLPH D L, et al. Activity of alpha-and theta-defensins against primary isolates of HIV-1[J]. J Immunol,2004,173:515-520.

[125] WANG W, MULAKALA Z, WARD S C, et al. Retrocyclins kill bacilli and germinating spores of Bacillus anthracis and inactivate anthrax lethal toxin[J]. J Biol Chem, 2006,281:32755-32764.

[126] WELLING M M, HIEMSTRA P S, VAN-DEN-BARSELAAR M T, et al. Antibacterial activity of human neutrophil defensins in experimental infections in mice is accompanied by increased leukocyte accumulation[J]. J Clin Invest,1998,102:1583-1590.

[127] WILDE C G, GRIFFITH J E, MARRA M N, et al. Purification and characterization of human neutrophil peptide 4, a novel member of the defensin family[J]. J Biol Chem,1989,264:11200-11203.

[128] WIMLEY W C, SELSTED M E, WHITE S H. Interactions between human defensins and lipid bilayers: evidence for formation of multimeric pores[J]. Protein Sci, 1994, 3: 1362-1373.

[129] WU Z, HOOVER D M, YANG D, et al. Engineering disulfide bridges to dissect antimicrobial and chemotactic activities of human beta-defensin 3[J]. Proc. Natl. Acad. Sci. USA,2003a,100:8880-8885.

[130] WU Z B, LI X Q, ERICKSEN B, et al. Impact of pro segments on the folding and

function of human neutrophil α-defensin[J]. J Mol Biol,2007,368:537-549.

[131] YAMAGUCHI Y, NAGASE T, TOMITA T, et al. Beta-defensin overexpression induces progressive muscle degeneration in mice[J]. Am J Physiol Cell Physiol, 2007, 292: C2141-C2149.

[132] YAMASHITA T, SAITO K. Purification, primary structure, and biological activity of guinea pig neutrophil cationic peptides[J]. Infect Immun,1989,57:2405-2409.

[133] YANG D, CHEN Q, CHERTOV O, et al. Human neutrophil defensins selectively chemoattract naive T and immature dendritic cells[J]. Journal of Leukocyte Biology, 2000,68:9-14.

[134] YANG D, CHERTOV O, BYKOVSKAIA N, et al. beta-Defensins: Linking innate and adaptive immunity through dendritic and T cell CCR6 [J]. Science, 1999, 286: 525-528.

[135] YANG D, BIRAGYN A, HOOVER D M, et al. Multiple roles of antimicrobial defensins, cathelicidins, and eosinophil-derived neurotoxin in host defense[J]. Annu Rev Immunol,2004,22:181-215.

[136] YANG M, WANG K L, CHEN J H, et al. Genomic organization and tissue expression analysis of hepcidin-like genes from black porgy (Acanthopagrus schlegelii B.)[J]. Fish Shellfish Immunol,2007,23:1060-1071.

[137] YASIN B, WANG W, PANG M, et al. Theta defensins protect cells from infection by herpes simplex virus by inhibiting viral adhesion and entry[J]. J Virol, 2004, 78: 5147-5156.

[138] YENUGU S, HAMIL K G, BIRSE C E, et al. Antibacterial properties of the sperm-binding proteins and peptides of human epididymis 2 (HE2) family, salt sensitivity, structural dependence and their interaction with outer and cytoplasmic membranes of Escherichia coli[J]. Biochem J,2003,372:473-483.

[139] YENUGU S, HAMIL K G, RADHAKRISHNAN Y, et al. The androgen-regulated epididymal sperm-binding protein, human β-defensin 118 (DEFB118) (formerly ESC42), is an antimicrobial β-defensin[J]. Endocrinology,2004,145:3165-3173.

[140] YANG D, ROSENBERG H F, CHEN Q, et al. Eosinophil-derived neurotoxin (EDN), an antimicrobial protein with chemotactic activities for dendritic cells[J]. Blood, 2003, 102:3396-3403.

[141] ZASLOFF M. Antimicrobial peptides of multicellular organisms[J]. Nature,2002,415: 389-395.

[142] ZEYA H I, SPITZNAGEL J K. Antibacterial and enzymic basic proteins from leukocyte lysosomes: separation and identification[J]. Science,1963,142:1085-1087.

[143] ZHAO J G, ZHOU L, JIN J Y, et al. Antimicrobial activity-specific to Gram-negative

bacteria and immune modulation-mediated NF-κB and Sp1 of a medaka β-defensin [J]. Dev Comp Immunol,2009,33:624-637.

[144] ZHANG H, PORRO G, ORZECH N, et al. Neutrophil defensins mediate acute inflammatory response and lung dysfunction in dose - related fasion [J]. Am J Physiol,2001,280:L947-L954.

[145] ZHANG L, YU W, HE T, et al. Contribution of human alpha-defensin 1,2 and 3 to the anti-HIV-1 activity of CD8 antiviral factor[J]. Science,2002,298:995-1000.

[146] ZLOTNIK A, YOSHIE O. Chemokines: a new classification system and their role in immunity[J]. Immunity,2000,12:121-127.

[147] ZOU J, MERCIER C, KOUSSOUNADIS A, et al. Discovery of multiple beta defensin like homologues in teleost fish[J]. Mol Immunol,2007;44:638-647.

第三章　鳜抗菌肽 Hepcidin 的研究

第一节　概　述

Hepcidin(铁调素),又称为 LEAP-1(liver expressed antimicrobial peptide 1),在结构上富含半胱氨酸,用于形成4对二硫键,可以形成β-折叠,最初是在人的血浆超滤液和尿液中发现的,主要在肝脏中表达,具有抗菌作用,并且是维持体内铁平衡重要的调节因子。LEAP-2是在人血液中发现的第二个主要在肝脏中表达的抗菌肽,从已知的抗菌肽家族的一级结构、二硫键基序和表达模式上来看,LEAP-2是一类独特的多肽家族,所有的LEAP-2成员含有两对二硫键。Hepcidin 以前原多肽的形式合成,切除信号肽之后,再次经过蛋白酶裂解形成前导肽和具有抗菌作用的成熟肽。通常情况下,hepcidin 和 LEAP-2 主要在肝脏组织中表达,其他组织中表达量很低。在机体出现感染、炎症和铁超载时,Hepcidin 基因的表达量增加;在低氧和贫血时,表达量下降。

Hepcidin 具有抗菌肽的普遍特征:带正电荷和两亲结构,这种结构特征的抗菌肽对细菌的作用模式是扰乱细菌的细胞膜,所以 hepcidin 很有可能也是通过这种方式杀菌的。通过序列分析,hepcidin 与其他已知的抗菌肽没有相似之处,但是在结构上与防御素、鲎肽素(tachyplesins)和 protegrins 相似,具有二硫键形成的β折叠结构。

一、鱼类的 Hepcidin

从鱼类已发现的 hepcidin 和 LEAP-2 的基因序列可以看出(见表3-1),hepcidin 在硬骨鱼类中广泛存在,并且证实了与哺乳动物具有相似的结构特征。鱼类 hepcidin 组成性表达于肝脏,在受到 LPS、含糖氧化铁、Poly I:C 和活菌刺激时,其表达量上调,同时在贫血和低氧的状态下表达量下降和铁超载时表达量升高,可见鱼类的 hepcidin 具有铁调节和免疫的双重功能。此外,合成的鱼类 hepcidin 多肽的抗菌活性在罗非鱼(*Oreochromis mossambicus*)、杂交斑纹鲈(*Morone chrysops*×*M. saxatilis*)和大黄鱼(*Pseudosciaena crocea*)中有报道。罗非鱼的三种 hepcidins 抑菌活性各不相同,TH1-5 可以抑制革兰氏阳性菌生长,TH2-3 抑制革兰氏阴性菌生长,而 TH2-2 没有抑菌作用。杂交斑纹鲈 hepcidin 对革兰氏阴性细菌和真菌具有抑菌能力,但是鱼类重要的病原菌链球菌和杀鲑气单胞菌没有抑菌能力。大黄鱼 hepcidin 对鱼类的重要病原菌嗜水气单胞菌、副溶血弧菌、鳗弧菌和哈氏弧菌,具有强烈的抑菌作用。

二、鱼类的 LEAP-2

LEAP-2 在鱼类中报道的比较少,仅在虹鳟、斑点叉尾鮰和长鳍叉尾鮰及草鱼中有报道。通常情况下,LEAP-2 也是在肝脏中表达量较高,但是斑点叉尾鮰的 LEAP-2 在健康鱼肝脏中的表达量却比其他组织低。虹鳟有两个 LEAP-2 分子,LEAP-2A 和 LEAP-2B,组成性表达于肝脏,其他组织表达比较少,斑点叉尾鮰和长鳍叉尾鮰的 LEAP-2 在感染爱德华氏菌之后的脾脏中表达上调,但是在肝脏和头肾中变化不明显。草鱼的 LEAP-2 高水平表达同样在肝脏,同时在多个组织表达,细菌感染后的多个组织呈上调表达,体外表达的 LEAP-2 成熟肽具有抑制嗜水气单胞菌生长的活性。

本研究克隆了鳜 hepcidin 基因组全长,在健康鳜组织中 hepcidin mRNA 的分布情况,鱼体在感染状态下 hepcidin 基因的表达规律,期望通过此研究,揭示鳜 hepcidin 在先天免疫中的重要作用。

表3-1 鱼类的已知hepcidin基因

总目	目	科	种	基因
古鳔总目 Ostariophysi				
	鲤形目 Cypriniformes			
		鲤科 Cyprinidae	斑马鱼	HAMP1
			鲦	HAMP1
	鲶形目 Siluriformes		斜齿鳊	HAMP1
副棘鳍总目 Paracanthopterygii		猫鲶科 Ictaluridae	斑点叉尾鮰	HAMP1
	鳕形目 Gadiformes		长鳍叉尾鮰	HAMP1
原棘鳍总目 Protacanthopterygii		鳕科 Gadidae	大西洋鳕	HAMP1
	鲑形目 Salmoniformes			
棘鳍总目 Acanthopterygii		鲑科 Salmonidae	大西洋鲑	HAMP1
	鲤齿目 Cyprinodontiformes		虹鳟	HAMP1
			大鳞大麻哈鱼	HAMP1
		底鳉科 Fundulida	鳉科鱼	HAMP1
	颌针鱼目 Beloniformes			HAMP2
		青鳉科 Oryziatidae	青鳉	HAMP1
	棘背鱼目 Gasterosteiformes			HAMP2
		棘鱼科 Gasterosteidae	棘鱼	HAMP1
	鲽形目 Pleuronectiformes			HAMP2
		牙鲆科 Paralichthyidae	褐牙鲆	HAMP1
				HAMP2
		鲽科 Pleuronectidae	大西洋大比目鱼	HAMP2
			欧洲牙鲆	HAMP1
				HAMP2
			美洲拟鲽	HAMP1
		菱鲆科 Scophthalmidae		HAMP2
	鲀形目 Tetraodontiformes		大菱鲆	HAMP1
				HAMP2
		鲀科 Tetraodontidae	黑斑鲀	HAMP1
	鲈形目 Perciformes			HAMP2
			虎河豚	HAMP1
				HAMP2
		鲹科 Carangidae	五条鰤	HAMP1
		丽鱼科 Cichlidae	尼罗罗非鱼	HAMP1
				HAMP2
		鰕虎鱼科 Gobiidae	长腭泥鰕虎鱼	HAMP1
				HAMP2
		鲈科 Moronidae	舌齿鲈	HAMP1
				HAMP2
			白鲈	HAMP2
		鲈形亚目 Percoidei	细条石颌鲷	HAMP1
				HAMP2
			欧洲鲈	HAMP1
				HAMP2
		石首鱼科 Sciaenidae	大黄鱼	HAMP1
		鮨科 Serranidae	日本真鲈	HAMP1
				HAMP2
		鲷科 Sparidae	金头鲷	HAMP1
			黑鲷	HAMP2
			真鲷	HAMP2

注:本表摘自文献[8]。HAMP:hepcidin antimicrobial peptide,hepcidin抗菌肽。

第二节 鳜抗菌肽 Hepcidin 克隆与表达分析

一、材料与方法

基因的克隆、组织表达和 LPS 刺激后基因表达变化的实验方法见第二章。扩增基因用到的引物见表 3-2。

表 3-2 鳜 hepcidin 基因扩增所用引物

引物名称	引物序列(5′-3′)	用途
HPF	AAGCAGTCAAA(GC)CCTCCTAAG	扩增中间片段
HPR	TCTCTTCAT(GC)TGCAGCAACTGG	Conserved region cloning
ghepF	TCGTGCTCACCTTTATTTGCC	扩增内含子
ghepR	GCACACTCCACAGACGCCG	Intron expression
Hep51	GGATTCCACTGACATCTCTCCAT	5′ RACE 和 Genomic walking 第一轮
Hep52	AATAAAGGTGAGCACGACGGCC	5′ RACE 和 Genomic walking 第二轮
Hep31	GCTCACCTTTATTTGCCTTCAGG	3′ RACE 第一轮
Hep32	AGGAGCCAATGAGCAATGACAAT	3′ RACE 第二轮
UPM	CTAATACGACTCACTATAGGGC	RACE PCR 通用引物
		RACE PCR 通用引物
AP1	GTAATACGACTCACTATAGGGC	Genomic walking 通用引物
AP2	ACTATAGGGCACGCGTGGT	Universal primer 1st round and 2nd round

二、结果

1. 鳜 hepcidin 全长 DNA 序列及推导的氨基酸序列

鳜 hepcidin 基因组全长 980 bp(FJ876150),包含三个外显子和两个内含子,外显子和内含子剪切位点都符合 GT-intron-AG 规则。ORF 由 261 个核苷酸组成,编码 86 个氨基酸。在 3′ UTR 区发现一个多聚腺苷酸加尾信号(AATAAA)。氨基酸的分区和酶切位点在图 3-1 中分别用横线和箭头表示出来,氨基酸 N 端含有 24 个氨基酸的信号肽,除去信号肽之后的肽段,再次经过蛋白酶酶切,分成 prodomain 区和成熟肽区。

外显子和其编码的氨基酸用大写粗体表示,内含子和非翻译区用小写字母表示。起始密码子 ATG 和终止密码子 TAG 用下划线表示,星号表示终止密码子,多聚腺苷酸加尾信号 AATAAA 用下划线和粗体表示。信号肽区、前体肽区和成熟肽区用下划线表示，各区的分界用箭头表示。

```
ggtactgtactgtaagtgctgtcagtgatgaggcaacagttgtccaagtgagtataaatg   60
caagcacattttgcacactcaaccatcagtcaggagaactcaaaggagctgacaagagtc   120
atcaaaagagtcaaaggattcaacaacttaaaatactcaaaccctcctaagATGAAGACA   180
                                                   M  K  T      3
TTCAGTGTTGCAGTTGCAGTGGCCGTCGTGCTCACCTTTATTTGCCTTCAGGAGAGCTCT   240
 F  S  V  A  V  A  V  A  V  V  L  T  F  I  C  L  Q  E  S  S      23
                    signal peptide
GCTGTCCCAGTCACTGAAgtaaaaacctgactaaaactcatttcattcacttattaacta   300
 A  V  P  V  T  E                                                29
  ↑predicted cleavage site
taaatgtttggtcaaaatgctaaaatgtggctcctactgtgaatgtgcacacttcgttaa   360
cagGTGCAAGAGCTGGAGGAGCCAATGAGCAATGACAATCCAGTTGCTGCACATGGAGAG   420
    V  Q  E  L  E  E  P  M  S  N  D  N  P  V  A  A  H  G  E       48
                    prodomain
ATGTCAGTGGAATCCTGGAAGgtatgttcagttaactgaaggaactgaggcaaatacact   480
 M  S  V  E  S  W  K                                              55
gagctgactgtggttttctcagagtgagtgacgatgctggagatgaacaccttgctcatg   540
tcttttgtctttcacacagATGCCGTATAACAACAGACAGAAGCGCGGCTTTCAGTGTCG   600
                    M  P  Y  N  N  R  Q  K  R  G  F  Q  C  R       69
                    predictedprodomain       ↑cleavaged site
CTTTTGCTGCGGCTGCTGCACCCCCGGCGTCTGTGGAGTGTGCTGCAGATTCTGAgggtt   660
 F  C  C  G  C  C  T  P  G  V  C  G  V  C  C  R  F  *           86
          predicted mature peptide
cctgctccaacaaatgctaaatatctgcatatactaaagtgaatgatcaataaatttgaa   720
tggttctataatatagtatatgaattgaacttctgtcattttgcaactttcaaaacattc   780
tcttcattttctacactccaatacacactagtgaaacaatctatagacagttcaggaaat   840
catttgtgtgctatgttttcgcacacaggaagtgattcatttaatgtttcctgcaaaatt   900
agtggcattaaaactgcataacatttgtagtgggaaactgtcattaaattgtattttta    960
cttattagaaaatgttgcag                                            980
```

图 3-1 鳜 hepcidin 的基因组序列及推导的氨基酸序列（GenBank 登录号：FJ876150）

2. 鳜 hepcidin 与其他物种 hepcidin 的同源性比较、系统进化分析

对鲈形目几种鱼类的氨基酸序列进行相似性比较时发现，信号肽和成熟肽区域的相似性非常高，8 个用于形成二硫键的半胱氨酸位点高度保守，鳜前体肽存在“RQKR”蛋白酶切割位点，其他几种鲈形目的鱼类含有“RHKR”蛋白酶切割位点，与哺乳动物的 hepcidin 相似（图 3-2）。利用哺乳类、两栖类和鱼类的 hepcidin 蛋白质序列构建了系统进化树（图 3-3）。哺乳类、两栖类和鱼类 hepcidin 各自聚为一支，鳜与黑鲷、真鲷、白鲈、大黄鱼聚为一大支,而这些鱼和鳜同属鲈形目,说明所克隆的基因确实为鳜 hepcidin。

```
                 Signal peptide
Schep    MKTFSVAVAVAVVLTFICLQESSAVPVT-EVQELEEPMSNDNPVAAHGEMSVESWKMPYN
Ashep1   MKTFSVAVAVAVVLTFICLQESSAGSFT-EVQEPEEPMNNESPVAAHEEKSEESWKMPYN
Ljhep1   MKTFSVTVAVAVVLTFICLQESSAASFT-EVQELEEPMSNGSPVAAHEEMLEESWKMPYN
Pmhep1   MKTFSVAVAVAVVLTFICLQESSAASVT-EVQELEEPMSNGSPVAAHEEMPEESWKMPYN
Mchep    MKTFSVAVAVAVVLAFICLQESSAVPVT-EVQELEEPMSN-----EYQEMPVESWKMPYN
Sahep1   MKTFSVAVAVAIVLTFICLQESSAVSFT-EVQDLEEPMSSDGAVAAYKEMPEESWKMGYG
Onhep    MKTFSVAVAVAVVLTF ICFQQSSAVPVTEQEQELEE PMSMDY PAAAHEEASVDSWKMLYN
         ******.****.**.***.*.***  . * : *: ****.     : *  :**** *.

Schep    NROKRG--- FQCRFCCGCCTPG-VCGVCCRF
Ashep1   NRHKRS--PKDCQFCCGCCPDMSGCGICCTY
LjhepI   NRHKRS-- PADCRFCCGCCTDVSGCGVCCRF
Pmhep1   NRHKRS-- PAGCRFCCGCCPNMIGCGVCCRF
Mchep    NRHKRHSS PGGCRFCCNCCPNMSGCGVCCRF
Sahep1   SR-------RWKCRFCCRCCPRMRGCGLCCRF
Onhep    SRHKRG--- IKCRFCCGCCTPG-ICGVCCRF
         .*          *:*** **.    **:** :
```

图 3-2 鲈形目鱼的 hepcidin 氨基酸比较

实线方框内表示信号肽区域,虚线方框内表示蛋白酶切割位点,阴影表示保守的半胱氨酸。

3. Hepcidin mRNA 在健康鳜各个组织中的表达

鳜 hepcidin 同其他物种的 hepcidin 一样,都是在肝脏中表达量最高。从图 3-4 可以看出,鳜 hepcidin 呈组成型表达,以脑组织 hepcidin mRNA 表达量为标准,其他各组织 hepcidin mRNA 分别表示为脑组织的倍数,hepcidin mRNA 在肝脏中的表达量最高,为脑组织表达量的 79.5 倍,鳃、头肾、脾脏、肌肉和皮肤分别是脑组织的 4 倍、2.2 倍、3.3 倍和 12.5 倍。

4. 实时荧光定量 PCR 检测鳜 hepcidin 的诱导变化

利用实时荧光定量 PCR 检测健康鳜在受到 LPS 诱导 24 h 后,*hepcidin* 基因在肝脏、头肾、肠、脾脏和鳃组织的表达变化(图 3-5)。与对照组相比,鳃的表达量为对照组的 16.8 倍($P<0.05$),肠的表达量为对照组的 5.4 倍($P<0.05$),脾脏、头肾和肝脏分别为对照组的 3.8 倍($P<0.05$)和 1.9 倍($P>0.05$),肝脏的表达量为对照组的 1.3 倍($P>0.05$)。

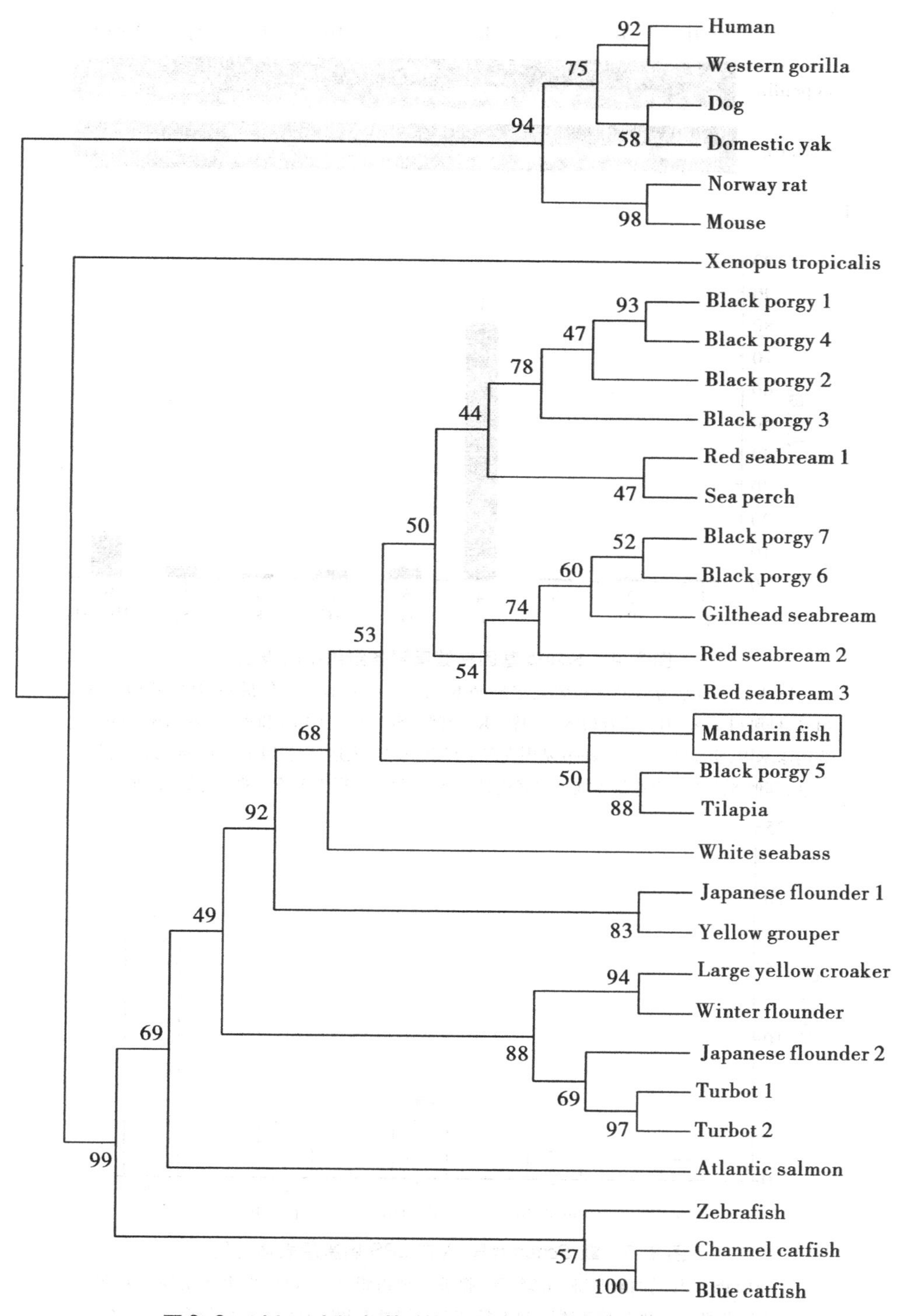

图 3-3 以 hepcidin 氨基酸序列构建的系统进化树(邻接法)

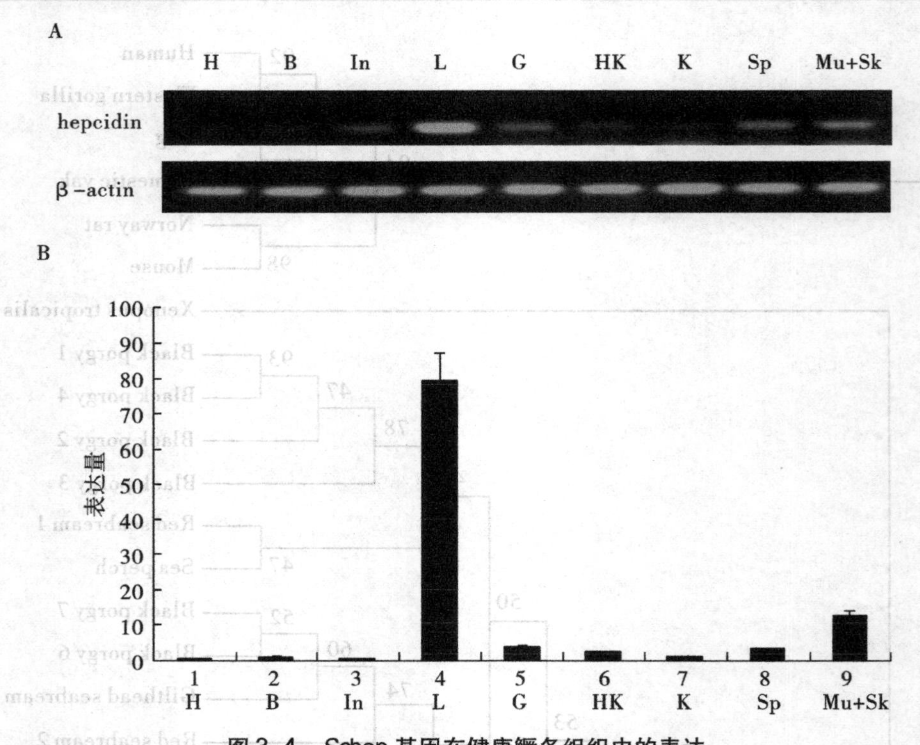

图 3-4　*Schep* 基因在健康鳜各组织中的表达

图 A 和 B 分别为半定量和荧光定量 PCR 结果。检测的组织包括心(H)、脑(B)、肠(In)、肝脏(L)、鳃(G)、头肾(HK)、中肾(K)、脾脏(Sp)、肌肉(Mu)和皮肤(Sk)，β-actin 作为内参基因，实验结果显示 *Schep* 基因在多个组织中均有表达，以脑组织中 IL-8 的表达量为标准，其他各组织的表达量为脑组织表达量的倍数，每组数据为 3 条鱼的平均值±标准差。

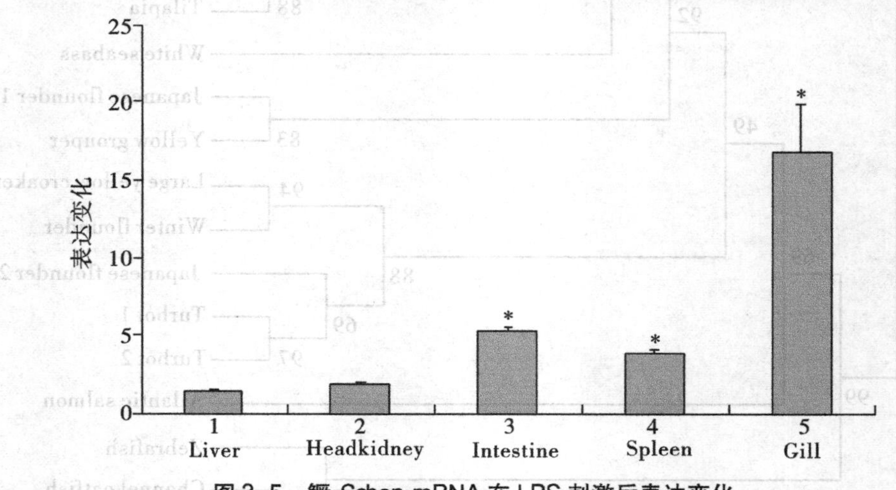

图 3-5　鳜 *Schep* mRNA 在 LPS 刺激后表达变化

取 LPS 诱导后的鳜肝脏、头肾、肠、脾脏和鳃组织，同时以注射 PBS 的鳜为对照组，实时荧光定量 PCR 检测诱导 24 h 后，*Schep* 相对于 PBS 对照组的定量变化。*($P<0.05$)表示诱导组和对照组存在明显的差异；每组数据为 3 条鱼的平均值±标准差。

三、讨论

与哺乳动物和其他鱼类 hepcidin 一样，鳜 hepcidin 以前体形式（prepropeptide）合成，切除信号肽之后，再经过蛋白酶切割，以成熟肽形式贮存。在信号肽和成熟肽之间，有一段序列称为前体肽（prodomain），其作用是保护自身免受酶解及调节生物活性的作用。有趣的是，鲈形目鱼类 hepcidin 的信号肽高度保守，这一现象在其他脊椎动物中同样存在，暗示 hepcidin 信号肽的蛋白酶切割机制在鱼类中非常保守。在 hepcidin 成熟肽的 C 端，富含 8 个半胱氨酸，用于形成 4 对二硫键，连接方式为 1-4、2-8、3-7 和 5-6。

肝脏是大多数哺乳动物和鱼类 hepcidin 发现和大量表达的器官，鳜 hepcidin 同样在肝脏中表达量最高，与 hepcidin 的基本表达模式相似。但是也存在一些例外，有些动物 hepcidin 的表达出现在肝脏以外的组织中，比如：美洲拟鲽 hepcidin 在食管、心脏和胃中表达；褐牙鲆的两个 hepcidin 基因的表达规律不同，hepcidin Ⅰ 在多个组织中表达，但是 LPS 诱导后，没有明显的表达上调，而 hepcidin Ⅱ 主要在肝脏中表达，LPS 诱导后在多个组织上调表达；罗非鱼的三种 hepcidin 中，TH1-5 在肝脏和肾脏中表达，而 TH2-2 主要在肾脏中表达，TH2-3 主要在肝脏中表达。总的来说，hepcidin 的组织分布在鱼类之间各不相同，相同鱼类的不同 hepcidin 亚型也会表现出不同的表达模式。

鳜 hepcidin 在 LPS 诱导时的表达量，在黏膜组织肠和鳃中比较丰富，类似的表达模式也出现在其他鱼类中，可见 hepcidin 在抵御病原入侵的第一道防线中发挥着重要作用。在细菌感染时，大西洋鲑的两个 hepcidin 基因在皮肤、脾脏、消化道、后肾和肌肉中表达；斑马鱼的 hepcidin 主要表达于腹部器官、皮肤和心脏。此外，机体处于贫血、铁过量和低氧状态下 hepcidin 的表达变化，表现出与细菌感染相似的表达模式。Hepcidin 具有调节体内铁代谢的重要作用，在铁过量的小鼠体内，hepcidin 表达上调；罗非鱼 TH2-3 参与肝脏的铁代谢过程。

四、小结

鳜（*Siniperca chuatsi*）是我国重要的淡水经济养殖鱼类之一，对其先天免疫系统相关分子的研究在理论和应用方面均具有重要的意义。本研究克隆了 Hepcidin，对基因的表达特性进行了分析。通过 RT-PCR 和 RACE PCR 技术获得了鳜 Hepcidin 的 cDNA 全长，并采用 Genome Walking 的方法获得了基因组序列和 β-防御素的启动子区域，分析了基因组结构。

鳜 Hepcidin 基因组全长 980 bp，包含三个外显子和两个内含子，开放阅读框包含 261 bp，编码 86 个氨基酸，由信号肽、前导肽和成熟肽组成。Hepcidin mRNA 在健康鳜的肝脏中表达量最高，在 LPS 刺激之后的肠和鳃组织中呈上调表达。

参考文献

[1]金伯泉.细胞和分子免疫学[M].北京:科学出版社,2001.

[2]BAO B,PEATMAN E,LI P,et al. Catfish hepcidin gene is expressed in a wide range of tissues and exhibits tissue-specific upregulation after bacterial infection[J]. Dev Comp Immunol,2005,29:939-950.

[3]BAO B,PEATMAN E,XU P,et al. The catfish liver-expressed antimicrobial peptide 2 (LEAP-2) gene is expressed in a wide range of tissues and developmentally regulated [J]. Mol. Immunol,2006,43:367-377.

[4]BOMAN H G. Antibacterial peptides: basic facts and emerging concepts[J]. J Intern Med,2003,254:197-215.

[5]DOUGLAS S E,GALLANT J W,LIEBSCHER R S,et al. Identification and expression analysis of hepcidin-like antimicrobial peptides in bony fish[J]. Dev Comp Immunol, 2003,27:589-601.

[6]GANZ T. Defensins: antimicrobial peptides of innate immunity[J]. Nat Rev Immunol, 2003,3:710-720.

[7]GANZ T. Molecular control of iron transport[J]. J Am Soc Nephrol,2007;18:394-400.

[8]HILTON K B,LAMBERT L A. Molecular evolution and characterization of hepcidin gene products in vertebrates[J]. Gene,2008,415:40-48.

[9]HIRONO I,HWANG JY,ONO Y,et al. Two different types of hepcidin from the Japanese flounder *Paralichthys olivaceus*[J]. FEBS J,2005,272:5257-5264.

[10]HUANG P H,CHEN J Y,KUO C M. Three different hepcidins from tilapia, *Oreochromis mossambicus*: analysis of their expression and biological functions [J]. Mol Immunol,2007,44:1922-2134.

[11]HUNTER H N,FULTON D B,GANZ T,et al. The solution structure of human hepcidin,a peptide hormone with antimicrobial activity that is involved in iron uptake and hereditary hemochromatosis[J]. J Biol Chem,2002,277:37597-37603.

[12]ILYIN G,COURSELAUD B,TROADEC M B,et al. Comparative analysis of mouse hepcidin 1 and 2 genes: evidence for different patterns of expression and co-inducibility during iron overload[J]. FEBS Lett,2003,542:22-26.

[13]KIM Y O,HONG S,NAM B H,et al. Molecular cloning and expression analysis of two hepcidin genes from oliver flounder Paralichthys olivaceus [J]. Biosci Biotechnol Biochem,2005,69(7):1411-1414.

[14]KRAUSE A,NEITZ S,MAGERT H J,et al. LEAP-1,a novel highly disulfide-bonded human peptide,exhibits antimicrobial activity[J]. FEBS Lett,2000,480:147-150.

[15]LAUTH X,BABON J J,STANNARD J A,et al. Bass hepcidin synthesis, solution

structure, antimicrobial activities and synergism, and in vivo hepatic response to bacterial infections[J]. J Biol Chem, 2005, 280: 9272–9282.

[16] LEHRER R I, GANZ T. Defensins of vertebrate animals[J]. Curr Opin Immunol, 2002, 14: 96–102.

[17] LIU F, LI J L, YUE G H, et al. Molecular cloning and expression analysis of the liver-expresses antimicrobial peptide 2 (LEAP-2) gene in grass carp[J]. Vet Immunol Immunopath, 2010, 133: 133–143.

[18] PARK C H, VALORE E V, WARING A J, et al. Hepcidin, a urinary antimicrobial peptide synthesized in the liver[J]. J Biol Chem, 2001, 276: 7806–7810.

[19] PIGEON C, ILYIN G, COURSELAUD B, et al. A new mouse liver-specific gene, encoding a protein homologous to human antimicrobial peptide hepcidin, is overexpressed during iron overload[J]. J Biol Chem, 2001, 276: 7811–7819.

[20] RODRÍGUES P N, VAZQUEZ-DORADO S, NEVES J V, et al. Dual function of fish hepcidin: response to experimental iron overload and bacterial infection in sea bass (Dicentrarchus labrax)[J]. Dev Comp Immunol, 2006, 30: 156–167.

[21] SCHRÖDER J M. Epithelial antimicrobial peptides: innate local host response elements [J]. Cell Mol Life Sci, 1999, 56: 32–46.

[22] SCOTT M G, HANCOCK R E W. Cationic antimicrobial peptides and their multifunctional role in the immune system[J]. Crit Rev Immunol, 2002, 20: 407–431.

[23] SELSTED M E, HARWIG S S, GANZ T, et al. Primary structures of three human neutrophil defensins[J]. J Clin Invest, 1985, 76: 1436–1439.

[24] SHEIKH N, DUDAS J, RAMADORI G. Changes of gene expression of iron regulatory proteins during turpentine oil-induced acute phase response in the rat[J]. Lab Invest, 2007, 87: 713–725.

[25] SHIKE H, SHIMIZU C, LAUTH X, et al. Organization and expression analysis of the zebrafish hepcidin gene, an antimicrobial peptide gene conserved among vertebrates[J]. Dev Comp Immunol, 2004, 28: 747–754.

[26] SOW F B, FLORENCE W C, SATOSKAR A R, et al. Expression and localization of hepcidin in macrophages: a role in host defense against tuberculosis[J]. J Leukoc Biol, 2007, 82: 934–945.

[27] WANG K J, CAI J J, CAI L, et al. Cloning and expression of a hepcidin gene from a marine fish (Pseudosciaena crocea) and the antimicrobial activity of its synthetic peptide[J]. Peptides, 2009, 30: 638–646.

[28] YANG M, WANG K L, CHEN J H, et al. Genomic organization and tissue expression analysis of hepcidin-like genes from black porgy (Acanthopagrus schlegelii B.)[J]. Fish Shellfish Immunol, 2007, 23: 1060–1071.

[29] YANG D, BIRAGYN A, HOOVER D M, et al. Multiple roles of antimicrobial defensins, cathelicidins, and eosinophil-derived neurotoxin in host defense[J]. Annu Rev Immunol, 2004, 22: 181-215.

[30] ZASLOFF M. Antimicrobial peptides of multicellular organisms[J]. Nature, 2002, 415: 389-395.

[31] ZHANG Y A, ZOU J, CHANG C I, et al. Discovery and characterization of two types of liver-expressed antimicrobial peptide 2 (LEAP-2) genes in rainbowtrout[J]. Vet Immunol Immunopathol, 2004, 101: 259-269.

第四章　鲤抗菌肽 NK-lysin 的研究

第一节　概　述

目前，从鱼类的皮肤和皮肤黏液中分离纯化的抗菌肽种类已有几十种，主要包括：豹鳎皮肤黏液的 pardaxin，美洲拟鲽皮肤黏液的 pleurocidin，杂交斑纹鲈的鳃和皮肤黏液 moronecidin；杂交斑纹鲈鳃的 hepcidin，组蛋白 H2A 样抗菌蛋白：鲶鱼皮肤黏液的 parasin 和大西洋鲑皮肤黏液的 hipposin，大西洋鲑皮肤黏液的组蛋白 H1 抗菌肽 SAMP H1；虹鳟皮肤黏液的 oncorhyncinⅢ和 oncorhyncinⅡ。国内学者通过凝胶层析、色谱等技术从乌鳢、黄鳝的体表黏液中分离得到抗菌肽。这些抗菌肽具有广谱的抑菌活性，有的还可以杀灭真菌和病毒。近年来，基于抗菌肽与细胞膜之间存在的特殊亲和力而开发的细胞膜亲和色谱法（cell membrane chromatography，CMC）分离纯化抗菌肽，是一种目的性强、高效、简便、快捷的方法，具有广阔的发展前景，国内许多课题组利用该项技术从药用植物中分离有效成分。肖建辉等人利用细胞膜色谱法从麻疯树籽粕中分离鉴定了新型抗菌肽。

从人们发现第一种抗菌肽至今，短短几十年间，在各类生物体内分离和鉴定的抗菌肽种类已达 1 700 多种，为新型抗菌肽药物的设计提供了数目庞大的模板。尽管如此，抗菌肽蛋白的来源问题成为其进入实际应用的最大障碍。化学方法合成抗菌肽，成本较高，此法所得抗菌肽仅作为研究使用；直接从体内分离抗菌肽，在新型抗菌肽的鉴定方面给人们带来可喜的成果，但是分离纯化过程烦琐、得率低。近年来，研究者多采用酵母和真核细胞表达抗菌肽蛋白。Burrowes 等人利用毕氏酵母系统表达了 pleurocidin 抗菌肽，对在该系统下表达的蛋白的纯化和检测进行了详细的研究。Brocal 等人首次在鱼类细胞系中表达的抗菌肽 pleurocidin 重组蛋白，并且筛选到可以稳定表达 pleurocidin 蛋白的细胞株。笔者此前将鳜 β-防御素插入真核表达载体中，转染鲤上皮细胞（*epithelioma papulosum cyprinid*，EPC），从培养细胞的上清中收集到有抑菌活性的蛋白。可见，一方面随着对鱼类各种抗菌肽的分离、结构和功能的进一步研究，为设计新型抗菌制剂提供理论依据；另一方面随着基因工程技术的不断提高，使大量生产抗菌肽成为可能，这些为抗菌肽药物的开发和应用奠定了坚实的基础。

对抗菌肽的抗菌机制研究，在抗菌肽的设计和开发方面具有重要的意义。目前对抗菌肽抗菌机制的研究主要集中在膜破裂机制和非膜损伤机制，膜破裂机制是在模型膜的条件下研究得到的，然而抗菌肽发挥抗菌效果的过程是与活菌体进行作用，因此在全过程活菌环境下，探索抗菌肽的抗菌特征及机制，能够更加真实地体现出抗菌肽作用环境。肖建辉等人采用毛细管电泳技术，以活体细菌作为“假固定相”，分析麻疯树籽粕的抗菌肽与细菌的初始结合常数，并通过生长曲线抑制实验、内外膜破坏实验以及菌体微观形态学变化等抗菌机制的研究手段，实现了在活体环境下进行抗菌机制的研究。

第二节　鲤 NK-lysin-2 基因的克隆与表达分析

鲤是河南省重要的养殖品种，其中黄河鲤(*Cyprinus carpio haematoperus*)具有很高的经济价值，是黄河流域重点保护品种。本章将从发展区域经济出发，倡导安全、健康的水产养殖模式，拟以黄河鲤为研究对象，采用凝胶柱层析法和细胞膜色谱法从体表黏液分离、纯化，通过抑菌实验选择以及质谱鉴定出一种抑菌能力强、广谱的抗菌肽。抗菌肽分子在体外重组表达，获得大量重组蛋白后，检测其抑菌活性，分析抗菌肽的稳定性，并对其抗菌的作用机制进行探索研究，本项目的顺利实施将为抗菌肽药物的研制提供理论依据和技术指导。

鲤是一种重要的经济动物，具备较高的食用价值、药用价值和观赏价值。目前我国的鲤养殖陷入了水体恶化和抗生素滥用导致的药残量过高、细菌耐药性的问题，严重威胁水产养殖业发展和人类健康。抗菌肽是机体免疫的重要效应蛋白，具有广谱抗菌活性，对正常细胞无毒害作用，不易产生耐药性，是一种理想的抗生素替代品。

抗菌肽是细胞毒性 T 淋巴细胞和自然杀伤细胞分泌的重要成分，对革兰氏阳性菌、阴性菌、真菌、寄生虫和病毒都有抗菌活性。“颗粒溶素”是抗菌肽的一种，为有溶解性质的效应蛋白，尤其是颗粒酶、穿孔素和颗粒素。穿孔素是一种形成孔的蛋白质，具有形成跨膜通道并引起靶细胞渗透溶解的能力。此外，穿孔素还具有其他细胞毒性成分(主要包括促进凋亡的蛋白酶，即颗粒酶)，可以进入靶细胞去诱导细胞凋亡。NK-lysin(nkl)是“穿孔素”的一种，是皂苷样蛋白家族的成员之一。nkl 最初是从猪的小肠上端组织中分离出来的一种阳离子蛋白，是 T 淋巴细胞和自然杀伤 NK 细胞的效应肽。nkl 基因的结构和序列，至今还有高度的保守性。

本研究通过采用 RT-PCR 和 RACE-PCR 技术测得鲤 NK-lysin-2(nkl-2)基因 cDNA 全长序列，采用生物学软件对其进行分析。根据荧光定量 PCR 检测结果，对比其在健康和感染鱼中的各组织的表达量，以探索 nkl-2 基因在鲤非特异性免疫中起到的作用。

一、材料和方法

(一)试验材料

1. 实验动物及处理

实验用的所有鲤均购自河南省驻马店遂平一养鱼场,体重约 520 g。实验前,在实验室人工养殖两周。24 h 不间断氧气棒供氧;每日早晚喂一次;所用水,经太阳暴晒,除氯气;水温保持在 25 ~ 30 ℃。实验时,将鱼放在无菌超净工作台上,用灭菌的解剖刀、剪子、镊子等工具取心(H)、脑(B)、肝脏(L)、鳃(G)、中肾(TK)、头肾(HK)、脾脏(Sp)、皮肤(Sk)8 个组织各 0.2 g。

将嗜水气单胞菌在 TSB 培养基中生长,生长条件:25 ℃,培养 12 h,再进行 1 : 20 传代培养,3 h 后收集细菌,并用 PBS 清洗 3 次,PBS 调整浓度至 5×10^8 CFU/mL。随机选取 3 尾感染组鲤,腹腔注射嗜水气单胞菌悬液 100 μL;选取 3 尾健康鲤,腹腔注射 100 μL PBS 作为对照组。

2. 实验器材

高速低温离心机(5430R):德国 Eppendor 有限公司;

PCR 仪(Mastercycler pro):德国 Eppendor 有限公司;

超净工作台(SW-CJ-2D):苏州净化公司;

冰箱(BCD-252KU):河南新飞电器有限公司;

电子天平(CP224C):Ohaus 公司;

凝胶成像系统(JYO4S-3C):北京君意东方电泳设备有限公司;

涡旋混合仪(QL-866):海门市其林贝尔仪器制造有限公司;

恒温培养振荡器(ZWY-240):上海智城分析仪器制造有限公司;

荧光定量 PCR 仪(Light Cycler® 96 SW 1.1):瑞士罗氏有限公司;

电泳仪(JY600C):北京君意东方电泳设备有限公司。

3. 试剂

实验所需试剂:Trizol,氯仿,异丙醇,75% 乙醇,无 RNA 酶的 dH_2O。

实验所需酶:逆转录酶 SuperscriptⅡ transcript,dNTP,DTT(20 mmol/L),Revert AidTM M-MulV Reverse Transcriptase(200 U/μL),DNase1,Taq 酶,SYBRGreen Mix,均购自 TAKARA 公司。

实验所需试剂盒:E. Z. N. ATM Cycle-pure kit 试剂盒,E. Z. N. ATM Plasmid mini Kit I 试剂盒,PrimeScript™ RT reagent Kit with gDNA Eraser 试剂盒,胶回收试剂盒,均购自 TAKARA 公司;SMART cDNA Synthesis Kit,购自 Clontech 公司。

(二)方法

1. 实验用品的预处理

解剖所需器械在高压灭菌锅中 121 ℃灭菌 25 min,烘干;匀浆器等玻璃器皿 180 ℃烘烤 6 h,各种所需规格的枪头、离心管和溶液均无 RNA 酶。

2. 总 RNA 的提取

总 RNA 的提取按照氯仿提取法进行,步骤:用预备的解剖刀和剪刀把 0.2 g 组织放入无菌、预冷过的匀浆器中,加入 Trizol 1 mL,把匀浆器浸没在冰水中,迅速研碎。室温静置 5 min 后 10 000 r/min、4 ℃离心 10 min。吸取上清,加入 0.2 mL 的氯仿,猛烈振动 15 s,室温静置 3 min,10 000 r/min、4 ℃离心 15 min,吸取上清并转移至干净离心管。加入 0.9 mL 预冷过的异丙醇,室温静置 10 min 后 10 000 r/min、4 ℃离心 10 min。弃上清,洗涤沉淀用 75% 乙醇,打开管口,室温干燥。用 DEPC 水溶解后-80 ℃保存备用。

3. RNA 纯度和完整性的鉴定

使用紫外分光光度计测定 OD(A260/A280)值,若比值在 1.6 ~ 1.8 则说明提取的 RNA 较纯,可继续用于后续实验。琼脂糖凝胶电泳测定 RNA 的完整性,若电泳条带呈现清晰的 18 s 条带和 28 s 条带,说明该 RNA 的完整性较好,可进行下一步实验。

(三)鲤 NK-lysin-2 基因的全长克隆

1. cDNA 第一链的合成

cDNA 第一链的合成步骤参照 PrimeScript™ RT Master Mix(Perfect Real Time)说明:试剂盒融化后,将其各组分混匀并稍微离心后置于冰上。向预先置于冰上的无菌无核苷酸酶的 PCR 管中,按顺序加入反应物:1.5×PrimeScript RT Master Mix(Perfect Real Time) 2 μL、Total RNA 3 μL、无 RNA 酶 dH_2O 至其终体积为 10 μL。轻柔混合后进行反转录,反应条件:37 ℃ 15 min、85 ℃ 5 s、4 ℃。将产物保存于-20 ℃。所有反应在 PCR 仪中进行。

2. 引物的合成

利用 NCBI 网站的 Entrez 和 BLAST 搜索不同物种的 nkl 基因 cDNA 所编码的氨基酸序列,通过对比找到保守序列,利用 Primer Premier 5.0 设计巢式引物(表 4-1)(T_m>64 ℃)。

表 4-1 鲤 NK-lysin 基因扩增所用引物及其序列

引物	序列(5′-3′)	应用
CcNKF	TGTGCTGGGSKTGCAAGTG	部分 NK-lysin 的 cDNA 片段
CcNKR	ATCKGTRGTGGARAGYTCYTC	部分 NK-lysin 的 cDNA 片段
CcNK51	CATCACAGACCATCCCCAGCTTCGTT	5′RACE 的扩增
CcNK52	TCCGGAGTGGCTCCATTGGAGAT	5′RACE 的扩增
CcNK31	ACAGATCTCCAATGGAGCCACTCCGG	3′ RACE 的扩增
CcNK32	AAGCTGGGGATGGTCTGTGATGAGAT	3′ RACE 的扩增
gCcNKF	GATGCTGCGAAGAATCGTCCTGA	基因组的扩增

续表 4-1

引物	序列(5′-3′)	应用
gCcNKR	ATAAGGTCATGAACTCCATGCCT	基因组的扩增
RTCcNK-F	GTCCTGATCACCCTGCTGAT	实时定量 PCR
RTCcNK-R	AGCACTTTCCAGGGAGTTGT	实时定量 PCR
Cc40SF	CCGTGGGTGACATCGTTACATCAG	荧光定量 PCR 内参引物
Cc40SR	GACATTGAACCTCACTGTCT	荧光定量 PCR 内参引物

3. NK-lysin-2 基因的扩增

共配置 25 μL 的反应体系，实验步骤：向 PCR 管按顺序加入反应液：ddH_2O 11 μL；10×PCR 缓冲液 2.5 μL；2.5 mmol/L dNTP 2.0 μL；25 mmol/L $MgCl_2$ 1.5 μL；引物 CcNKF 1.0 μL（表 4-1）；引物 CcNKR 1.0 μL（表 4-1）；模板 cDNA（“1. cDNA 第一链”的产物）5 μL；Taq 酶 1 μL，混匀。反应温度：94 ℃ 预变性 5 min；94 ℃ 变性 1 min、52 ℃ 退火 1 min、72 ℃ 延伸 1 min，重复 35 次；72 ℃ 终止延伸 10 min。所有反应均在 PCR 仪中进行。通过琼脂糖凝胶电泳分析扩增效果。

（四）鲤 NK-lysin-2 基因在健康和嗜水气单胞菌感染鱼中各组织中的表达

1. cDNA 模板的制备

提取各组织的 RNA，方法参考上页“2. 总 RNA 的提取”，RNA 样品经 Dnase I 处理后，按照 Thermo Scientific RevertAid First Stand cDNA Synthesis Kit 操作步骤反转录。取产物进行 1.5% 琼脂糖凝胶电泳检测，并依据说明书用胶回收试剂盒回收 cDNA。制备感受态菌株，转录产物接种到感受态菌株中进行阳性克隆。

2. 质粒准备

取测序正确的克隆菌株接种于含氨苄的 LB 平板上，37 ℃ 倒置过夜培养。按照 E. Z. N. ATM Plasmid mini Kit I 试剂盒说明提取质粒，步骤：solution 1 400 μL 加入含有菌株的离心管，悬浮仪混匀。加入 solution 2 400 μL，轻柔混匀，以防大肠杆菌裂解。加入 solution 3 560 μL，出现白色絮状物，其量不再改变后 10 000 r/min 离心 10 min。无水乙醇漂洗 2 次后质粒倍比稀释（DNA 稀释液），稀释为原来的 10^{-1} ~ 10^{-8}。荧光定量分析。

3. 荧光定量 PCR 的检测

根据斑马鱼和大黄鱼的 NK-lysin 保守序列，设计荧光定量 PCR 引物（表 4-1），每个样品和相应不加 cDNA 模板的空白对照进行 3 个重复。加入实时定量 PCR 反应液：20 μL 反应终体系，正反引物（10 mmol/L）各 1 μL，cDNA 模板 5 μL，SYBR Green 10 μL，ddH_2O 3 μL，Taq 聚合酶 2 μL，dNTP 1 μL。PCR 反应条件：93 ℃ 预变性 2 min；93 ℃ 1 min，55 ℃ 1 min，72 ℃ 1 min，45 个循环，最后 72 ℃ 7 min 延伸。反应结束后绘制溶解曲线进行分析，以目的基因与内参基因扩增率一致为前提。标准曲线 $y=Ax+B$（A 斜率,B截距),扩增效率$E(E=10-A-1)$接近100%,相关系数$R^2 \geqslant 95\%$为可靠。计算平均值CT(Threshold cycle number)和$\Delta CT(\Delta CT=CT_{样品}-CT_{内参})$,计算出$2^{-\Delta\Delta CT}$,其值表示目的样品的表达值相对于内参基因表达值的相对倍数。数据分析用SPSS软件。

二、结果与分析

1. 鲤NK-lysin-2基因的cDNA全长及推导的氨基酸序列分析

根据NCBI的对比结果可知(图4-1),氨基酸的全长序列为1 429 bp,编码122个氨基酸,其序列包括61 bp5′-UTR,369 bp开放阅读框架,999 bp3′-UTR,3个内含子,1个信号肽(1~17aa),2个ATTA的基本结构,6个保守的半胱氨酸,1个位于poly-A上游的aataaa多腺苷酸加尾信号序列。成熟蛋白的分子量和等电点分别为11.9 kDa和5.48。

2. NK-lysin-2在鲤各组织中的表达

用荧光定量PCR扩增仪自带软件分析的健康鲤和嗜水气单胞菌感染鲤的nkl-2基因和Cc40 s(内参基因)的扩增曲线、溶解曲线、标准曲线。扩增曲线显示内参和目的基因从同一位点开始扩增,说明目的基因的重复性良好,有较高的可信度。标准曲线显示扩增效率:健康组(图4-2、图4-3)的目的基因和内参的扩增效率分别是1.95、1.97(E>95%);感染组(图4-4、图4-5)的目的基因和内参的扩增效率分别是1.94、1.98(E>95%),标准曲线回归系数接近于1.0,显示出很好的线性关系,扩增效果良好。

```
acatggggaaaaacgagtggagagtgttcagcctccttgtat tcagactcttttgctaaa      60
                                        Intron 1(237 bp)
gATGCTGCGAAGAATCGTCCTGATCACCCTGCTGATATCCTCAGT TTGTGCTCTTCACTT     120
 M  L  R  R  I  V  L  I  T  L  L  I  S  S  V  C  A  L  H  L        20
                                             Intron 2(546 bp)
GGAAATGCGCAAAGAAGAGTCCACTGGAAATGAATTTGAAGAAAGCTCTGGTGAGATAGA      180
 E  M  R  K  E  E  S  T  G  N  E  F  E  E  S  S  G  E  I  E        40
AACAGAACAACTCCCTGGAAAG TGCTGGGCTTGCAAGTGGGTGATGAGGAAGCTGAAAAA     240
 T  E  Q  L  P  G  K  C  W  A  C  K  W  V  M  R  K  L  K  K        60
                 Intron 3(68 bp)
ACAGATCTCCAATGGAGCCACTCCGGATGACATTAAAACGAAGCTGGGGATGGTCTGTGA      300
 Q  I  S  N  G  A  T  P  D  D  I  K  T  K  L  G  M  V  C  D        80
TGAGATCGGCTTCCTAAAGTCAATATGTAGGAAGT TAGTGAACCAGTACACAGACACTCT     360
 E  I  G  F  L  K  S  I  C  R  K  L  V  N  Q  Y  T  D  T  L       100
GGTTGAAGAACT TTCAACTACTGATGATGCCAGAACCATCTGTGCTAACATTGGTGTT TG    420
 V  E  E  L  S  T  T  D  D  A  R  T  I  C  A  N  I  G  V  C       120
CAAGAAAT AGgcatggagttcatgaccttataaaagttt aagaat cat atttgat caatt  480
 K  K  *                                                          122
aaagaaatgcat aaagctttttgtttgtttgtttgtttgtttccgaagggcttttccac      540
actggctttgacctcgggttactgtcattctaaacccagtttttaaccccgggtaaaaga      600
acgtttcacaattgtaatttagaaacggagttagcacagctttttacccggggtaattaa      660
accctgctccagagcaagacattgtttttcggtgttaggtaacttgtacgttgagaaacg      720
atgcagtgaaagttatggttaggtacttagccacaggttcagacagtctccttgcagaaa      780
cagtagtttcagcttttgaagggaaaaatgtcaaatgataactgaaaacattgggagtg       840
aagaagaaaccatttaattcttacctttatagtctgaaaagtccattcagagtaaaaaaa      900
aaaaaacaaccttaaaatacagtcagcattatatgtaatgcgtatgtttggaatgactct      960
ttaagccgaggtcattctaggcgtatgcattatgtataatgctgactgtatgtaaagttt     1020
tttttctctctctgaatggactttccagttcacccaaaaattataatactcatcatactc     1080
atttgctcaaacacctcaagttgttccaaacctatcttctttatgttcaacagaagaaa      1140
gaaactcgtaggtctggaaaaactttagggtgagtaaattatgacagtattttcaatttt     1200
gggtgaactatccctttaactatttcaagtgtgaaaagactgtttgctttagcgggaaaa     1260
attggtgaaattctgcactagagctaacgttgtgtgagtatcgtagctttgttcttgtat     1320
atcacagtttttttgcatatttgtcgtgtatactaaactttgcaactttttctgcatcc      1380
aattggaaaataaatgtgtaaaaaaaaaaaaaaaaaaaaaaaaaaaa                  1429
```

图 4-1　鲤 nkl-2 的 cDNA 序列和推导的氨基酸序列

注：* 表示翻译终止，保守的 6 个半胱氨酸用方框表示，2 个 ATTA 基本结构和多聚腺苷酸加尾信号 aataaa 用下划线表示，3 个内显子用三角形表示。

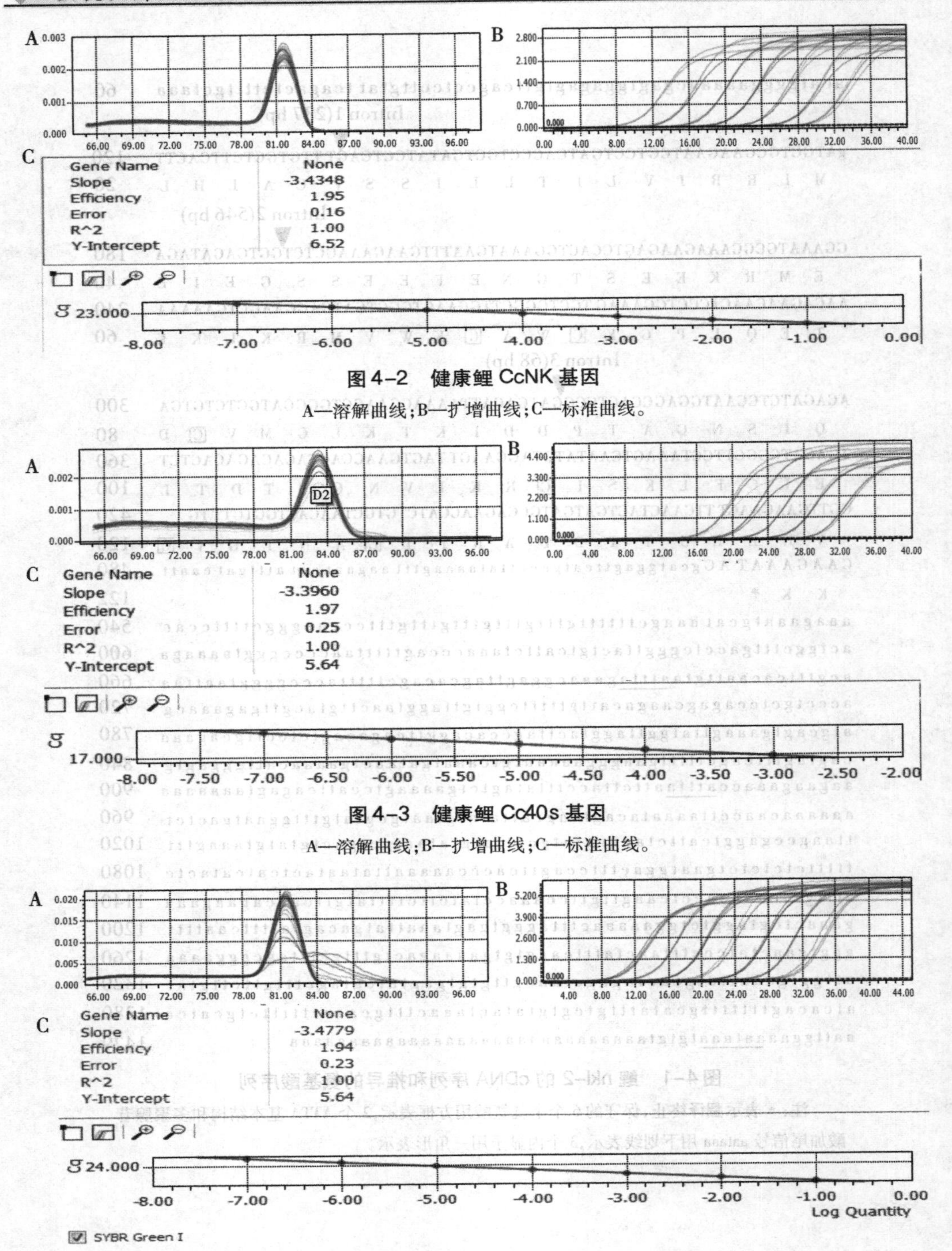

图 4-2 健康鲤 CcNK 基因

A—溶解曲线；B—扩增曲线；C—标准曲线。

图 4-3 健康鲤 Cc40s 基因

A—溶解曲线；B—扩增曲线；C—标准曲线。

图 4-4 感染鲤 CcNK 基因

A—溶解曲线；B—扩增曲线；C—标准曲线。

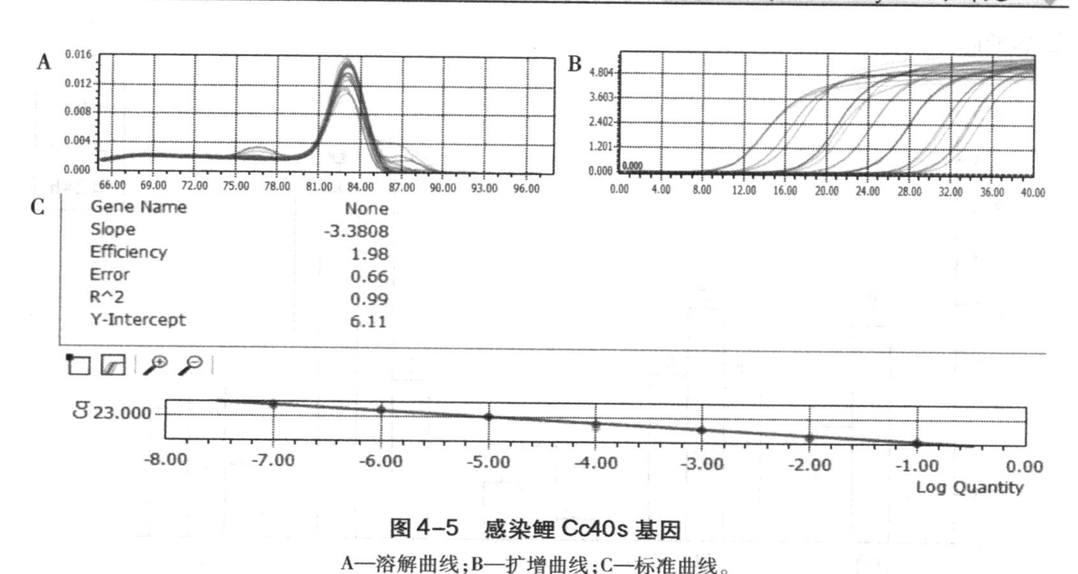

图 4-5 感染鲤 Cc40s 基因

A—溶解曲线；B—扩增曲线；C—标准曲线。

用 RT-PCR 方法检测健康鲤组织中 nkl-2 的表达（图 4-2），其中 nkl-2 mRNA 主要在脾脏、头肾、鳃、心脏中表达，在中肾、脑、肠中表达较少，在皮肤、肝脏和肌肉中几乎不表达（图 4-6）。

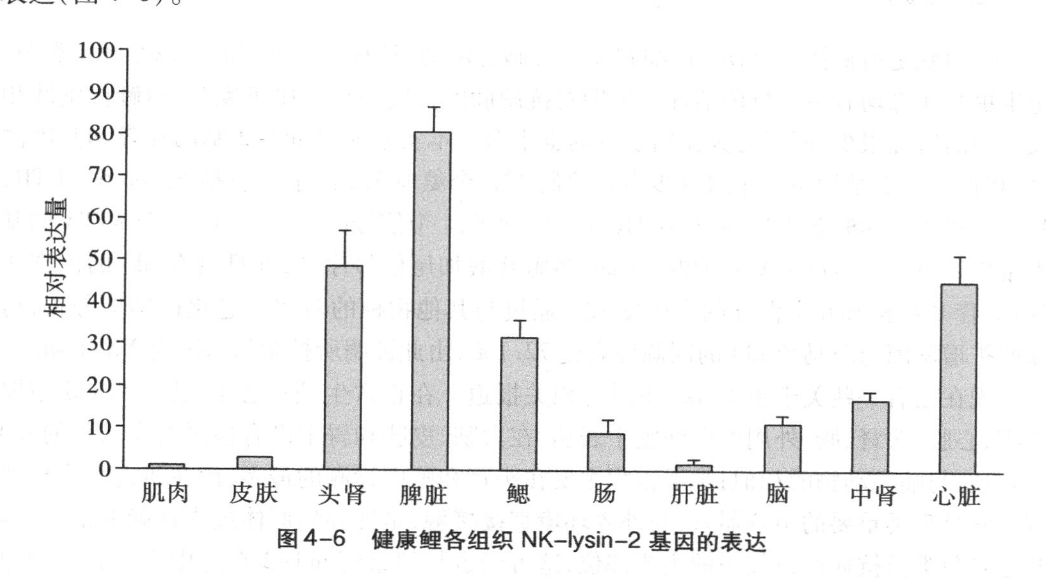

图 4-6 健康鲤各组织 NK-lysin-2 基因的表达

为了解细菌感染后鲤 nkl-2 转录水平是否发生变化，采用 RT-PCR 方法对用嗜水气单胞菌感染后 6 h、12 h、24 h 鲤的中肾、脾、头肾、鳃、肠的 RNA 进行 RT-PCR。对照组注射 PBS。结果表明（图 4-7），感染后 6 h，鲤鳃和脾脏 nkl-2 mRNA 表达显著上调，感染后 12 h 达到高峰。感染后 24 h，各组织 nkl-2 转录水平比 12 h 的有所下降，但比 6 h 的表达水平高。

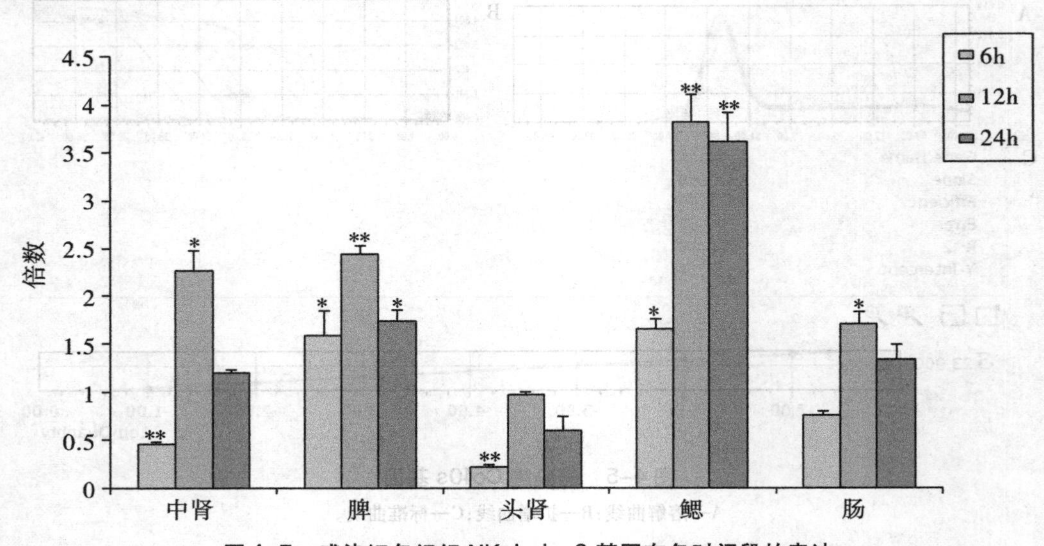

图 4-7 感染鲤各组织 NK-lysin-2 基因在各时间段的表达

三、讨论

抗菌肽是由机体自杀伤 NK 细胞和 T 细胞分泌的,具有广谱抗菌能力,对细菌、真菌、寄生虫和病毒均有不同抗菌活性。早期对抗菌肽的研究主要集中于家禽,对鲤抗菌肽相关方面的研究很少,所以对其作用了解的也不多。本实验通过 nkl-2 基因克隆和基因测序,获得 nkl-2 基因的全长 1 429 bp,编码 122 个氨基酸,其序列包括 61 bp 5′-UTR,369 bp开放阅读框架,999 bp 3′-UTR,3 个内含子,1 个信号肽(1 ~ 17aa),2 个 ATTA 的基本结构,1 个位于 poly-A 上游的 aataaa 多腺苷酸加尾信号序列,并且具有 nkl 的保守序列:皂苷 B 结构和 6 个保守的半胱氨酸。通过与其他物种的对比和进化树结构分析,得知所扩增基因与斑马鱼 nkl 的同源性高达 72.1%,由此证明所扩增的基因为 NK-lysin。

现在已有一些关于鱼类 nkl 基因的相关报道。在正常生理状态下,比目鱼 nkl 主要在鳃、心脏、头肾、肠、外周血白细胞中表达,在大脑、皮肤和胃中没有检测到高水平的 nkl 的表达,与哺乳动物的相似;半滑舌鳎主要在头肾和脾中检测的最多,而在肌肉中未检测到。鳃是鱼类重要的免疫器官,与外界环境直接接触,是外界病原体最先接触的部位,因此也是鱼类抵抗病原体侵染的主要部位,这可能也是健康鲤 nkl-2 在鳃中高度表达的原因。肾脏和脾脏是鱼类重要的免疫器官,在机体的非特异性免疫方面扮演十分重要的角色,所以这也可能是鲤 nkl-2 在肾脏和脾脏中表达量较高的原因。

在嗜水气单胞菌感染情况下,鲤 nkl-2 的表达顺序为鳃、脾、中肾、肠、头肾,并且其表达量呈倍数增长。在健康鲤中,脾脏 nkl-2 的表达量最高,而感染鲤鳃中最高,可能是因为脾脏产生的 nk 经血液运输到鳃,发挥抵抗病原的作用;nkl 在肠中有表达量,可能因为肠道内壁具有淋巴组织，有免疫功能。感染鲤 nkl-2 在各组织中的表达量显著升高，更说明了 nkl-2 具有免疫的功能。

四、小结

本研究对鲤 nkl-2 基因进行克隆，并利用生物学软件分析克隆产物。通过荧光定量 PCR，对比 nkl-2 在健康鲤和感染鲤各组织中的表达，获得以下结论：

（1）nkl-2 基因全长为 1 429 bp，开放阅读框 369 bp，编码 122 个氨基酸，成熟蛋白分子量和等电点为 11.9 kDa 和 5.48。

（2）鲤 nkl 与斑马鱼 nk 同源性最高，并与其他物种 nkl 也有一定的同源性。

（3）荧光定量 PCR 结果证明 nkl-2 有免疫方面的作用。

第三节　鲤抗菌肽 NK-lysin 家族基因特征的分析

为探究鲤抗菌肽 NK-lysin 家族基因的特点，以前期克隆的 NK-lysin-2 基因（命名为 *nkl2*）为参照，本研究将该基因与鲤基因组进行同源搜索，并以鲤脾脏 cDNA 为模板，通过 PCR 验证获得另外 5 个 NK-lysins，分别命名为 *nkl1*，*nkl3*，*nkl4*，*nkl5* 和 *nkl6*，它们的开放阅读框长度分别为 426 bp，381 bp，366 bp，363 bp 和 339 bp，每种 NK-lysin 都具有 SapB 结构域和 6 个半胱氨酸，而且除 *nkl6* 以外的 NK-lysins 均含有信号肽。通过对鲤 6 个 NK-lysins 氨基酸的相似性和同一性进行比较，鲤 NK-lysins 与其他物种的相比：*nkl2* 和 *nkl4* 之间具有较高的相似性，*nkl2*-5 与斑马鱼 *nklc* 和 *nkld* 的相似性最高；以邻接法构建的 NK-lysins 氨基酸序列系统进化树等方法表明：鲤 *nkl2*-5 与斑马鱼 *nklc*、*nkld* 聚为一支，*nkl1* 与斑马鱼 *nkla* 和 *nklb* 聚为一支；人与 6 种鱼类的基因组结构进行分析结果表明：鲤 *nkl1* 基因组中含 5 个外显子和 4 个内含子，鲤 *nkl2*-5 由 4 个外显子和 3 个内含子组成，鲤 *nkl6* 由 3 个外显子和 2 个内含子组成。本研究为探索 NK-lysin 基因的多样性提供参考。

抗菌肽是生物体应对外界病原体而产生的一类免疫应答反应产物。成熟的抗菌肽由 12～100 个氨基酸残基组成，是一种具有免疫保护作用的蛋白质类成分，由外界致病性微生物入侵刺激而产生。自 1980 年后，各种具有抗菌活性的多肽被人们相继发现并分离获得。随着人们在抗菌肽结构功能、基因工程等方面的深入研究，其在医疗、农业等领域显现出了广阔的应用前景。

NK-lysin 是机体自然杀伤细胞（NK）和毒性 T 细胞（CTLs）分泌的小分子多肽，具有广谱的抗菌活性，因此在机体免疫中发挥着极其重要的作用。鱼类中发现具有类似作用的 NK-lysin，它是鱼类非特异性免疫系统中抵抗各类病原体的第一道防御屏障。

抗菌肽最初是在人类和猪中发现，后相继在牛、马、水牛、鸡、斑点叉尾鮰、牙鲆、斑马鱼、大黄鱼、团头鲂等体内均获得了 NK-lysin 的核苷酸序列全长。Wang 和 Pereiro 等人在研究中得出，NK-lysin 在多数物种的基因组上只有单个拷贝，如人、猪、鸡、马、牙鲆、大黄鱼等，而在一些物种体内存在多个拷贝，如斑点叉尾鮰体内存在 3 个，斑马鱼染色体 17 上有 4 个，牛是哺乳动物中第一个被发现的存在 4 个拷贝的物种。

鲤，属鲤形目（Cyprinformes）鲤科（Cyprindae）雅罗鱼属（*Leuciscus*），又称黄河雅罗鱼。鲤因具有食性广、生长迅速等特点，深受广大养殖户的喜爱。然而，由于鲤在养殖的过程中，受到水环境污染等多方面元素，经常遭到各种病原菌的入侵，导致生长速度减慢及其他危害，造成了巨大的经济损失。而抗菌肽 NK-lysin 因具有广谱抗菌活性等特点，具有广阔的开发前景。

因此，本研究通过探索抗菌肽 NK-lysin 家族基因的特点，并与其他的鱼类、脊椎动物以及人类抗菌肽 NK-lysin 进行相似性等分析，为进一步了解 NK-lysin 基因的多样性提供参考。

一、材料与方法

（一）主要试剂

提取 RNA 所用试剂：氯仿、Trizol、异丙醇、70% 乙醇；

电泳所用试剂：溴化乙啶、TE、琼脂糖；

cDNA 反转录试剂盒 Primer Script ^{RT} Reagent Kit with gDNA Eraser，TaKaRa 公司；

PCR 扩增酶：DNasel，Tap 酶，TaKaRa 公司。

（二）主要仪器设备

超净工作台（BBS-DDC）：济南鑫贝西生物技术有限公司；

电子天平（CP224C）：Ohaus 公司；

超低温冰箱：美国 NBS 公司；

台式冷冻高速离心机（5430R）：德国艾本德有限公司；

凝胶成像系统（JYO4S-3C）：北京君意东方电泳设备有限公司；

伯乐电泳仪（Mini）：美国伯乐有限公司；

PCR 扩增仪（Mastercycler pro）：瑞士罗氏有限公司；

高压灭菌锅（LDZX-30KBS）：浙江赛德仪器设备有限公司。

（三）实验样品

鲤，购自驻马店市华康市场。选用规格均匀的健康鲤为实验用鱼，提供最佳的饲养环境（24 ℃±3 ℃），日换水量约为总水量的 1/3。使实验用鱼更好地适应实验室环境。

（四）实验方法

1. 鲤 RNA 的提取

鲤 RNA 的提取按照 Trizol 提取法进行。

（1）取 0.1 g 鲤新鲜脾脏，剪碎后加入匀浆器中，把匀浆器浸没在冰水中，迅速研碎,之后转移到试管中,用移液枪向其加 1 mL 的 Trizol 和 0.2 mL 的氯仿溶液,拧紧试管盖。

(2)用手剧烈振荡试管 15 s,离心 15 min,4 ℃,12 000 r/min。

(3)取上清,转移到另一个 1.5 mL 离心管中,并加入等体积的异丙醇混合,室温下静置 10 min。

(4)离心机调至 4 ℃,12 000 r/min,离心 15 min。

(5)倒掉上清,并加入 500 μL 75% 乙醇,清洗 RNA 沉淀。混匀后,10 000 r/min,4 ℃,离心 5 min;该过程重复两次。

(6)打开管口,用 10 μL 移液枪小心吸去多余的乙醇溶液,在距离沉淀 0.2 cm 处停止,并在室温下挥发乙醇,直至 RNA 完全干燥。最后加入 TE 溶解 RNA,静置 1 h 以上。

(7)电泳检测 RNA 的提取效果。

(8)提取的 RNA 溶液于-80 ℃冰箱保存待用。

2. cDNA 的制备

RNA 样品经 Dnase I(脱氧核糖核酸酶 I)处理后,按照 cDNA 反转录试剂盒说明进行反转录,并依据说明书用 E. Z. N. A™ Cycle-pure kit 试剂盒回收 cDNA。合成 cDNA 后,放入-80 ℃冰箱保存。

3. PCR 扩增

根据之前获得的 cDNA 序列设计引物(如表 4-2),用于 PCR 实验。反应条件为:94 ℃预变性 5 min;94 ℃变性 30 s,58 ℃退火 40 s,72 ℃延伸 60 s,共 35 个循环;72 ℃最终延伸 10 min。扩增产物纯化回收,纯化产物送至上海生工生物工程有限公司进行测序。

表 4-2　鲤 NK-lysin 基因扩增所用引物及其序列

引物	用途	序列(5′-3′)
Nkl1	ORF confirmation	ATGCTCCGCAATATCTTTCTTG TCAGAAATTGTCATGAGCTTGA
Nkl3	ORF confirmation	ATGCTGCAGAGTATCATCCTTAT TTAACTCCACACCCATTTCTTG
Nkl4	ORF confirmation	ATGCTGTGGAAAATCATCCTG TCACTTGCAAATACCAATGT
Nkl5	ORF confirmation	ATGCTGCGGAGTATCATCCT TTAACAAATACCAACATGAAC
Nkl6	ORF confirmation	ATGGGAATGTCTCAGCACTTTG TTACTGTATAGTTTGCATGT

4. 序列特征分析

将鲤与其他脊椎动物 NK-lysin 的相似性和同一性进行比较，使用的是 NCBI 网站的 BLASTN 和 BLASTP 软件，对鲤 *Ci*nkl 基因序列和其推导的氨基酸进行同源性搜索，信号肽分析采用的是 SignalP 4.1 软件。

5. 进化树的构建

以邻接法构建鲤与不同物种 NK-lysin 系统进化树，同时使用 MEGA6.0 软件进行分析。同源性比对和构建系统发育树所用的氨基酸序列登录号见表 4-3。

表 4-3 研究中使用的 NK-lysin 基因和氨基酸序列登录号

Scientific name	Common name	Gene name	GenBank ID of Protein	Genomic Gen Bank ID orreference	Sequence position in the contig
Cyprinus carpio	Common carp	Nkl1	KTG39409	LN590692.1	6939986-6941009
Cyprinus carpio	Common carp	Nkl2	KX034213	KY652928	91679-93218
Cyprinus carpio	Common carp	Nkl3	XP_018926630	LN590809.1	541267-542965
Cyprinus carpio	Common carp	Nkl4	KTG41371	LN594313.1	258364-259605
Cyprinus carpio	Common carp	Nkl5	XP_018947975	LN590809.1	525861-528538
Cyprinus carpio	Common carp	Nkl6	XP_018970060	LN590710.1	15649622-15650145
Danio rerio	Zebrafish	Nkla	KP100115	BX323450.8	173504-177119
Danio rerio	Zebrafish	Nklb	KP100116	BX323450.8	165982-168789
Danio rerio	Zebrafish	Nklc	KP100117	BX323450.8	149483-156136
Danio rerio	Zebrafish	Nkld	KP100118	BX323450.8	123792-131862
Larimichthyscrocea	Large yellow croaker	Nkl	KJ865299	NW_017609700.1	224101-225487
Ictalurus punctatus	Channel catfish	Nkl1	AAY16122.1	AY934593.1	Not analyzed
Ictaluruspunctatus	Channel catfish	Nkl2	ABC17994.1	DQ153189.1	Not analyzed
Ictalurus punctatus	Channel catfish	Nkl3	ABC17995.1	DQ153190.1	Not analyzed
Cynoglossussemilaevis	Half-smooth tongue sole	Nkl	AGM21637	[19]	Not analyzed
Paralichthysolivaceus	Japanese flounder	Nkl	AU260449	[17]	Not analyzed
Salmo salar	Atlantic salmon	Nkl	ACI68092	Not analyzed	Not analyzed
Homo sapiens	Human	GNL	NP_006424	M85276.1	Not analyzed
Gallus gallus	Chicken	NKL	DQ186291	Not analyzed	Not analyzed
Caenorhabditisjaponica	Quail	NKL	BAN78656	Not analyzed	Not analyzed
Sus scrofa	Porcine	NKL	Q29075	Not analyzed	Not analyzed
Equus caballus	Equine	NKL	AAN10122	Not analyzed	Not analyzed
Bos taurus	Bovine	NKL	AAP20032	Not analyzed	Not analyzed

6. 基因组比较

GenBank 搜索鲤基因组序列，将获得的 cDNA 序列与其比较，找出每种 NK-lysin 基因组序列，因为内含子符合 GT-AG 结构特征，在 NK-lysin 基因组中即可确定外显子和内含子的大小，进而绘制基因组结构示意图。

二、结果与分析

1. 鲤抗菌肽 NK-lysin 基因的特征分析

在鲤体内获得一类抗菌肽基因 NK-lysin-2（命名为 *nkl2*），将该基因与鲤基因组进行同源搜索，并通过 PCR 验证获得另外 5 个 NK-lysins，命名为 *nkl1*，*nkl3*，*nkl4*，*nkl5* 和 *nkl6*，它们的开放阅读框长度分别为 426 bp，381 bp，366 bp，363 bp 和 339 bp，每种 NK-lysin 都具有 SapB 结构域和 6 个半胱氨酸，而且除 *nkl6* 以外，每种 NK-lysin 均含有信号肽（图 4-8）。

C. carpio nkl1

```
atgctccgcaatatctttcttgtcagcttgctcgtatatgcagtctgtgcagctcattgg    60
 M  L  R  N  I  F  L  V  S  L  L  V  Y  A  V  C  A  A  H  W     20
gagatccgtgaggtggactctgctgaggatcaagatgaagagatctctgctgacggcatg   120
 E  I  R  E  V  D  S  A  E  D  Q  D  E  E  I  S  A  D  G  M     40
ccgaaacagcagatatttaataagtgcgatatatgcaaaaagatcatgaaggcagtgaaa   180
 P  K  Q  Q  I  F  N  K  C  D  I  C  K  K  I  M  K  A  V  K     60
aagaaactccctcctaatgcaacgccggatgaaattaaagaaaagctgaaaaacgtctgt   240
 K  K  L  P  P  N  A  T  P  D  E  I  K  E  K  L  K  N  V  C     80
gataaatttaagccggtgagtggtcagtgcaagaaacttgttcagaagtatctgcgcaat   300
 D  K  F  K  P  V  S  G  Q  C  K  K  L  V  Q  K  Y  L  R  N    100
ataattgatgagctgatgacggaggacgggccaaacaccatctgtactaaaattcatgtc   360
 I  I  D  E  L  M  T  E  D  G  P  N  T  I  C  T  K  I  H  V    120
tgcaagtcaaaaccacctataaaggagttcattttgtacatgatcaagctcatgacaat    420
 C  K  S  K  P  P  I  K  E  F  I  F  V  H  D  Q  A  H  D  N    140
ttctga                                                         426
 F  -                                                          141
```

C. carpio nkl3

```
atgctgcagagtatcatccttatcagcctgctgatatcctcagtttgtgctcttcactgg    60
 M  L  Q  S  I  I  L  I  S  L  L  I  S  S  V  C  A  L  H  W     20
gaaatgcagaaagaagattctactggaaatgaacttgaaaaaggctctggtgagatacaa   120
 E  M  Q  K  E  D  S  T  G  N  E  L  E  K  G  S  G  E  I  Q     40
actgaacagcaacctggaatatgcaaggtttgcaaattggcgatgaagaagctgaaaaaa   180
 T  E  Q  Q  P  G  I  C  K  V  C  K  L  A  M  K  K  L  K  K     60
cagatctcaaatggagcaactctggatgatgttaaaaagaagctggcgatggtctgtgat   240
 Q  I  S  N  G  A  T  L  D  D  V  K  K  K  L  A  M  V  C  D     80
gagattgact ccctaaagtcactgtgtaggaagtttgtgtat aagta caaggacactctg   300
 E  I  D  S  L  K  S  L  C  R  K  F  V  Y  K  Y  K  D  T  L    100
gtcgaagaactttcaactactgatgatgccagaaccatctgtattaacattggagtttgc   360
 V  E  E  L  S  T  T  D  D  A  R  T  I  C  I  N  I  G  V  C    120
aagaaatgggtgtggagttaa                                          381
 K  K  W  V  W  S  -                                           126
```

C.carpio nkl4

atgctgtggaaaatcatcctgatcaccttgctgatattctcagcttgtgctcaacactgg 60
M L W K I I L I T L L I F S A C A Q H W 20
gaaatgcacaaagaagaatctattggaaatgaacttgaagaaagctctggtgagatacaa 120
E M H K E E S I G N E L E E S S G E I Q 40
acagaacaacttcctggattgtgctgggcttgcaagtgggccatggggaagctgaaaaaa 180
T E Q I P G I C W A C K W A M G K L K K 60
caaatctccaatgggacaactgcggatgaaattaaaaataaactcggcacgacctgtgat 240
Q I S N G T T A D E I K N K L G T T C D 80
cagattggcttcctgaaatcactgtgtaggaagtttgtgaacaagtacatgggcactctg 300
Q I G F L K S L C R K F V N K Y M G T L 100
atcgaagaactttcaactactgatgacgccagaaccatctgtgttaacattggtatttgc 360
I E E L S T T D D A R T I C V N I G I C 120
aagtga 366
K – 121

C. carpio nkl5

atgctgcggagtatcatcctgatcaccctgctgatatcctcagtttgtggtcttcacttg 60
M L R S I I L I T L L I S S V C G L H L 20
gaaaagcacaaagccaaatctattggaaatgaacttaaagaagattctgttgagatgcca 120
E K H K A K S I G N E L K E D S V E M P 40
tcagaacaactccctggattgtgctgggcttgcaagtgggccatggggaagctgaaaagt 180
S E Q L P G L C W A C K W A M G K L K S 60
gagatcaccaagggctcaactaaggatgacattaaaaatatgctggggacggtctgcgat 240
E I T K G S T K D D I K N M L G T V C D 80
ggaatcggcttcctgaggtacctgtgtaggatgttggtgaacaagtacatgggcactctg 300
G I G F L R Y L C R M L V N K Y M G T L 100
atcgaagaactctcaactactgatgatgccaagaccatctgtgttcatgttggtatttgt 360
I E E L S T T D D A K T I C V H V G I C 120
taa 363
–

C. carpio nkl6

atgggaatgtctcagcactttgaccatccgaatcctgtgagggagatggagttcagttat 60
M G M S Q H F D H P N P V R E M E F S Y 20
catgacaaagcaacggagaacaaacagatgataatttgtggtgtttgtaagaccatcctt 120
H D K A T E N K Q M I I C G V C K T I L 40
agaaaagtgataacatttattggaaaaacagcttctaaggaggagattaatcagaagctt 180
R K V I T F I G K T A S K E E I N Q K L 60
gatagaatctgtcaaaaaataagaataagtggttgtcaaagtttttgcagaaatataaa 240
D R I C Q K I R I S G C Q S F L Q K Y K 80
aataaagtggtcaatagtctgctctctggagacaaagcagggaccatctgtatcaaatta 300
N K V V N S L L S G D K A G T I C I K L 100
aaactgtgcaaaaagatggacatgcaaactatacagtaa 339
K L C K K M D M Q T I Q – 112

图4-8 鲤 NK-lysin 同种型基因的 ORF 序列及编码的氨基酸序列

斜体表示信号肽,阴影部分表示 SapB 区域。

2. 鲤与其他鱼类 NK-lysins 氨基酸序列的同源性比较

鲤与其他脊椎动物 NK-lysins 氨基酸比对发现,均含有 6 个保守的半胱氨酸。通过对鲤 6 个 NK-lysins 氨基酸的相似性和同一性进行计算时发现,nkl2 和 nkl4 之间具有较高的同一性/相似性(75.4%/84.4%),nkl2 与 nkl3、nkl4 与 nkl5 的同一性/相似性也较高,分别为 73.0%/83.3% 和 69.0%/82.6%,然而 nkl6 与鲤其他类型 nkl 的同一性/相似性最低,同一性为 20.9% ~28.5%,相似性为 42.5% ~47.6%。鲤 NK-lysins 与其他物种相比,nkl2-5 与斑马鱼 nklc 和 nkld 有较高的相似性,其中 nkl2 与 nkld 的同一性/相似性为 68.9%/84.4%,与 nklc 的同一性/相似性为 59.8%/72.1%;nkl1 与 nklb 和 nkla 较接近,同一性/相似性分别为 78.0%/63.1%、72.2%/56.3%。此外,*nkl*1-5 与牙鲆、半滑舌鳎、大西洋鲑、斑点叉尾鮰和大黄鱼 NK-lysin 的相似性也较高,达到了 46.8% ~64.3%(表 4-4)。

表 4-4　鲤与其他脊椎动物 NK-lysin 的相似性和同一性的比较

	1	2	3	4	5	6	7	8	9	10	11	12	13	14	15	16	17	18	19	20	21	22	23
1. *C. carpio* Nkl1		36.9	36.2	33.3	31.2	25.9	56.3	63.1	32.6	33.8	27.9	24.5	29.8	36.2	32.9	41.7	29.6	22.8	23.9	19.0	21.0	23.4	17.2
2. *C. carpio* Nkl2	55.3		73.0	75.4	64.8	24.0	37.5	35.5	59.8	68.9	35.3	33.3	37.9	42.1	41.2	37.3	33.8	20.7	23.6	20.0	26.3	19.9	19
3. *C. carpio* Nkl3	58.2	83.3		69.0	56.3	28.5	36.1	36.2	53.2	64.3	34.7	35.8	37.7	41.8	41.2	37.3	33.8	20.0	22.9	17.9	24.6	23.3	21.2
4. *C. carpio* Nkl4	51.1	84.4	77.8		71.9	26.0	36.8	36.9	62.3	72.1	37.3	39.9	39.2	45.0	45.5	38.0	36.7	22.8	23.2	19.3	23.9	22.6	21.1
5. *C. carpio* Nkl5	48.2	78.7	72.2	82.6		20.9	31.9	31.9	60.8	61.5	34.2	36.8	34.1	39.7	43.4	34.0	30.4	19.3	21.4	17.9	23.4	21.9	19.2
6. *C. carpio* Nkl6	46.1	43.4	47.6	44.6	42.5		21.5	22.7	25.0	25.0	23.0	22.2	24.4	20.0	18.1	22.7	22.3	18.4	21.8	20.1	18.1	19.0	18.9
7. *D. rerio* Nkla	72.2	56.3	56.3	54.2	49.3	44.4		70.8	31.3	34.7	34.2	29.7	29.9	30.3	28.6	36.1	34.0	16.1	21.7	14.9	19.0	21.1	13.9
8. *D. rerio* Nklb	78.0	57.4	58.2	55.3	50.4	41.1	82.6		31.2	33.3	29.6	33.8	34.0	36.2	33.6	40.7	33.8	15.2	24.1	15.2	19.4	21.5	18.5
9. *D. rerio* Nklc	51.8	72.1	67.5	73.6	72.5	45.4	50.7	53.2		66.9	32.9	33.8	36.2	38.6	41.1	36.2	28.7	21.2	20.7	19.3	24.1	19.9	21.9
10. *D. rerio* Nkld	50.4	84.4	79.4	81.8	79.3	43.8	51.4	53.2	81.0		37.6	40.1	41.9	39.3	41.2	34.0	32.9	17.9	20.7	21.4	22.0	21.9	21.1
11. *P. olivaceus* Nkl	51.7	55.8	55.1	56.5	53.1	36.7	53.1	58.5	49.0	56.5		56.5	44.2	32.9	30.3	26.8	61.7	19.0	19.6	19.0	20.4	17.0	16.5
12. *C. semilaevis* Nkl	46.8	54.8	57.0	60.7	57.0	38.5	52.1	53.9	52.6	60.0	69.4		46.7	37.1	35.7	36.9	53.4	21.6	19.1	19.1	16.8	19.1	20.6
13. *S. salar* Nkl	52.5	59.8	63.0	62.2	58.3	43.3	54.2	54.6	59.1	61.4	60.5	65.9		32.9	30.9	30.8	45.9	24.3	25.7	24.3	22.8	25.0	18
14. *I. punctatus* Nkl1	59.6	62.1	60.0	62.9	58.6	37.9	52.8	55.3	57.1	59.3	55.1	56.4	54.3		79.3	52.7	35.8	23.8	28.3	25.8	23.8	23.5	23
15. *I. punctatus* Nkl2	51.1	64.3	62.0	64.3	62.8	38.0	47.9	48.9	62.8	63.6	50.3	55.6	54.3	85.7		45.3	31.6	24.3	26.0	25.9	23.8	22.6	19.7
16. *I. punctatus* Nkl3	60.3	57.4	56.0	55.3	51.8	43.3	63.2	61.0	53.9	53.2	54.4	51.8	53.9	70.9	61.7		34.0	20.4	24.4	22.8	22.9	22.3	19.6
17. *L. crocea* Nkl	50.0	52.7	52.0	54.7	49.3	44.6	56.1	55.4	47.3	54.7	79.7	71.6	65.5	57.4	52.0	58.1		22.6	20.1	23.6	20.4	24.4	18.2
18. *S. scrofa* NKL	46.9	44.1	44.8	44.1	43.4	44.8	42.8	43.4	43.4	44.1	45.6	45.5	43.4	47.6	44.8	49.0	48.6		24.0	67.6	23.5	63.7	43.8
19. *G. gallus* NKL	43.3	45.0	45.0	37.1	41.4	40.0	41.0	44.0	44.3	41.4	40.8	37.1	39.3	47.9	43.6	42.6	40.5	50.3		26.7	72.1	24.0	27.2
20. *E. caballus* NKL	40.0	40.7	40.7	38.6	43.4	39.3	42.1	38.6	42.8	43.4	44.2	42.8	43.4	49.0	45.5	47.6	45.3	75.9	48.3		25.0	56.8	43.2
21. *C. japonica* NKL	42.6	47.4	44.5	40.9	40.9	38.0	39.6	41.8	41.6	40.9	42.2	35.0	36.5	44.3	43.1	44.0	42.6	51.7	82.9	44.8		24.2	24.3
22. *B. taurus* NKL	47.3	45.9	48.6	47.3	45.9	42.5	44.5	47.3	40.4	43.2	42.9	39.0	41.8	49.3	46.6	47.3	45.3	77.4	47.3	72.6	50.0		38.8
23. *H. sapiens* GNL	40.0	40.7	43.4	40.7	37.9	40.7	39.3	42.8	40.7	42.8	40.8	37.9	44.8	42.8	37.9	37.2	42.6	64.1	52.4	63.4	46.9	63.0	

3. 人与 6 种鱼类的基因组结构的分析

将人与 6 种鱼类(鲤、斑马鱼、牙鲆、斑点叉尾鮰、半滑舌鳎和大黄鱼)的基因组结构进行了分析,NK-lysin 的基因组可分为 3 类,第一类基因组由 5 个外显子和 4 个内含子组成,其中包含鲤 *nkl*1,斑马鱼 *nkla* 和 *nklb*,牙鲆 *nkl*,斑点叉尾鮰 *nkl*1-3,半滑舌鳎 *nkl*,大黄

鱼 *nkl* 和人 *nKG5*；第二类由 4 个外显子和 3 个内含子组成，其中包括鲤 *nkl*2-5，斑马鱼 *nklc* 和 *nkld*；第三类由 3 个外显子和 2 个内含子组成，仅鲤 *nkl*6 属于这一类。所有 NK-lysins 的内含子长度差距较大。

4. 鲤 NK-lysins 氨基酸序列系统进化树分析

以邻接法构建的 NK-lysins 氨基酸序列系统进化树表明：鲤与鱼类 NK-lysins 聚为一支，哺乳类和鸟类各自聚为一支。鲤 nkl2-5 与斑马鱼 nklc、nkld 聚为一支，鲤 nkl1 与斑马鱼 nkla 和 nklb 以及其他鱼类 NK-lysins 聚为一支，鲤 Nkl6 独自聚为一支。进化树的聚类情况与基因组分类相一致（图 4-9 ~ 图 4-11）。

```
CcNkl1   MLRNIFLVSLLVYAVCAAHWEIREVDSAEDQDEEI ---------SADGMPKQQIFNK C DI C   52
CcNkl2   MLRRIVLITLLISSVCALHLEMRKEESTGNEFEE  ---------SSG E IETE QLPGK C WA C   51
CcNkl3   MLQSIILISLLISSVCALHWEMQKEDSTGNELEK ---------- GSGEIQTEQQPGI C KV C   51
CCNkl4   MLWKIILITLLIFSACAQHWEMHKEESIGNELEE  ---------SSGEIQTEQL P GL C WA C   51
CcNkl5   MLRSIILITLLISSVCGLHLEKHKAKSIGNELKE  ---------DSVEMPSEQLP G L C WA C   51
CcNkl6   ---------------MGMSQHFDHPNP---VREMEFS---------YHDKATENK QM I C GV C   36
DrNkla   MLRNTFLVGLLIYAVSAAHWEVREVDSAEDELEET  --------PNDNMVKQKFPGM C EL C   52
DrNklb   MLRNTELVSLLIYAVSAAHWEVREVDSAEDELEET  --------PEDNMVKQKF PGK C TI C   52
DrNklc   MLRGIVLLTLLISSACAAHLEMHKEPEPEEDFE  -----------GSGEIPKEQLPG L C WA C   50
DrNkld   MLRGIILLTLLISSVCAVQWEMHKEQHSGIELE  ------------GSGEIPT EQLPGM C WA C   50
IpNk11   MFWNLLVASFFIGSACAMHMEYLRVDSAEELLDGSLDSTDEDEDLAMSET OLL PG A C WA C   60
IpNk12   MEWNLLVASFFIGSACAMHMEYLRVDSAEELLDGSLDSADKDEDLPMSE IOLF PG A C WA C   60
IpNk13   MLRNLLVASELIGAAYAVHLEYLKVDSEELL-DET-----WDEDLLMPE-EQ I PG L C WI C   54
SsNkl    MKTSLVL-LALSLLACSV-WEIOGOCR-----EDDOEAQSEKC----- MEETL EG T C WV C   48
CsNkl    MNKSPII-LECILAACSV-WSVHGKSO----EMNIDDEEPAEVELPVEA-KPPG L C IG C   52
PoNkl    MGTSSIL-LICILVTCSV-WTVKGRCF---E IEIDDOEPVDVEPSVEAGKLPG K C WA C   53
LCNkl    MNSSSVL-FVCILGACSV-WTVHGRNL-----KVNDDDQEGAELDISVEA RKLPG L C WV C   53
                    .                 .                               *    *

CcNkl1   KKIMKAVKKKLPPNATPDEIKEKLKNV C DKFKPVSGQ C KKLVQKYLRNIIDELMTEDGPN  112
CcNkl2   KWVMRKLKKQISNGATPDDIKTKLGMV C DEIGFLKS I C RKLVNQYTDTLVEELSTTDDAR  111
CcNkl3   KLAMKKLKKQISNGATLDDVKKKLAMV C DEIDSL KSL C RKFVYKYKDTLVEELSTTDDAR  111
CcNkl4   KWAMGKLKKQISNGTTADEIKNKLGTT C DQIGFLKSL C RKFVNKYMGTLIEELSTTDDAR  111
CcNkl5   KWAMGKLKSEITKGSTKDDIKNMLGTV C DGIGFLRYL C RMLVNKYMGTLIEELSTTDDAK  111
CcNkl6   KTILRKVITFIGKTASKEEINQKLDRI C QKIR I --SG C QSFLQKYKNKVVNSLLSGDKAG  94
DrNkla   KYVMKHVKERISADSTPDEIKNKLMNI C EKAWLLKGQ C QKFVKTHLHTLIDELMTNDGVN  112
DrNklb   KYIMNOVKKRLSTKSTPDEIKNNLMNI C NKAVVLKSQ C KKFI QKHIHTL I DELMNDDGPN  112
DrNklc   KWAMGKLRQHISNTANKEEIKNQLAQV C DGIGFLRPL C RWFVKKYMDILTEELSTTDGPR  110
DrNkld   KWALGKVKRKISNGATQDEIKVQLSQV C DQIGFLKSL C RGFVNKYMDVLIEELSTTDNAR  110
IpNk11   QWAMKKVKKQLGNNPTVDIIKAQLKKV C NSIG FLRGL C KKMINKYLDTLVEELSTTDDPT  120
IpNk12   KWAMNNVKKHIGINPTVDMIKAQLAEV C NS IGFLRGL C K T IINKYLDTLVEELSTTDNPT  120
IpNkl3   KRLMKKVKKHLGNHENAEKI KEKLKRG C DKLPVVKDI C KKMVNKNIDFLVEELSTDDDPK  114
SsNkl    KWALKKVKESTSTSDSQETLKQKLLSV C DKVGELKSM C KGIMKKHLWVIIEELSTSDDVR  108
CsNkl    KWALNKVKKAMTQKETYEKVKAR LIKI C NKIGFLKSR C HKFVITHLDELVEELSTTDDVK  113
PoNkl    KWALNKVKRI IGRNATAESMKSKLNVI C NEIGL LKSL C RKFVKTHLGELIEELTTTDDVR  113
LcNkl    KWSLNKVKKLLGRNTTAESVKEKLMRV C NE I GLL KSI C KKFVKGHLGELIEELTTSDDVR  113
         :  :  :          . : ::  *  *:       *: ::       :  :.*  .  *
```

*Cc*Nkl1	TI C TKIHV C KSKPPIKEFIFVHDQAHDNF---------	141
*Cc*Nkl2	TI C ANIGV C KK---------------------------	122
*Cc*Nkl3	TI C INIGV C KKWVWS-----------------------	126
*Cc*Nkl4	TI C VNIGI C K----------------------------	121
*Cc*Nkl5	TI C VHVGI C -----------------------------	120
*Cc*Nkl6	TI C IKLKL C KKMDMQ T- IQ-----------------	112
*Dr*Nkla	TI C AKALV C KFG PPRKEFNF IHDRAVNENEKM------	144
*Dr*Nklb	TI C TKVHA C KSEPPIKEFIFIHEQAYSKL---------	141
*Dr*Nklc	TI C SHLHV C -----------------------------	119
*Dr*Nkld	TI C ANI SV C KK---------------------------	121
*Ip*Nk11	TI C GNLGI C KSLSMLE-LFQA-----------------	140
*Ip*Nk12	TI C VN IGI C -----------------------------	129
*Ip*Nk13	AI C AKAGI C KPVDMWE-LIQAFPONYQKL---------	142
*Ss*Nkl	TI C VNIKA C KPKEILD-LSY-----------------	127
*Cs*Nkl	TI C VNVKA C NPKEPSH-LLFYPNN--------------	135
*Po*Nkl	TI C VNTGA C QPKEVAH-LLFRPKHDESQTEIIEYP--	147
*Lc*Nkl	TI C VNLKA C KPKELSE-LDFESDEDAHT-EMNDLLFE	148
	:* * : *	

图 4-9　鲤与其他鱼类 NK-lysins 氨基酸序列的同源性比较

6 个保守的半胱氨酸以方框表示。

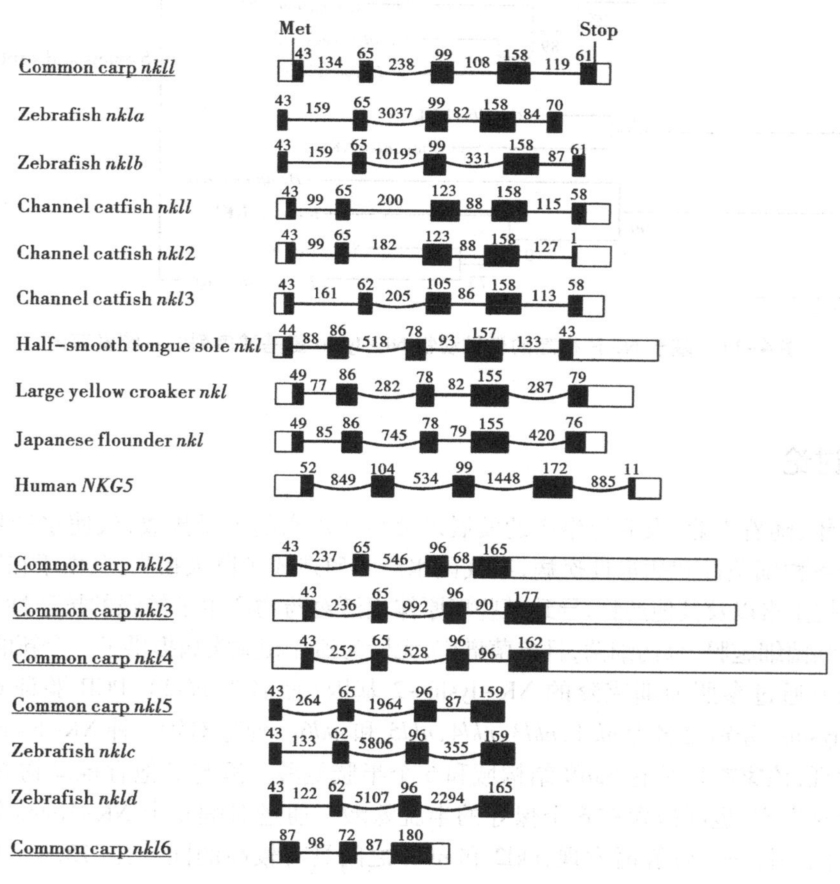

图 4-10　不同物种的 NK-lysins 基因组结构示意图

方框表示外显子，黑框表示翻译区，白框表示非翻译区，方框之间的连线表示内含子，数字表示外显子和内含子的长度。

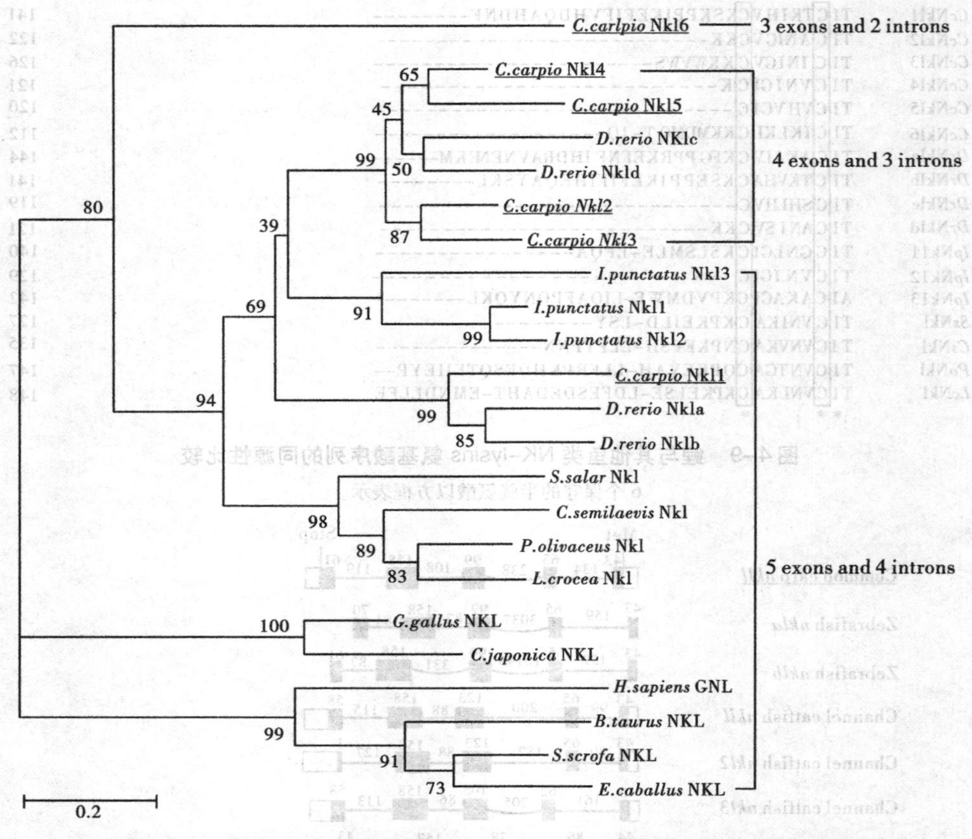

图4-11 基于NJ法构建的脊椎动物NK-lysin氨基酸序列的系统发育树

三、讨论

近几年,随着工业、农业等生产的发展以及生活用水的大量排放,致使水产养殖动物频繁感染各种细菌性和病毒性疾病,给我国水产养殖造成了巨大损失,又由于在防治的过程中滥用抗生素以及其他药物,导致某些病原体逐渐对药物产生了较强的抗药性。抗菌肽能够破坏细菌细胞膜,杀伤细菌,且抗菌谱广,无疑为治疗相关疾病提供了一个新的途径。

本研究通过参照前期克隆的 NK-lysin-2 基因(命名为 *nkl2*),PCR 验证获得另外 5 个 NK-lysins,分别命名为 *nkl1*、*nkl3*、*nkl4*、*nkl5* 和 *nkl6*。通过对鲤 6 种 NK-lysins 的氨基酸分析发现,该家族均具有 SapB 结构域和 6 个半胱氨酸。鲤与其他脊椎动物 NK-lysins 氨基酸比对发现,也同样含有 6 个保守的半胱氨酸。通过对鲤 6 个 NK-lysins 氨基酸的相似性和同一性进行计算时发现,nkl2 和 nkl4 之间具有较高的同一性(75.4%),nkl2 与 nkl3、nkl4 与 nkl5 的同一性/相似性也较高,分别为 73.0%/83.3% 和 69.0%/82.6%,然而 nkl6 与鲤其他类型 nkl 的同一性/相似性最低。鲤 NK-lysins 与其他物种的相比,nkl2-5 与斑马鱼 nklc 和 nkld 有较高的相似性,其中 nkl2 与 nkld 的同一性/相似性为

68.9%/84.4%，与 nklc 的为 59.8%/72.1%；nkl1 与 nklb 和 nkla 较接近，同一性/相似性分别为 78.0%/63.1%、72.2%/56.3%。此外，nkl1-5 与牙鲆、半滑舌鳎、大西洋鲑、斑点叉尾鮰和大黄鱼 NK-lysin 的相似性也较高，达到了 46.8%～64.3%。

对人与 6 种鱼类(鲤、斑马鱼、牙鲆、斑点叉尾鮰、半滑舌鳎和大黄鱼)的基因组结构进行分析发现，斑点叉尾鮰、牙鲆和半滑舌鳎 NK-lysin、斑马鱼 *nkla*、*nklb* 基因结构相同，均含有 5 个外显子和 4 个内含子，同时说明鱼类和哺乳类的 NK-lysin 在基因结构的演化上是相对保守的；鲤 *nkl*1、斑马鱼 *nkla* 和 *nklb* 的基因组中含有 4 个外显子和 3 个内含子；仅鲤 *nkl*6 由 3 个外显子和 2 个内含子组成，所有 NK-lysins 的内含子长度差距较大。除此之外，本研究获得的鲤 *Nkl*2-5 基因组与斑马鱼 *nklc*、*nkld* 具有相似的结构，并且从 NK-lysins 氨基酸序列系统进化树结果可见，鲤 *nkl*2-5 与斑马鱼 *nklc*、*nkld* 的亲缘关系更近一些。

本研究初步获得鲤抗菌肽 NK-lysins 家族基因与其他鱼类基因的比较结果，以及与脊椎动物的相似性比较，了解了鲤抗菌肽 NK-lysin 家族基因的特点，为后续该基因功能研究奠定了基础。

四、小结

本研究通过对鲤抗菌肽 NK-lysins 基因特性进行分析，得出以下结论：

(1)鲤 NK-lysins 均具有 SapB 结构域和 6 个半胱氨酸，符合 NK-lysin 基因特征。

(2)鲤 6 种 NK-lysins 与其他物种的相关性：*nkl*2-5 与斑马鱼 *nklc* 和 *nkld* 的相似性最高。进化树结果表明：鲤 *nkl*2-5 与斑马鱼 *nklc*、*nkld* 之间亲缘关系较近，*nkl*1 与斑马鱼 *nkla* 和 *nklb* 之间亲缘关系较近。

(3)鲤 NK-lysin 基因组结构：鲤 *nkl*1 基因组中含 5 个外显子和 4 个内含子，鲤 *nkl*2-5 由 4 个外显子和 3 个内含子组成，鲤 *nkl*6 由 3 个外显子和 2 个内含子组成。进化树的聚类情况与基因组分类相一致。

第四节　鲤抗菌肽 NK-lysin-2 的真核表达和功能分析

本研究为探索鲤 NK-lysin-2 的功能，通过 PCR 在前期已获得的 Nkl-2 成熟肽的 5′和 3′分别添加 *Eco*R Ⅰ 和 *Not* Ⅰ 酶切位点，并且在 5′端添加 6×His 标签以便于后续纯化，扩增到的片段与表达载体 pPIC9K 连接构建重组表达载体 pPIC9K-Nkl2，转化至毕赤酵母 GS115 细胞中，通过 0.5% 甲醇诱导表达，经 15% SDS-PAGE 与 Western-blot 鉴定分析，重组表达载体 pPIC9K-Nkl2 在毕赤酵母中成功表达，其分子量约为 21 kDa。通过琼脂糖平皿扩散法和微量稀释法检测重组蛋白的抑菌功能，结果表明：重组抗菌肽 Nkl-2 对 G^+ 细菌金黄色葡萄球菌和 G^- 细菌大肠杆菌、嗜水气单胞菌、爱德华菌均具有抑菌活性。该抗菌肽有望用于鱼类抗菌药物的研发，为鱼类细菌性疾病的防治开辟新的途径。

抗菌肽(antibacterial peptide)在机体先天性免疫防御系统发挥着重要的作用,它归属于一类小分子多肽,因生物体抵御病原微生物入侵而随之产生。由于其相较于传统抗生素具有广谱高效抗菌活性,种类多,低毒甚至无毒且不易引起耐药性等特点,是极具开发潜力的抗菌物质,广泛的生物学活性显示了其在医学上良好的应用前景。

NK-lysin(NKL)是宿主自然杀伤细胞和细胞毒性T细胞中产生的一种被称为"颗粒溶素"的新型且有较大功效的阳离子抗菌肽,对细菌、真菌、病毒、寄生虫等病原体和肿瘤细胞具有显著的活性,且对宿主的红细胞无害。因 NK-lysin 是鞘脂激活蛋白样蛋白(saposin-like proteins,SAPLIP)家族的一部分,可在很大程度上改变细胞膜的完整性,以达到抵御病原菌的作用。

1996 年,Andersson 等从猪(*Sus scrofa*)肠道组织构造中分离出一种新型抗菌肽,进一步研究发现其与人颗粒溶素拥有相似结构和抗菌功效,将之命名为 NK-lysin,之后在牛(*Bos taurus*)、马(*Equus caballus*)、鸡(*Gallus gallus*)、半滑舌鳎(*Cynoglossus semilaevis*)等体内被报道。然而,对 NK-lysin 主要集中于基因的特征和在动物体内转录水平的报道,关于重组表达的报道甚少。Fan 等构建了猪 NK-lysin 的酵母表达载体,成功表达出的重组蛋白具有抗肿瘤细胞的作用。陶妍等构建斑点叉尾鮰 NK-lysin type1 的成熟肽的原核表达载体,但由于存在一些缺陷,易在细胞中形成不溶性的包涵体而难以获得具生物学活性的重组蛋白。

本研究为探索鲤 NK-lysin 的抑菌功能,通过酵母表达技术对鲤抗菌肽 NK-lysin-2 的重组表达,并利用琼脂糖平皿扩散法和微量稀释法对其抗菌活性进行分析,以期实现 NK-lysin-2 在毕赤酵母中的成功表达,为抗菌肽在防治鱼类疾病方面的应用奠定基础。

一、材料与方法

(一)主要仪器设备

超净工作台(SW-CJ-2D):苏州净化公司;

PCR 扩增仪(Mastercycler pro):德国艾本德有限公司;

台式高速冷冻离心机(5430R):德国艾本德有限公司;

恒温培养振荡器(ZWY-240):上海智诚分析仪器制造有限公司;

冰箱(BCD-252KU):河南新飞电器有限公司;

凝胶成像系统(JYO4S-3C):北京君意东方电泳设备有限公司;

伯乐电泳仪(Mini):美国伯乐有限公司;

电子天平(CP224C):奥豪斯仪器(上海)有限公司。

(二)主要试剂

质粒小量提取试剂盒(DP103-02,O3128 天根),DNA 纯化回收试剂盒(北京艾德莱生物科技有限公司),Ni-NTA His Bind 树脂,引物 ExNkl2-F 和 ExNkl2-R,限制性内切酶,T_4 DNA 连接酶,Taq 酶,GS115 菌株,漂洗缓冲液(50 mmol/L NaH_2PO_4、300 mmol/L

NaCl、50 mmol/L 咪唑，pH 8.0），洗脱缓冲液（50 mmol/L NaH_2PO_4、300 mmol/L NaCl、200 mmol/L 咪唑，pH 8.0）。

（三）实验材料

鲤购置于驻马店市天龙市场，体重 500～700 g，将鱼充氧打包后带回实验室暂养，待其适应环境后开始取样。金黄色葡萄球菌 CICC10384、嗜水气单胞菌 AH-1、大肠杆菌 M15、爱德华菌 PPD130/91。YPD 培养基（酵母粉 1%，胰蛋白胨 2%，葡萄糖 2%），MD 培养基（13.4 g/L 酵母基本氮源；0.4 mg/L 生物素；20 g/L 葡萄糖），BMMY 培养基（酵母粉 1%，蛋白胨 2%，磷酸钾缓冲溶液）。

（四）实验方法

1. 真核重组载体 pPICK-Nkl2 的构建

根据鲤成熟肽序列设计 NK-lysin-2 片段的真核表达扩增的特异性引物 ExNkl2-F 和 ExNkl2-R，并通过引物在 NK-lysin-2 的 5′端和 3′端分别添加 *Eco*R Ⅰ和 *Not* Ⅰ酶切位点，并且在 5′端添加 6×His 标签以及 α-因子信号序列以便于后续的纯化。PCR 进行目的片段的扩增（PCR 条件：94 ℃预变性 5 min；94 ℃ 变性 30 s，60 ℃退火 30 s，72 ℃ 延伸 2 min，进行 35 个循环；72 ℃终延伸 10 min），PCR 产物经加 EB 的 1.5% 琼脂糖电泳检测凝胶成像系统观察，用专用切胶刀切去目的片段并用胶回收试剂盒回收，将产物和 pPIC9K 酵母表达载体分别用 *Eco*R Ⅰ和 *Not* Ⅰ双酶切，试剂盒回收纯化，T4 Ligase 连接过夜，将构建的真核表达载体命名为 pPIC9K-Nkl2，转化至 Top10 感受态细胞中，将菌液涂布在低盐浓度（<90 mmol/L，pH 值为 7.5）的 LB 固体培养基（10 g 胰蛋白胨、5 g 氯化钠、5 g 酵母抽提物）上进行培养，挑取阳性克隆通过 α-因子引物测序鉴定重组表达载体 pPIC9K-Nkl2。

2. 重组载体的转化及鉴定

用灭菌过的牙签挑取阳性克隆酵母单菌落并接种于装有 10 mL YPD 培养基的 60 mL 摇瓶中，30 ℃、280 r/min 培养 12 h；瓶中培养物摇匀取 200 μL 接种到含有 50 mL 的 200 mL 摇瓶中，在培养 12 h 用紫外分光光度计测得 OD_{600} = 1.5 即可；将 50 mL 菌液倒入 2 个 25 mL 离心管中，离心 10 min，先用无菌水清洗沉淀菌体，随后加入 10 mL 1 mol/L 山梨醇溶液重悬菌体，各取出 1 mL 备用；用质粒提取盒提取质粒 DNA，将经 Sac Ⅰ处理的 10 μL 线性化 DNA 与 80 μL 的毕赤酵母 GS115 感受态细胞混匀，加入 0.1 cm 冰预冷的电转化杯中，注意擦干外表面，防止电火花放入电转化仪的反应槽内，接上电源，1.8 kV、25 μF、200 Ω 电击 5 ms，在听到蜂鸣声后，向电击杯中加入 1 mL 1 mol/L 的冰预冷的山梨醇溶液，将混合液洗出转至 1.5 mL 离心管中，置于 30 ℃摇床低速培养复苏 1 h 使其充分表达抗性；将菌体悬液涂布于 MD 平板上，每个平板取 200 μL 即可，倒置于 30 ℃恒温培养箱中孵育至有单菌落产生。挑取单个菌落用 PCR 的方法鉴定重组子。

3. 重组体 pPIC9K-Nkl2 的诱导表达及 SDS-PAGE 分析

挑取形态良好的单个克隆（高拷贝，甲醇利用快速且 PCR 鉴定合格），接种到 25 mL

BMGY 的 250 mL 摇瓶中，30 ℃，280 r/min 在摇床中培养到 $OD_{600}=6$；转移到 25 mL 离心管中，在离心机中以室温 3 000*g* 离心 5 min，收集细胞沉淀并倒掉上清，沉淀再一次悬于 BMMY 培养基中并调整 $OD_{600}=1.0$ 左右；在将上述培养物加入 1 L 摇瓶中，瓶口用锡箔纸封上，放在振荡培养箱中继续生长；每隔 24 h 向培养基中添加 100% 甲醇至终浓度为 0.5%，从细胞沉淀转至 BMMY 液体培养基该重组体已开始诱导表达；在下列时间点 0，6，12，24，36，48，60，72，84，96 h，各取出 1 mL 培养样品，室温用水平离心机 16 000*g* 离心 2 min；分泌表达时，将部分上清转移至单独管中，将未用到的上清及沉淀于-80 ℃冰箱中保存一直到开始检测。用 SDS-PAGE 及 Western blot 分析不同时间的样品来确定甲醇诱导后收集细胞的最佳时间以及不同时间表达水平的高低，也可为以后大量生产该融合蛋白减少不必要的步骤。

4. 重组体 NK-lysin-2 的分离纯化及 Western-blot 鉴定

重组体 NK-lysin-2 的 5′带有 6×His 标签，因而可用镍亲和层析的方法纯化目的蛋白。从冰箱里取出上清，用滤膜进行过滤浓缩，加入结合缓冲液充分结合开始上柱结合到含镍的树脂上，整个过程在 4 ℃条件下进行。采用由低到高的咪唑浓度梯度洗脱树脂，即可获得重组蛋白，低浓度的咪唑可将与树脂非特异性结合的杂蛋白漂洗下来，并不影响重组蛋白与树脂的结合，再用较高浓度的咪唑洗脱重组蛋白，本研究用 10 mmol/L 和 20 mmol/L 咪唑浓度漂洗杂蛋白，随后用 40 mmol/L 和 60 mmol/L 咪唑洗脱目的蛋白。控制流速为 1 mL/min，收集各洗脱峰，SDS-PAGE（15%分离胶）分析其纯度，也可用蛋白质检测试剂盒（Bio-Rad）测定融合蛋白样品浓度。以确定纯化的蛋白是目的融合蛋白。并用考马斯亮蓝染色。电泳后的凝胶用于 Western-blot 分析。转膜条件为 100 V 恒压 1 h，PVDF 按次序用抗 His 标签鼠单克隆抗体和 HRP 标记山羊抗鼠 IgG 孵育，最后再用 HRP-DAB 显色试剂盒显色。

5. 重组体 NK-lysin-2 的抗菌活性分析

（1）琼脂糖平皿扩散法检测。通过琼脂糖平皿扩散法检测鲤 NK-lysin-2 对 G^+ 细菌（金黄色葡萄球菌）和 G^- 细菌（嗜水气单胞菌、大肠杆菌、爱德华菌）的抗菌能力。具体操作如下：制作抑菌平板，将培养的新鲜菌液离心并用 PBS 稀释，使用分光光度计测得 OD_{600} 为 0.2 即可，取 100 μL 菌液加入经高压灭菌，并冷却至 42 ℃的含 1% 琼脂糖、30 mg TSB 的 10 mL 溶液中，快速混匀后倒入直径为 9 cm 的一次性平皿中，待琼脂糖凝固后，用孔径为 5 mm 的不锈钢打孔器打孔，每个平皿适当距离均匀打 3 个孔，分别加入抗生素样品（阳性对照）、PBS（阴性对照）、pPIC9K-Nkl2 重组蛋白各 20 μg，根据不同的细菌选择不同的抗生素，氨苄青霉素作用于大肠杆菌和金黄色葡萄球菌，诺氟沙星作用于嗜水气单胞菌、卡那霉素作用于爱德华菌。金黄色葡萄球菌和大肠杆菌置于 37 ℃、嗜水气单胞菌和爱德华菌置于 28 ℃恒温培养箱中，培养 12 h 作用出现明显抑菌圈时，加入考马斯亮蓝 R-250 染液，置于 4 ℃冰箱中，染色 24 h，观察抑菌效果，待琼脂糖凝胶干燥后拍照。

（2）微量稀释法检测。过夜培养的上述 4 种细菌离心收集菌体并用 PBS（pH 7.2）清洗几遍再悬浮于新鲜的培养基中至终浓度为 5×10^5 CFU/mL，取 50 μL 加入 96 孔板中。

纯化的 NK-lysin-2 用 PBS 进行 2 倍梯度稀释控制最终浓度依次为 150、75、37.5、18.75、9.38、4.69 μg/mL，放入 37 ℃培养 10 h 后，测定 OD_{600} 的吸光值，计算细菌的成活率用来评价抗菌肽的抑菌效果。

二、结果与分析

1. 筛选和鉴定高拷贝转化子

随机选取一些形态大小良好的转化子（图 4-12）提取其基因组 DNA 作为扩增模板，以载体的通用引物（醇氧化酶基因 AOX）和目的片段引物分别进行 PCR 扩增。图 4-13 显示有两条清晰的条带，一条为毕赤酵母存在 AOX 自身的引物结合位点（约 2 000 bp），另一条为重组质粒上 AOX 基因扩增条带（约 800 bp），图 4-14 显示为目的基因片段大小（318 bp）。随机挑选 3 个检测为阳性的菌液进行下一步诱导表达。

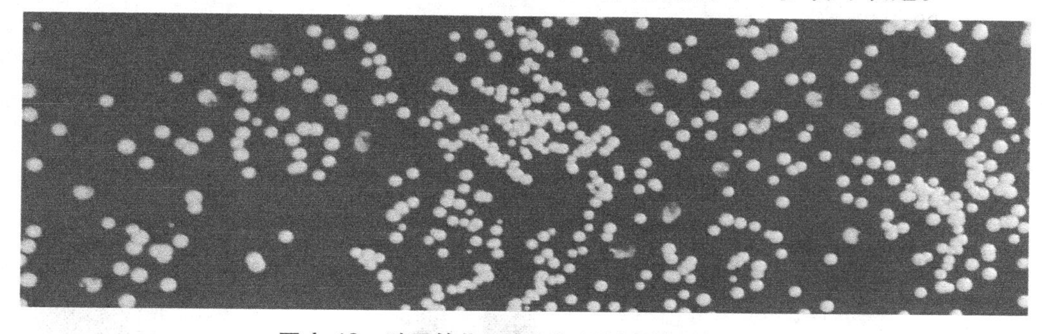

图 4-12　酵母转化子在 MD 平板上的生长情况

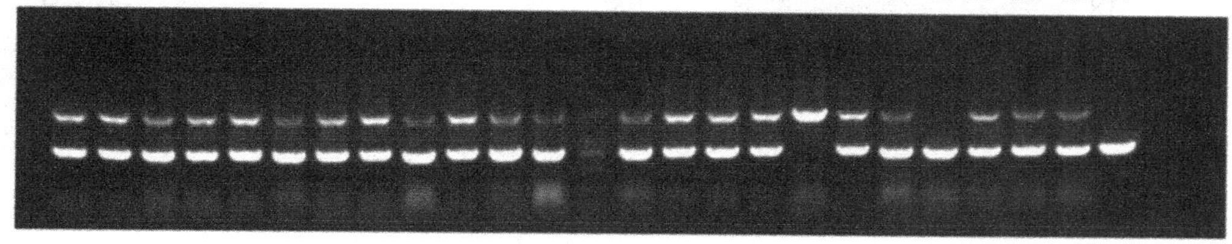

图 4-13　酵母转化子的 PCR 检测结果（引物：AOX1 5′+AOX1 3′）

M：DL2000（自上而下：2 000、1 000、750、500、250、100 bp）；lane1-24：不同克隆。

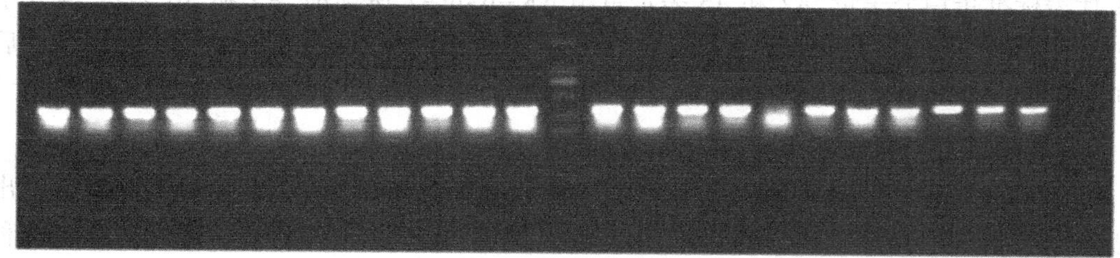

图 4-14　酵母转化子的 PCR 检测结果（引物：基因内部特异性引物）

M：DL2000；lane1-24：不同克隆。

2. 重组体 NK-lysin-2 酵母表达重组质粒的构建、重组蛋白的表达

鲤 NK-lysin-2 成熟肽与酵母表达载体 pPIC9K 整合在一起构建重组质粒，转入宿主菌 GS115，终浓度为 0.5% 甲醇诱导表达，发酵液上清经 15% SDS-PAGE 检测获得约 20 kDa 的重组蛋白，通过 Ni-NTA 树脂纯化，蛋白纯度约为 80%，浓度为 300 μg/mL。经 Western blot 检测（图 4-15），因 His 单抗能够识别该蛋白，提示该蛋白为预期的 NK-lysin-2 蛋白。重组蛋白大小比预期的蛋白分子量（13 kDa）大一些，可能是因为重组蛋白经过了糖基化修饰。

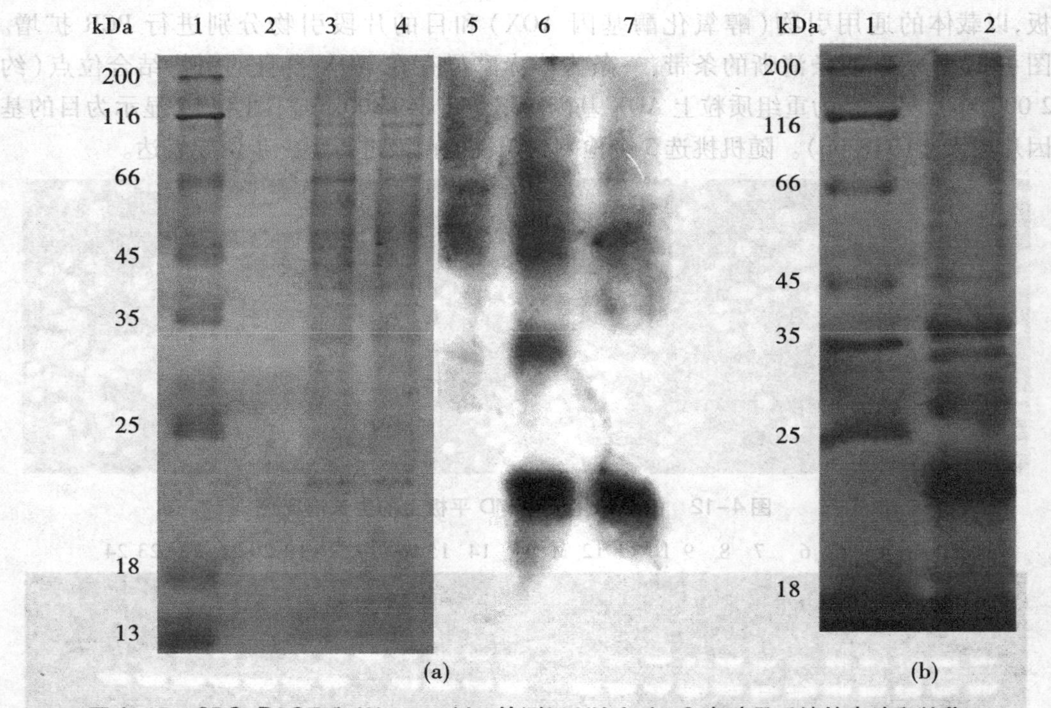

图 4-15　SDS-PAGE 和 Western blot 检测鲤 NK-lysin-2 在酵母系统的表达和纯化

图 4-15（a）所示为 SDS-PAGE 电泳以及抗 His 单克隆抗体的免疫印迹对重组 NK-lysin-2 的表达鉴定。图 4-15（b）所示为纯化后的重组 NK-lysin-2 的电泳分析。A1 和 B1 代表标准蛋白分子量，A2 和 A5 表示重组 NK-lysin-2 诱导前，A3 和 A6 表示 24 h 甲醇诱导的重组蛋白条带，A4 和 A7 表示 48 h 甲醇诱导的重组蛋白条带。B2 表示纯化后的重组 NK-lysin-2 条带。

3. 重组体 NK-lysin-2 的抗菌活性分析

琼脂糖平皿扩散法的结果显示：阴性对照 PBS 组无抑菌活性，阳性对照抗生素组出现明显的抑菌圈，重组蛋白 NK-lysin-2 组也出现较明显的抑菌圈，表明该抗菌肽对四种细菌均具有抑菌效果（图 4-16）。

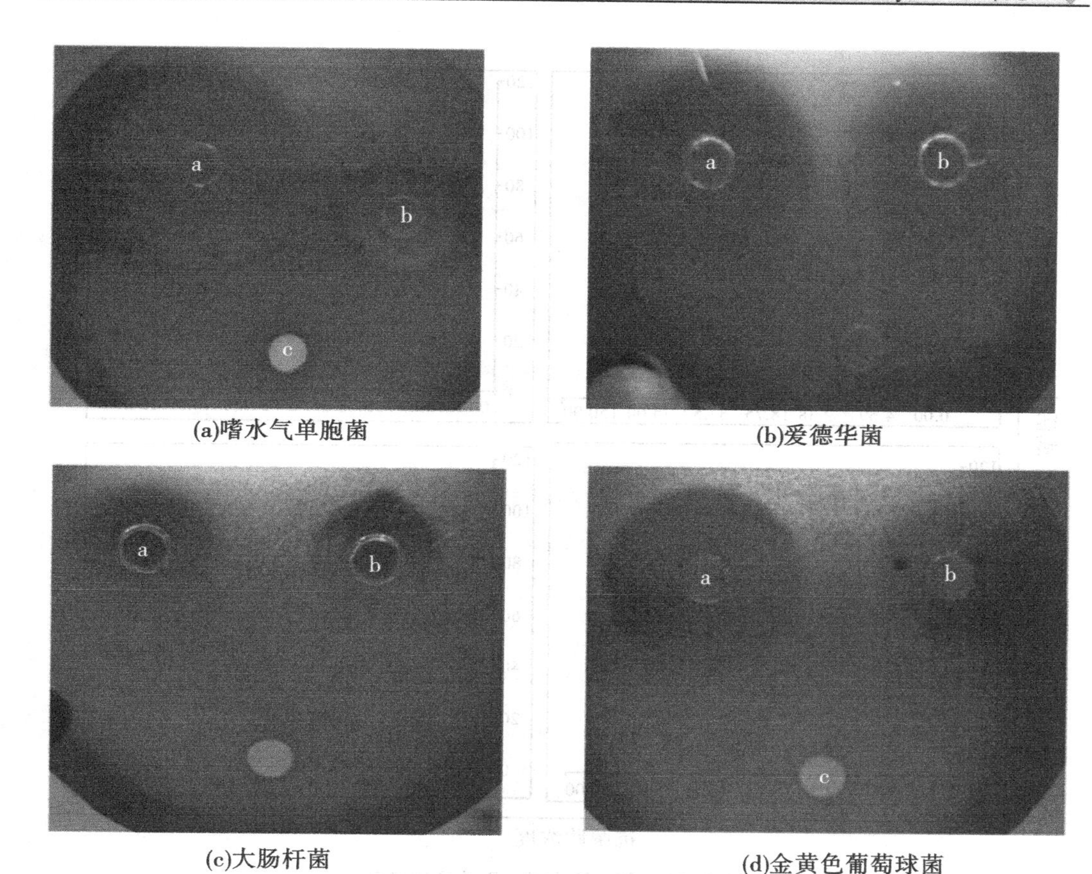

(a)嗜水气单胞菌　(b)爱德华菌

(c)大肠杆菌　(d)金黄色葡萄球菌

图 4-16　鲤 NK-lysin-2 重组蛋白的抑菌活性分析

4 个图分别为重组蛋白 NK-lysin-2 对不同菌的抑菌活性分析。a：阳性对照，所加样品为抗生素，嗜水气单胞菌为诺氟沙星，大肠杆菌 M15 和金黄色葡萄球菌为氨苄青霉素，爱德华菌为卡那霉素；b：重组蛋白；c：PBS。

不同浓度的鲤 NK-lysin-2 蛋白对细菌生长抑制试验的结果显示：鲤 NK-lysin-2 对嗜水气单胞菌的抑菌效果最好，其次为金黄色葡萄球菌，对爱德华菌和大肠杆菌 M15 的抑菌能力相似。在蛋白浓度高于 150 μg/mL 时，四种细菌的成活率均在 22% 以下（图 4-17）。

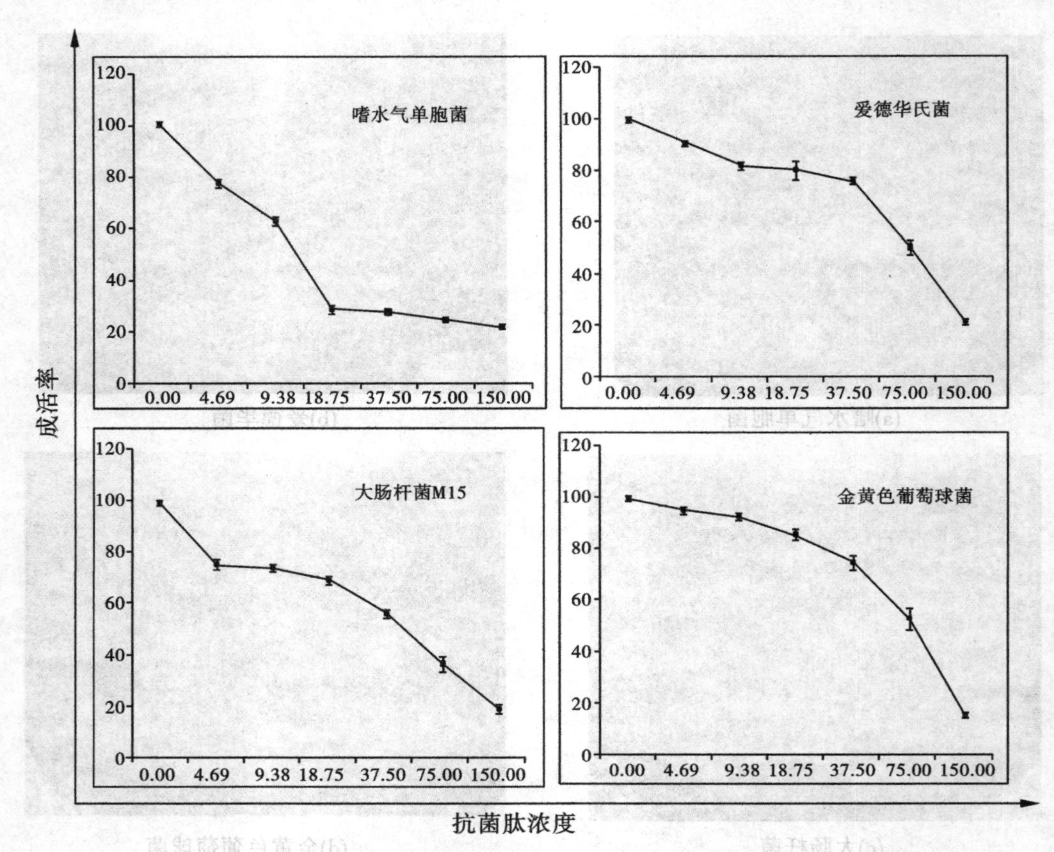

图 4-17　鲤 NK-lysin-2 的抑菌实验

三、讨论

NK-lysin 是一种阳离子抗菌肽，具有多种生物学功能，研究者尝试采用多种方法获得其重组蛋白。在各种表达系统中，最早被采用进行研究的是原核表达系统，这也是目前掌握最为成熟的表达系统，但随着更多新基因的发现，采用原核表达系统却未能生产出的目的蛋白或目的蛋白以包涵体形式表达，陶妍实验室利用斑点叉尾鮰 NK-lysin type1 的成熟肽 mNK-lysin 为研究对象，将其导入原核表达系统，但由于原核表达的存在的各种缺陷，并没有得到理想的结果。为了研究鲤 NK-lysin 的生物学功能，前期实验采用原核表达系统，但是并没有获得可溶性的重组蛋白。

为了解决上述存在的不足，许多学者将真核基因调控领域融入原核基因调控系统，现在随着科技的发展以及进步，真核表达系统逐渐成熟，很多不能在原核细胞中表达的重组蛋白可以在真核细胞中表达。真核表达载体系统实现 mNK-lysin 在毕赤酵母中的表达，然而通常出现表达量偏低的现象，推断可能与密码子有关，部赵伟根据毕赤酵母细胞具有的密码子偏好性对葡萄糖氧化酶基因进行修改优化后，其在毕赤酵母 GS115 中的蛋白表达量大概提高 2.5 倍。刘朔等通过对纳豆激酶成熟肽基因的密码子进行修改优化后，使其在毕赤酵母细胞 X-33 中的蛋白表达量提高 3.5 倍。鉴于此，我们首先对鲤 NK-lysin 的密码子进行分析，根据酵母对密码子的偏爱性对基因进行改造，设计表达引物，构建 pPICK-Nkl2 真核重组表达系统，融合蛋白以可溶形式表达，表达量较高。

在哺乳动物中，利用 NK-lysin 构建特异性的表达载体所产生的融合蛋白具有不同程度的抑菌活性，例如猪 NK-lysin 抗菌肽在一定程度上可杀灭细菌、真菌，原生动物等；鸡 NK-lysin 抗菌肽可抑制肿瘤细胞以及寄生虫。在鱼类 NK-lysin 的研究中，主要采用化学合成的方法获得 NK-lysin，对其抑菌活性进行了检测，牙鲆 NK-lysin 仅对 G^- 如肺炎克雷伯菌、铜绿假单胞菌、大肠杆菌等有杀灭作用；半滑舌鳎 NKLP27 多肽能够杀灭金黄色葡萄球菌、哈氏弧菌、海豚链球菌等。本研究的鲤 NK-lysin 能够抑制 G^+ 菌如金黄色葡萄球菌和 G^- 菌如大肠杆菌、嗜水气单胞菌、爱德华菌，其中后两者是对鱼类产生较大危害的病原菌，可见该抗菌肽有望用于鱼类抗菌药物的研发，为鱼类细菌性疾病的防治开辟新的途径。同时也有望用于其他疾病的防治。

四、小结

（1）发酵液上清经 15% SDS-PAGE 检测获得约 21 kDa 的重组蛋白，通过 Ni-NTA 树脂纯化，蛋白纯度约为 80%，浓度为 300 μg/mL。

（2）鲤 NK-lysin-2 对嗜水气单胞菌的抑菌效果最好，其次为金黄色葡萄球菌，对爱德华菌和大肠杆菌 M15 的抑菌能力相似。

第五节　鲤 NK-lysin-2 蛋白的稳定性分析和对细菌形态的影响

自抗生素问世至今，抗生素给人类带来的贡献居功甚伟，不言而喻。但是，随着各种抗生素的广泛使用，同时也给人们带来了一系列的负面问题；各种抗生素的大量使用，甚至是滥用，导致了很多耐药菌株的不断出现，例如：耐万古霉素肠球菌（VER），这些耐药菌株造成了一些临床疾病的治疗难上加难；同时，药物在体内的残留对人类以及动物的健康危害越来越严重。一般而言，高效且安全的新的抗生素研制成功往往落后于耐药菌株的出现，许多国家现在已经限制了某些抗生素的使用。

抗菌肽具有独特的功能和结构，在生物体的免疫系统方面，发挥着巨大的作用，是机体免疫防线的组成部分，具有抗菌和免疫调节等特点，除此之外，其对细菌的作用机制独特，生物安全度较高，且不易诱发某些菌株的耐药性；大多数抗菌肽的特殊生物学活性已经显示了其在临床医学上良好的应用背景。

目前,对抗菌肽活性的研究已经取得了一定的进步,相关的技术也是相对比较成熟,但是对于抗菌肽的稳定性和抗菌机制的研究却相对较少;在国内外对鱼类抗菌肽抗菌机制和稳定性的研究取得了一定进展,其中在研究抗菌肽 Lc-NKlysin1a 稳定性的实验中,发现抗菌肽 Lc-NK-lysin1a 可以破坏金黄色葡萄球菌的细胞膜,使其细胞膜破裂,导致细胞内容物外溢,最终使其死亡。目前,对抗菌肽稳定性的研究主要集中在蛋白对不同酸碱、温度、盐离子以及消化酶的稳定性。对抗菌肽溶血性的研究关系到其在实际应用中生物安全性的高低,任何药物的使用及其发挥相应的作用,最基本的途径就是通过血液循环,一种抗菌肽的使用,首先保证其对生物体不产生危害,或者危害很小。目前,抗菌肽的稳定性、对细菌形态的影响和对其的影响因素的研究是抗菌肽应用研究的核心。

本实验针对抗菌肽的稳定性和对细菌形态的影响方面进行研究,对 NK-lysin-2 重组蛋白的溶血性和胃蛋白酶、胰蛋白酶水解能力的稳定性分析,以及通过电镜观察 NK-lysin-2 重组蛋白对大肠杆菌的形态的影响,以期为 NK-lysin 的抗菌机制和应用研究奠定基础。

一、材料与方法

(一)实验材料

鲤 NK-lysin-2 重组蛋白:采用酵母表达系统进行获得,His · Bind 树脂对酵母上清液进行纯化。如图 4-18 所示。

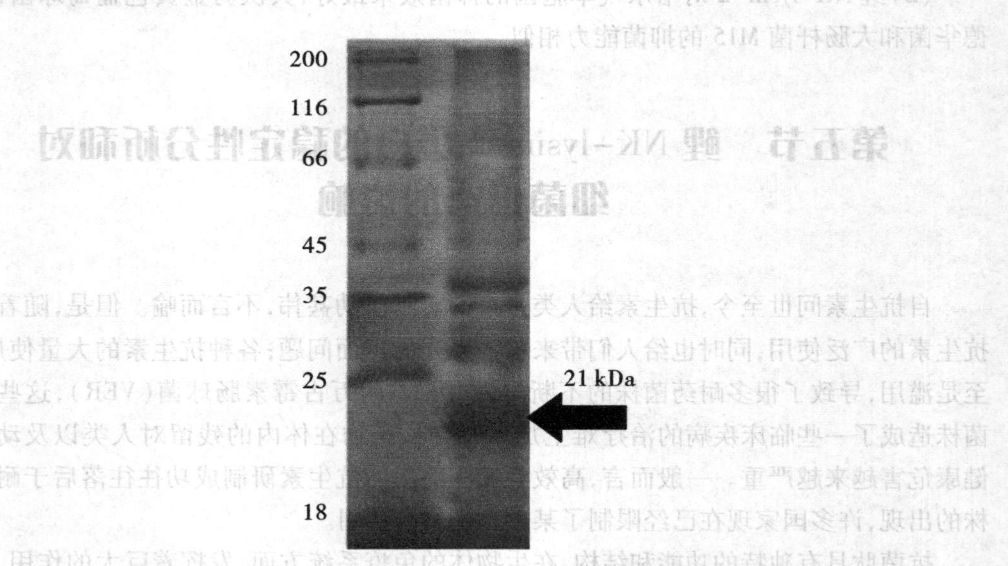

图 4-18　SDS-PAGE 检测鲤 NK-lysin-2 在酵母系统的纯化

（二）实验菌株

大肠杆菌（*Escherichia coli*，M15）。

嗜水气单胞菌（*Aeromonas hydrophila*，ATCC7966），购自中国科学院水生生物研究所。

（三）实验试剂

肝素钠（10 mg/mL）。

胰蛋白酶（北京索莱宝科技有限公司，批号为 T0601），配制方法：称取粉剂 20 mg，加入 PBS（pH 到 7.2 左右）溶解。搅拌混匀，置于 4 ℃内过夜。用 0.22 μm 微孔滤膜过滤除菌，配制成 1 mg/mL 胰蛋白酶，分装，-20 ℃保存备用。

胃蛋白酶（北京索莱宝科技有限公司，批号为 T0601），配制方法：取 1 g 胃蛋白酶，与 1.64 mL 1 mol/L 的稀盐酸和 80 mL 水混合，摇匀至胃蛋白酶溶解后，加水定容至 100 mL，胃蛋白酶溶液浓度为 1 mg/mL。

戊二醛（杭州西子卫生消毒药械有限公司，批号 021000），2.5% 戊二醛配制：将配制好的 0.2 mol/mL pH 7.2 磷酸盐缓冲液 50 mL，加入 50% 戊二醛 5 mL，然后加蒸馏水至 100 mL。

（四）实验器材

台式冷冻高速离心机（5430R）：德国艾本德有限公司；

微量移液枪（10 μL，100 μL，1 000 μL）；

生化培养箱（SPX-150B-Z）：上海博讯实业有限公司；

高压蒸汽灭菌锅：日本 Hirayama 公司；

恒温干燥箱（DHG-9070A）：上海精宏实验设备有限公司；

透射电子显微镜（JEM-1400）：日本电子株式会社；

恒温水浴锅：金坛市杰瑞尔电器有限公司；

多功能酶标仪（SynergyHT）：美国伯腾仪器有限公司；

721G 紫外可见分光光度计：上海泳电分析仪器有限公司；

电子天平（CP224C）：Ohaus 公司；

冰箱（BCD-252KU）：河南新飞电器有限公司；

恒温培养振荡器（ZWY-240）：上海智城分析仪器制造有限公司。

（五）实验方法

1. 溶血性实验

采集鲤鱼尾静脉血，加入肝素钠抗凝，用 PBS 洗 3 次后，调整红细胞浓度至 2%。PBS 稀释抗菌肽蛋白，调整使其浓度为 150、75、37.5、18.75、9.38、4.69、2.34、1.17、0.59 μg/mL，50 μL 抗菌肽蛋白与等体积红细胞悬液混匀，37 ℃下作用 1 h，离心取上清，540 nm 下测定吸光值，每个蛋白浓度梯度重复 4 次，PBS 作为阴性对照组，0.2% Triton X-100 为阳性对照组。数据处理方法：溶血率（%）= $100\times(A_{peptide}-A_{PBS})/(A_{triton}-A_{PBS})$。

2. 不同蛋白酶对鲤 NK-lysin-2 抑菌活性的影响

配制浓度为150、75 μg/mL 的 NK-lysin-2 重组蛋白，分别加入终浓度为1 mg/mL 的胰蛋白酶和胃蛋白酶溶液，在37 ℃水浴中处理1 h，50 μL 抗菌肽蛋白与等体积嗜水气单胞菌（5×10^5 CFU/mL）混合，于28 ℃下培养12 h，用酶标仪在600 nm 下分别测定其吸光值（A_1），以不加酶处理的抗菌肽为对照组（A_2），未经抗菌肽处理的菌液为空白组（A_0），将测得的数据按照公式进行计算。计算抗菌活力 $U=(A_0-A_1)/(A_0-A_2)$。

3. 鲤 NK-lysin-2 重组蛋白对大肠杆菌形态的影响

将大肠杆菌用 TSB 培养基于37 ℃培养12 h，再新鲜培养3 h，4 000 r/min 于4 ℃离心10 min，弃上清，将大肠杆菌 M15 培养至对数期时，取大肠杆菌，PBS 洗涤3次，最后 PBS 重悬至浓度为 5×10^8 CFU/mL，75 μL 大肠杆菌悬液与25 μLNK-lysin-2 蛋白混匀，28 ℃孵育半小时，接着进行离心，PBS 洗涤3次，加入100 μL 2.5%戊二醛，室温固定2 h，PBS 洗涤后，加在预先包埋的载玻片上，干燥后，透射电镜（JEM-1400）观察。

二、结果与分析

（一）鲤 NK-lysin-2 重组蛋白的稳定性分析

1. 鲤 NK-lysin-2 的溶血性分析

不同浓度的鲤 NK-lysin-2 重组蛋白与红细胞相互作用后，测定了溶液在540 nm 下的吸光值，结果显示：低浓度的 NK-lysin-2 重组蛋白（9.38 μg/mL 和4.69 μg/mL）对鲤红细胞的溶血率在10%以下，18.75～150 μg/mL NK-lysin-2 重组蛋白对鲤红细胞的溶血率均在17.5%以下（图4-19），表明该抗菌肽对红细胞的渗透性较小，可以安全使用。

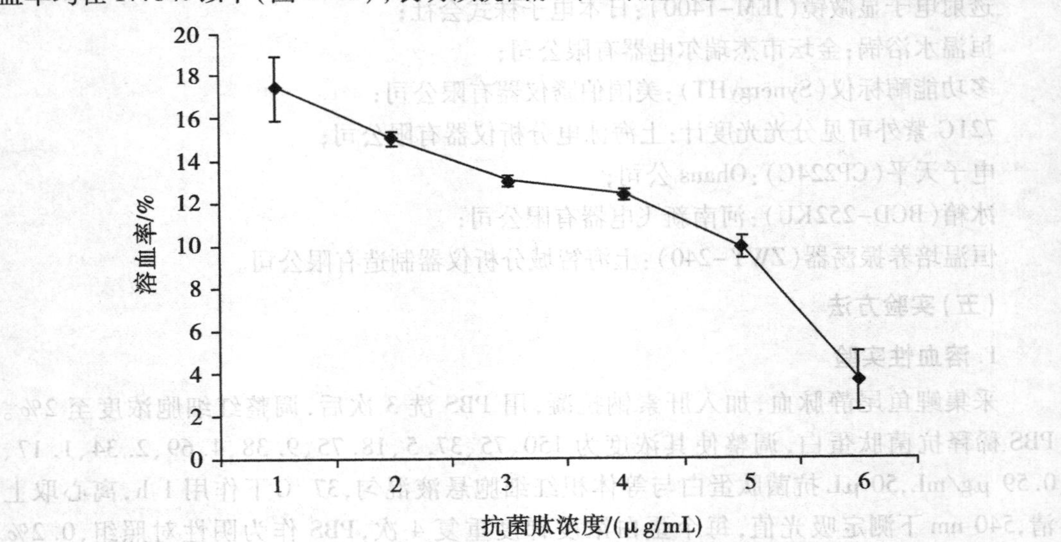

图4-19 鲤 NK-lysin-2 的溶血性实验

2. 不同蛋白酶对鲤 NK-lysin-2 抑菌活性的影响

鲤 NK-lysin-2 重组蛋白与胃蛋白酶和胰蛋白酶作用后，再与嗜水气单胞菌孵育 10 h，测定 OD_{600}（表 4-5），计算蛋白的抗菌活力，结果显示 NK-lysin-2 的抗菌活力仍保持在 100%（图 4-20），说明胃蛋白酶和胰蛋白酶对抗菌肽的活性没有影响，提示了在口服抗菌肽之后，不会被鱼体内的消化酶降解，可以使抗菌肽更好地发挥作用。

表 4-5　蛋白酶处理后的鲤 NK-lysin-2 与嗜水气单胞菌作用 10 h 的 OD_{600} 值

	吸光值（OD_{600}）			平均值
	1	2	3	
空白组（A_0）	0.724	0.732	0.735	0.730
Try 对照组（A_2）	0.155	0.151	0.155	0.153
Pep 对照组（A_2）	0.214	0.229	0.207	0.217
150 μg/mL Try 处理组（A_1）	0.15	0.128	0.13	0.136
75 μg/mL Try 处理组（A_1）	0.151	0.146	0.157	0.151
150 μg/mL Pep 处理组（A_1）	0.157	0.153	0.156	0.155
75 μg/mL Pep 处理组（A_1）	0.164	0.164	0.164	0.164

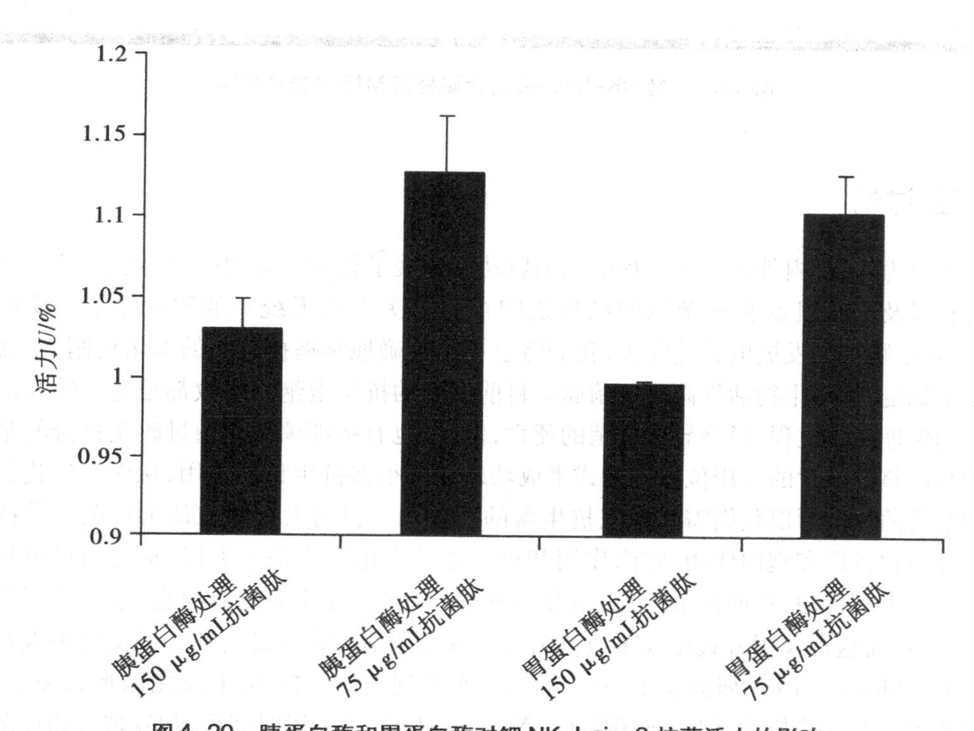

图 4-20　胰蛋白酶和胃蛋白酶对鲤 NK-lysin-2 抗菌活力的影响

(二)鲤 NK-lysin-2 重组蛋白对细菌形态的影响

鲤 NK-lysin-2 与大肠杆菌 M15 孵育一段时间后，电镜观察了细菌形态的变化，如图 4-21 所示，PBS 对照组的形状完整，外膜清晰可见。鲤 NK-lysin-2 蛋白处理组大肠杆菌的细胞膜破裂，形态不完整，菌体内部介质弥散，内容物流出，细胞的基本结构受到破坏。由此可以推测 NK-lysin-2 破坏细胞膜后，导致细菌的内部结构损伤，进而引起死亡。

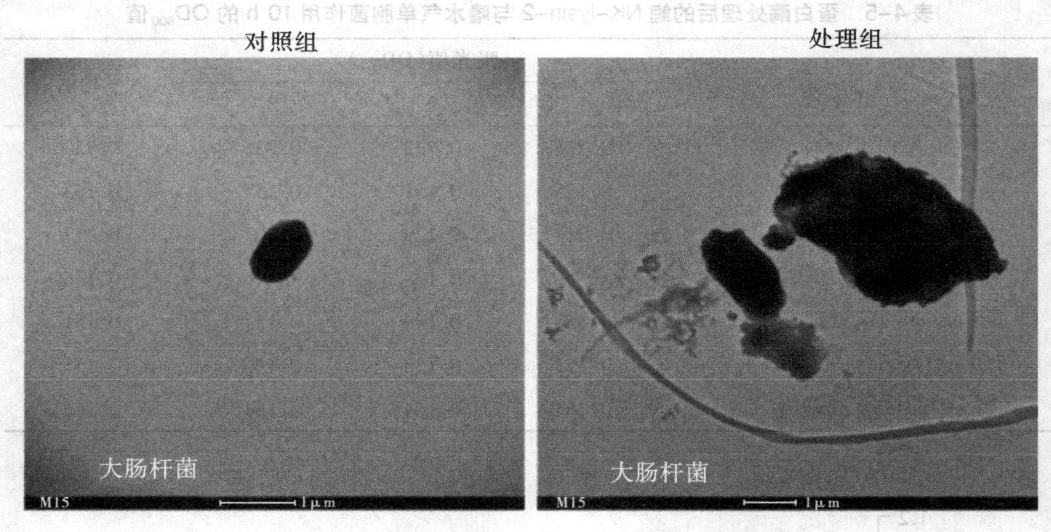

图 4-21　鲤 NK-lysin-2 对大肠杆菌 M15 形态的影响

三、讨论

至今为止，国内外针对已发现的抗菌肽功能开展了较为丰富的研究，但是，其抗菌作用机制以及作用机制和抗菌肽的结构之间存在的关系尚无统一的理论体系。我们相信，随着生物技术发展的日趋完善，我们将会更加准确地掌握抗菌肽的作用机制，从而获得更多稳定性好、生物活性高的抗菌肽。目前发现的抗生素绝大多数都是通过破坏细菌相应的生理代谢过程，最终导致细菌的死亡，但是，也有些细菌可以通过改变自身的基因结构和调整抗生素的作用位点等方式来成功地避开很多抗生素的作用，从而产生我们所说的耐药菌株。所以我们需要寻找抗生素的代替品。目前大多数人认为抗菌肽发挥的作用分为膜作用和胞内作用，胞内作用和抗生素的作用方式基本类似，都是通过破坏细菌正常的生理代谢，从而使细菌死亡；在发挥膜作用时，破坏细菌的细胞膜，导致细胞内容物外溢，而这种作用方式是大多数抗菌肽发挥抗菌活性的关键所在。罗文杰等人对抗菌肽 Lc-NKlysin-1a 的研究发现，对于用无菌水处理的大肠杆菌，其细菌的形态完整，且细胞几乎没有受到损伤，但用抗菌肽 Lc-NKlysin-1a 处理一段时间后，却发现大肠杆菌的形态发生了很大的改变，细胞膜破裂，细胞内容物溢出。本实验通过显微镜的观察分析发现,用鲤 NK-lysin-2 重组蛋白处理后的大肠杆菌出现了不同程度的损伤,如大肠杆菌的细胞膜破裂,形态不完整,菌体内部介质弥散,内容物流出,细胞的基本结构受到破坏,表明用鲤 NK-lysin-2 重组蛋白作用细菌后,破坏了细胞膜的完整性,产生一系列的影响。

另外,不管是人类还是动物机体内,血液循环是绝大多数的治疗药物发挥关键作用的最基础的运输途径,抗菌肽溶血性的高低,直接反映了其在生物体内实际应用的生物安全性的高低,任何药物使用的原则就是不对生物体造成危害,或者尽量降到最低。在罗文杰等人对抗菌肽 Lc-NKlysin-1a 抗菌稳定性和抗菌机制的研究中发现,不同浓度的抗菌肽 Lc-NKlysin-1a 对兔红细胞溶血率相对较低。在对抗菌肽 RP-07 的抑菌作用及其稳定性研究中,浓度不同且种类不同的消化酶,如胃蛋白酶和胰蛋白酶对抗菌肽 RP-07 影响差别不大,在整体上基本保持了抗菌肽的稳定性。

本实验研究发现,鲤抗菌肽 NK-lysin-2 对红细胞的渗透性较小,可以安全使用,可以推测,抗菌肽在以后的实际应用中,能够有效防治鱼类的细菌性疾病,不会产生副作用,以及不同的消化酶对该抗菌肽的影响不大。

四、小结

通过本实验对鲤 NK-lysin-2 重组蛋白的稳定性和对大肠杆菌的结构影响的研究与分析发现:

(1)胃蛋白酶和胰蛋白酶对抗菌肽的活性影响很小,甚至没有影响,可以安全使用;可以推测实际应用中,在口服抗菌肽之后,不会被鱼体内的消化酶降解,可以使抗菌肽更好地发挥作用。

(2)不同浓度的抗菌肽对鲤红细胞的溶血率很小,表明该抗菌肽对红细胞的渗透性很小,可以安全使用。

(3)用鲤 NK-lysin-2 重组蛋白和大肠杆菌进行孵育后,发现 NK-lysin-2 破坏大肠杆菌的细胞膜,导致细菌的内部结构损伤,进而引起死亡。

参考文献

[1]单晓枫,张洪波,郭伟生,等.乌鳢体表粘液抗菌肽 CSM14 的分离纯化及部分生物学活性研究[J].中国预防兽医学报,2010,32(3):210-213.

[2]李联泰,安贤惠,胡江,等.黄鳝皮肤黏液抗菌肽的分离纯化及其部分特性研究[J].渔业科学进展,2011,32(2):27-31.

[3]李义平,贺浪冲.血管内皮细胞膜色谱模型的建立及初步应用[J].科学通报,2007,52(4):410-415.

[4] BIRKEMO G A, LÜDERS T, ANDERSEN Ø, et al. Hipposin, a histone - derived antimicrobial peptide in Atlantic halibut (Hippoglossus hippoglossus L.)[J]. Biochilm

Biophys Acta,2003,1646:207-215.

[5] BROCAL I, FALCO A, MAS V, et al. Stable expression of bioactive recombinant pleurocidin in a fish cell line[J]. Appl Microbiol Biotechnol,2006,72:1217-1228.

[6] BURROWES O J,DIAMOND G,LEE T C. Recombinant expression of pleurocidin cDNA using the pichia pastoris expression system[J]. Journal of biomedicine and biotechnology,2005,4(2005):374-384.

[7] COLE AM, WEIS P, DIAMOND G. Isolation and characterization of pleurocidin, an antimicrobial peptide in the skin secretions of winter flounder[J]. J Biol Chem,1997,272:12008-12013.

[8] FERNANDES J M,SAINT N,KEMP G D,et al. Oncorhyncin Ⅲ: a potent antimicrobial peptide derived from the non-histone chromosomal protein H6 of rainbow trout,Oncorhynchus mykiss[J]. Biochem J,2003,373:621-628.

[9] FERNANDES J M, MOLLE G, KEMP G D, et al. Isolation and characterization of oncorhyncin Ⅱ, a histone H1-derived antimicrobial peptide from skin secretion of rainbow trout,Oncorhynchus mykiss[J]. Dev Comp Immunol,2004,28(2):127-138.

[10] LAUTH X, SHIKE H, BURNS J C, et al. Discovery and characterization of two isoform of moronecidin, a novel antimicrobial peptide from hybrid stripped bass[J]. J. Biol. Chem,2002,277:5030-5039.

[11] LI M,WANG S,ZHANG Y,et al. A combined cell membrane chromatography and online HPLC/MS method for screening compounds from screening compounds from Aconitum carmichaeli Debx acting on VEGFR-2[J]. Journal of pharmaceutical and biomedical analysis,2010,53(4):1063-1069.

[12] LÜDERS T,BIRKEMO G A,NISSEN-MEYER J,et al. Proline conformation-dependent antimicrobial activity of a proline-rich histone H1 N-terminal peptide fragment isolation from the skin mucus of Atlantic salmon[J]. Antimicrobial agents and chemotherapy,2005,49(6):2399-2406.

[13] OREN Z,SHAI Y. A class of highly potent antibacterial peptides derived from pardaxin,a pore-forming peptide isolated from Moses sole fish Pardachirus marmoratus[J]. Eur J Biochem,1996,237:303-10.

[14] PARK IY,PARK CB,KIM MS,et al. Parasin 1,an antimicrobial peptide derived from histone H2A in the catfish,Parasilurus asotus[J]. FEBS Lett,1998,437(3):258-262.

[15] SHIKE H,LAUTH X,WESTERMAN M E,et al. Bass hepcidin is a novel antimicrobial peptide induced by bacterial challenge[J]. Eur J Biochem,2002,269:2232-7.

[16] WANG G L,LI J H,ZOU P F,et al. Expression pattern,promoter activity and bactericidal property of β-defensin from the mandarin fish Siniperca chuatsi[J]. Fish and shellfish immunology,2012,33:522-531.

[17] XIAO J H, ZHANG H, NIU L Y, et al. Efficient screening of a novel antimicrobial peptide from Jatropha curcas by cell membrane affinity chromatography[J]. Journal of agricultural and food chemistry, 2011, 59, 1145-1151.

[18] XIAO J H, ZHANG H, DING S D. Thermodynamics of antimicrobial peptide JCpep8 binding to living staphylococcus aureus as pseudostationary phase in capillary electrochromatography and consequences for antimicrobial activity[J]. Journal of agricultural and food chemistry, 2012, 69, 4535-4541.

[19] 杜文娟. NK-lysin 通过 Wnt/β-catenin 信号通路抑制肝癌细胞侵袭与转移的研究[D]. 晋中:山西农业大学,2015.

[20] 王改玲,王明成,李传凤,等. 草鱼 NK-lysin 基因的克隆、原核表达与活性分析[J]. 水产学报,2017,41(10):1500-1511.

[21] XIAO Z G, SHEN J, FENG H, et al. Characterization of two thymosins as immune-related genes in common carp (Cyprinus carpio L.)[J]. Developmental and Comparative Immunology, 2015(50):29-37.

[22] NAM B H, SEO J K, LEE M J, et al. Functional analysis of Pacific oyster (Crassostreagigas) b-thymosin: Focus on antimicrobial activity[J]. Fish & Shellfish Immunology, 2015(45):167-174.

[23] MU Y N, WANG K R, AO J Q, et al. Molecular characterization and biological effects of a CXCL8 homologue in large yellow croaker (Larimichthys crocea)[J]. Fish & Shellfish Immunology, 2015(44):462-470.

[24] CHU C Q, LU X J, LI C H, et al. Molecular characterization of a CXCL8-like protein from ayu and its effect on chemotaxis of neutrophils and monocytes/macrophages[J]. Gene, 2014 (548):48-55.

[25] WU L J, WU X Z. Molecular cloning and expression analysis of a b-thymosin homologue from a gastropod abalone, Haliotis diversicolor supertexta[J]. Fish & Shellfish Immunology, 2009 (27):379-382.

[26] SHIN S H, LEE S, BAE J S, et al. Thymosin Beta4 ReguLates Cardiac Valve Formation Via Endothelial-Mesenchymal Transformation in Zebrafish Embryos[J]. Molec μLes and Cells, 2014(37):330-336.

[27] 詹柒凤. 团头鲂三个抗菌肽基因的鉴定与表达研究[D]. 武汉:华中农业大学,2017.

[28] 吴慧,陶妍. 斑点叉尾鮰 NK-lysin 成熟肽在毕赤酵母中的表达[J]. 淡水渔业,2017,47(01):78-83.

[29] 穆琳琳. 半滑舌鳎抗菌肽高产菌株的筛选及表达条件优化[D]. 青岛:中国海洋大学,2013.

[30] 巢亦成. 抗菌肽 NK-2 的分子克隆、融合表达及其抑菌活性的初步研究[D]. 扬州:扬州大学,2010.

[31]汪以真. 动物源抗菌肽的研究现状和展望[J]. 动物营养学报,2014,26(10):2934-2941.

[32]何湘鹏,林震宇,原丽红,等. 抗菌肽的现状与未来[J]. 热带医学杂志,2019,19(2):253-256.

[33]张毓霞,石戈,王日昕,等. 大弹涂鱼皮肤转录组测序及抗菌肽基因分析[J]. 生命科学研究,2018,22(01):26-35.

[34]单红,周国勤,朱银安,等. 鱼类抗菌肽的研究进展[J]. 水产养殖,2012,33(01):20-25.

[35]HOUCHINS J P,KRICEK F,CHUJOR C S N,et al. Genomic structure of NKG5,a human NK and T cell-specific activation gene[J]. Immunogenetics,1993,37(2):102-107.

[36]ANDERSSON M,GUNNE H,AGERBERTH B,et al. NK-lysin,a novel effector peptide of cytotoxic T and NK cells. Structure and cDNA cloning of the porcine form,induction by interleukin 2,antibacterial and antitumour activity[J]. The EMBO Journal,1995,14(8):1615-1625.

[37] ENDSLEY J J, FURRER J L, ENDSLEY M A, et al. Characterization of bovine homologues of granulysin and NK-lysin[J]. The Journal of Immunology,2004,173(4):2607-2614.

[38]DAVIS E G,SANG Y M,RUSH B,et al. Molecular cloning and characterization of equine NK-lysin[J]. Veterinary Immunology and Immunopathology,2005,105(1-2):163-169.

[39]KANDASAMY S,MITRA A. Characterization and expression profile of complete functional domain of granulysin/NK-lysin homologue (buffalo-lysin) gene of water buffalo (Bubalus bubalis)[J]. Veterinary Immunology and Immunopathology,2009,128(4):413-417.

[40] HONG Y H, LILLEHOJ H S, DALLOUL R A, et al. Molecular cloning and characterization of chicken NK-lysin [J]. Veterinary Immunology and Immunopathology,2006,110(3-4):339-347.

[41]WANG Q,BAO B L,WANG Y P,et al. Characterization of a NK-lysin antimicrobial peptide gene from channel catfish[J]. Fish & Shellfish Immunology,2006,20(3):419-426.

[42]张卓娜,陶妍. 斑点叉尾鮰 NK-lysin 基因的 cDNA 克隆及融合表达质粒构建[J]. 生物技术通报,2012(9):166-172.

[43] HIRONO I, KONDO H, KOYAMA T, et al. Characterization of Japanese flounder (Paralichthys olivaceus) NK-lysin, an antimicrobial peptide[J]. Fish & Shellfish Immunology,2007,22(5):567-575.

[44]PEREIRO P,VARELA M,DIAZ-ROSALES P,et al. Zebrafish NK-lysin:First insights about their cellular and functional diversification[J]. Developmental & Comparative Immunology,2015,51(1):148-159.

[45] ZHOU Q J, WANG J, LIU M, et al. Identification, expression and antibacterial activities of an antimicrobial peptide NK-lysin from a marine fish Larimichthys crocea[J]. Fish & Shellfish Immunology, 2016, 55: 195-202.

[46] 詹柒凤, 丁祝进, 崔蕾, 等. 团头鲂 NK-lysin 基因鉴定和表达分析[J]. 水产学报, 2016, 40(8): 1145-1155.

[47] WANG Q, WANG Y P, XU P, et al. NK-lysin of channel catfish: Gene triplication, sequence variation, and expression analysis[J]. Molecular Immunology, 2006, 43(10): 1676-1686.

[48] CHEN J F, HUDDLESTON J, BUCKLEY R M, et al. Bovine NK-lysin: Copy number variation and functional diversification[J]. Proceedings of the National Academy of Sciences of the United States of America, 2015, 112(52): E7223-E7229.

[49] 黎迅, 刘焱, 刘伦伦. 鱼类抗菌肽研究的最新进展[J]. 中国酿造, 2016, 35(4): 15-18.

[50] 王荻, 李绍戊, 卢彤岩, 等. 鱼类抗菌肽的功能及应用前景[J]. 水产学杂志, 2012, 25(4): 65-68.

[51] 王玉堂. 鱼类抗菌肽的研究进展[J]. 中国水产, 2016(9): 82-85.

[52] KUOHAI FAN, HONGQUAN LI, ZHIRUI WANG, et al. Expression and Purification of the Recombinant Porcine NK-lysin in Pichia pastoris and Observation of Anticancer Activity in Vitro[J]. Preparative Biochemistry and Biotechnology, 2016, 46(1): 65-70.

[53] ANDERSSON M, GUNNE H, AGERBERTH B, et al. NK-lysin, structure and function of a novel effector molecule of porcine T and NK cells[J]. Veterinary Immunology and Immunopathology, 1996, 54(1-4): 123-126.

[54] ZHANG M, LONG H, SUN L. A NK-lysin from Cynoglossus semilaevis enhances anti-microbial defense against bacterial and viral pathogens[J]. Developmental & Compa-rative Immunology, 2013, 40(3-4): 258-265.

[55] 陶妍, 吴慧等. 斑点叉尾鮰 NK-lysin 成熟肽在毕赤酵母中的表达[J]. 淡水渔业, 2017, 47(1): 78-83.

[56] 郜赵伟. 葡萄糖氧化酶基因密码子优化及其在毕赤酵母中的高效表达[D]. 重庆: 西南大学, 2010.

[57] 刘朔. 纳豆激酶基因密码子优化设计与合成及在毕赤酵母中的高效表达[D]. 南京: 南京农业大学, 2007.

[58] ANDRÄ J, BERNINGHAUSEN O, WÜLFKEN J, et al. Shortened amoebapore analogs with enhanced antibacterial and cytolytic activity[J]. FEBS Letters, 1996, 385(1-2): 96-100.

[59] LEE M O, KIM E H, JANG H J, et al. Effects of a single nucleotide polymorphism in the chicken NK-lysin gene on antimicrobial activity and cytotoxicity of cancer cells[J].

Proceedings of the National Academy of Sciences of the United States of America, 2012,109(30):12087-12092.

[60]ZHANG M,LI M F,SUN L. NKLP27:a teleost NK-lysin peptide that modulates immune response,induces degradation of bacterial DNA,and inhibits bacterial and viral infection [J]. PLoS One,2014,9(9):e106543.

[61]周义文,尹一兵,涂植光,等. 家蝇抗菌肽抗菌活性及抗菌机制的初步研究[J]. 中国抗生素杂志,2004,29(5):272-274.

[62]吴琼英,茅妍. 乳源抗菌肽的抑菌活性及其影响因素[J]. 江苏科技大学学报(自然版),2010,24 (2):184-187.

[63]朱永官,欧阳纬莹,吴楠,等. 抗生素耐药性的来源与控制对策[J]. 中国科学院院刊,2015,30(4):509-516.

[64]陈琛,王新华,薄新文. 绵羊生殖道抗菌肽[J]. 生物化学与生物物理进展,2009,36 (11):1483-1489.

[65]赵洁,孙燕,李晶,等. 动物抗菌肽的抗病毒活性[J]. 医学分子生物学杂志,2008 (55):466-469.

[66]CHAN D I, PRENNER E J, VOGEL H J. Tryptophan-and argininerich antimicrobial peptides: structures and mechanisms of action [J]. Biochimica Et Biophysica Acta, 2006,1758(9):1184-1202.

[67]仲维霞,屈金辉,王洪法,等. 蛔虫抗菌肽酵母发酵产物对杜氏利什曼原虫杀伤作用的研究[J]. 国际医学寄生虫病杂志,2011,9(383):154-157.

[68]汪吴晶,高金燕,佟平,等. 抗菌肽的作用机制、应用及改良策略[J]. 动物营养学报,2017,29(11):3885-3892.

[69]谭淑樱. 鸡、鸭肠道抗菌肽的提取及部分生物学活性研究[D]. 合肥:安徽农业大学,2009.

[70]董杜,钟亨任,罗文杰,等. 海南产沼蛙皮肤 tempor-in 家族抗菌肽抗菌活性及稳定性研究[J]. 海南大学学报(自然科学版),2016,34(3):250-256.

[71]罗文杰,宋彦廷,张英霞,等. 抗菌肽 Lc-NKlysin-1a 的抗菌稳定性及其抗菌机理[J]. 海南大学学报(自然科学版),2017,35(4):345-351.

[72]杭柏林,李杰,张慧辉,等. 鸡抗菌肽 NK-lysin 的生物信息学分析[J]. 湖北畜牧兽医,2017(01上):29-31.

[73] WANG G L, WANG M C, LIU Y L, et al. Identification, expression analysis, and antibacterial activity of NK-lysin from common carp Cyprinus carpio [J]. Fish and Shellfish Immunology,2018,73:11-21.

[74]王亚平,余维维,秦梦茹,等. 抗菌肽的作用机理及应用[J]. 湖北农业学,2018,57 (5):9-13,70.

[75]王烈喜,王尔茂. 抗菌肽的作用机制及其应用研究进展[J]. 食品工程,2008(2):

30-33.

[76] 黎观红,红智敏,贾永杰,等. 抗菌肽的抗菌作用及其机制[J]. 动物营养报,2011(234):546-555.

[77] HULTMARK D, STEINER H, RASMUSON T, et al. Insect immunity: purification and properties of three inducible bactericidal proteins from hemolymph of immunized pupae of Hyalophora cecropia[J]. European Journal of Biochemistry, 1980, 106(1):7-16.

[78] 高明燕,刘爱玲,刘建军,等. 抗菌肽 RP-07 的抑菌作用及其稳定性研究[J]. 黑龙江畜牧兽医,2015(7):189-191.

第五章 草鱼抗菌肽 NK-lysin 的研究

第一节 概 述

NK-lysin 是机体自然杀伤细胞和细胞毒性 T 细胞中存在的一种被称为“颗粒溶素”的抗菌肽，与人颗粒溶素（Granulysin）属于直系同源基因。NK-lysin 是鞘脂激活蛋白样蛋白（Saposin-like protein，SAPLIP）家族的成员，具有鞘脂激活蛋白 B（Saposin B）结构域和 6 个保守的半胱氨酸，且富含带正电荷的氨基酸。NK-lysin 具有与膜结合的能力，并能够改变细胞膜的完整性，能够杀灭细菌、病毒、寄生虫和肿瘤细胞等。

自最早的人类 granulysin 和猪 NK-lysin 发现以来，人们相继在牛（*Bos taurus*）、马（*Equus caballus*）、水牛（*Bubalus bubalis*）、鸡（*Gallus gallus*）、斑点叉尾鮰（*Ictalurus punctatus*）、牙鲆（*Paralichthys olivaceus*）、半滑舌鳎（*Cynoglossus semilaevis*）、斑马鱼、大黄鱼（*Larimichthys crocea*）、团头鲂等体内获得了 NK-lysin 的核苷酸序列全长。研究发现，NK-lysin 在多数物种的基因组上只有单个拷贝，如：人、猪、鸡、马、牙鲆、半滑舌鳎等，而在一些物种体内存在多个拷贝，斑点叉尾鮰体内存在 3 个，斑马鱼染色体 17 上有 4 个，牛是哺乳动物中第一个被发现的存在 4 个拷贝的物种。大多数鱼类 NK-lysin 基因组的结构与哺乳类相似，含有 5 个外显子和 4 个内含子，最新研究发现斑马鱼的 *Dr*Nklc 和 *Dr*Nkld 基因组由 4 个外显子和 3 个内含子组成。那么，其他物种的基因组结构如何？还需要获得更多物种的 NK-lysin 才能找到答案。

尽管 NK-lysin 在多种鱼类已被发现，但是其免疫功能的研究却鲜有报道。Zhang 和 Zhou 等人分别对人工合成的半滑舌鳎 NK-lysin 的 27 个氨基酸（NKLP27）和大黄鱼的 NK-lysin 成熟肽片段的活性进行了研究，发现这两种抗菌肽片段对 G^+ 和 G^- 细菌均具有杀菌活性，并初步阐述了 NK-lysin 的抗菌机制：通过破坏细胞膜的完整性，深入细胞质内，进而导致细菌基因组降解。虽然化学合成抗菌肽与天然抗菌肽的生物活性较为一致，但化学合成由于材料成本和技术的原因，限制了抗菌肽的研制与应用。通过不断改进的基因工程表达方法获得抗菌肽，成为大量获得抗菌肽的有效途径，也是研究者普遍采用的技术。

本章通过对草鱼（*Ctenopharyngodon idella*）抗菌肽 NK-lysin 基因的克隆，探索 NK-lysin 在不同物种之间基因组结构的差异，经荧光定量 PCR 检测其在健康草鱼各组织中的表达差异，并构建原核表达载体，初步探索草鱼 NK-lysin 蛋白的免疫功能，为预防和治疗草鱼疾病开辟新的途径。

本章所列项目从发展区域经济出发，倡导安全、健康的水产养殖模式，拟以草鱼为研究对象，采用凝胶柱层析法和细胞膜色谱法筛选体表黏液的抗菌肽，通过抑菌实验选择以及质谱鉴定出一种抑菌能力强、抗菌谱广的抗菌肽，构建其真核表达载体，在鲤上皮细胞中表达重组蛋白，检测其生物活性，分析该抗菌肽蛋白对热、酸碱、离子强度、蛋白酶的稳定性，并对其抗菌的作用机制进行探索研究，本项目的顺利实施将为渔用抗菌肽药物的研制提供理论依据和技术支持。

第二节 草鱼抗菌肽 NK-lysin 的克隆和序列分析

本研究以草鱼为研究对象，克隆了草鱼抗菌肽 NK-lysin 基因序列并将其命名为 *nkla*，基因 cDNA 全长 768 bp，包含 366 bp 的开放阅读框，编码 121 个氨基酸，包含 17 个 aa 的信号肽和 104 个氨基酸的成熟肽。将该基因与草鱼基因组进行同源搜索，并通过 PCR 验证获得另外 2 个 NK-lysins，命名为 *nklb*、*nklc*，*nklb* 开放阅读框长度为 369 bp，编码 122 个氨基酸，由 17 个氨基酸的信号肽和 105 个氨基酸的成熟肽组成；*nklc* 基因 cDNA 编码区为 366 bp，编码 121 个氨基酸，由 17 个氨基酸的信号肽和 104 个氨基酸的成熟肽组成。每种 NK-lysin 都具有 SapB 结构域和 6 个半胱氨酸。草鱼与其他鱼类 NK-lysin 基因进行同源性比对，所有 NK-lysin 基因均含有 6 个保守的半胱氨酸位点。构建系统进化树结果表明，草鱼 CiNkl 与斑马鱼 DrNklc 和 DrNkld 同源性最高并聚类在一起。通过荧光定量 PCR 检测到 NK-lysin 基因在草鱼的免疫组织中表达量最高。草鱼抗菌肽 NK-lysin 基因的克隆和组织表达分析为进一步分析 NK-lysin 基因的免疫功能，以及为抗菌肽的应用提供更加有力的科学依据。

草鱼是我国重要的淡水养殖鱼类，近年来随着养殖规模不断扩大，水体环境恶化和抗生素的滥用，导致水产养殖陷入了恶性循环。抗菌肽是机体先天免疫系统的重要效应分子，因其具有广谱高效抗菌活性、细胞选择性及不易产生耐药性等特点，一直被人们认为是抗生素的理想替代品。

NK-lysin 是机体自然杀伤细胞（NK）和毒性 T 细胞（CTL）中存在的一种被称为"颗粒溶素"的抗菌肽，在机体天然免疫和获得性免疫中发挥了重要作用。研究表明，自然杀伤细胞（NK）和毒性 T 细胞（CTL）在机体免疫防御系统中与中性粒细胞、巨噬细胞一起发挥着至关重要的作用。在病原物的刺激下，这些细胞会释放一些溶细胞颗粒作用于靶细胞，而溶细胞颗粒包含了多种蛋白，它们通过干扰靶细胞膜而导致细胞凋亡，以达到抵御病原菌的作用。

1987 年，Jongstra 等从人的 T 淋巴细胞中确定一种基因；2000 年，Krensky 根据该基因位于 NK 和 CTL,将其命名为 granulysin(GNLY,颗粒溶素),该基因编码的多肽对细菌、真菌、原生动物、寄生虫等具有广泛的抗性。随后,从猪的肠道组织中分离到与人的 GNLY 具有相似结构和抗菌特性的抗菌肽,并命名为 NK-lysin(NKL)。此后,也有从牛及其他生物中分离到类似基因的报道。随着研究的深入,关于鱼类 NK-lysin 的研究已有报道,在斑马鱼、斑点叉尾鮰、褐芽鲆、大菱鲆、盐湖鲑鱼等鱼类中已成功分离 NK-lysin 基因,对其功能的研究还处于起步阶段。

本研究通过对草鱼抗菌肽 NK-lysin 基因的克隆,获得基因片段,与已知鱼类 NK-lysin 进行基因比对,进行初步的生物信息学分析。

一、材料与方法

(一)主要仪器设备

超净工作台(SW-CJ-2D):苏州净化公司;

超微量紫外可见分光光度计(BD-500):上海元析公司;

PCR 扩增仪(Mastercycler pro):德国艾本德有限公司;

荧光定量 PCR 仪(Light Cycler® 96):瑞士罗氏公司;

台式冷冻高速离心机(5430R):德国艾本德有限公司;

恒温培养振荡器(ZWY-240):上海智城分析仪器制造有限公司;

冰箱(BCD-252KU):河南新飞电器有限公司;

凝胶成像系统(JYO4S-3C):北京君意东方电泳设备有限公司;

伯乐电泳仪(Mini):美国伯乐有限公司;

恒温培养振荡器(ZWY-240):上海智城分析仪器制造有限公司;

电子天平(CP224C):奥豪斯仪器(上海)有限公司制造。

(二)主要试剂

RNAiso Plus、cDNA 第一链合成试剂盒、SMARTer RACE 5'/3'Kit、Ex Taq 酶、pMD18-T、PrimerScriptTM RT reagent Kit with gDNA Eraser、SYBR Premix Ex TaqTM(Tli RNaseH Plus)购自 TaRaKa。

质粒小量提取试剂盒,DNA 纯化回收试剂盒购自 Omega;引物由 Sangon 合成。

LB 培养液:称取 10 g 胰蛋白胨,5 g 酵母提取物,10 g 氯化钠,充分溶解于 950 mL 去离子水,用 10 mol/L NaOH 溶液调节酸碱度至 pH 7.0,定容至 1 L,分装后,高压蒸汽灭菌 20 min,保存于 4 ℃冰箱。使用前按实验要求加入适量抗生素母液。

DNA Maker DL2000,购自 TaKaRa。

(三)实验材料

草鱼购自驻马店市华康市场,体重 500 ~ 700 g。实验进行前,在鱼缸中暂养两周,提供合适的生长温度 25 ℃,定期更换鱼缸里的水。

(四)实验方法

1. RNA 的提取

分别取 3 尾健康草鱼的鳃、心脏、脾脏、肝脏、头肾、中肾、肠、皮肤和脑 9 个组织各 100 mg,分别提取 RNA。

提取方法:将组织加入 1 mL TRizol,分别用匀浆器匀浆。匀浆液静置 5 min 后,4 ℃ 12 000*g* 离心 10 min,每 1 mL TRizol 加 0.2 mL 氯仿,剧烈振荡 15 s 室温放置 3 min 后,4 ℃ 12 000*g* 离心 15 min 后转移上层水相至新的离心管中,加入 0.5 mL 异丙醇沉淀 RNA。室温放置 10 min 后,4 ℃ 12 000*g* 离心 10 min,小心移去上清,沉淀加 1 mL 75% 乙醇洗涤,4 ℃ 7 500*g* 离心 5 min,弃上清。室温干燥 RNA 沉淀,打开离心管盖,倒扣于干净滤纸上,管壁无水珠时,加 DEPC 水溶解 RNA。放入−80 ℃超低温冰箱中备用。所得 RNA 样品通过紫外分光光度计测量 RNA 的浓度,通过电泳检测 RNA 的质量。

2. cDNA 第一链的合成(用于扩增 cDNA 中间片段和 3′-RACE 扩增)

取 2 μg RNA(脾脏),在终体积为 20 μL 的反应体系中加入引物(参照表 5-1) 1 μL,加 DEPC 水补足至 13 μL,70 ℃ 5 min 后迅速置于冰上;加入 5×第一链反应缓冲液 4 μL,Ribonuclease Inhibitor(40 U/μL) 1 μL,dNTP(10 mmol/L) 1 μL,短暂离心,25 ℃、5 min 后迅速置于冰上;加逆转录酶 1 μL,25 ℃ 10 min,42 ℃ 1 h,70 ℃ 15 min 在 PCR 扩增仪完成第一链 cDNA 的合成。

表 5-1　草鱼 NK-lysin 基因扩增所用引物

引物名称	序列(5′-3′)	用途
*Ci*NklaF	TGTGCTGGGC(G)GT(G)TGCAAGTG	扩增中间片段
*Ci*NklaR	ATCG(T)GTG(A)GTGGT(A)G(A)AGC(T)TCC(T)	扩增中间片段
*Ci*Nkla-5′RACE	TCCTGGAGATTAGGCCTTTCAC	5′RACE
*Ci*Nkla-3′RACE	CGGGCGCTGTCACATGTCTGTGATG	3′RACE
*Ci*NklbF	GTGCTGGGCTTGCAAGTGGGC	扩增中间片段
*Ci*NklbR	TATTTCTTGCAAACTCTAATGTT	扩增中间片段
*Ci*NklcF	GCTGATATCCTCAGTTTGTGCT	扩增中间片段
*Ci*NklcR	CTCCATGCCTATTACTTGCT	扩增中间片段
*Ci*Nklb-5′RACE	TCACCTTCTTCATGGCCCACTTGC	5′RACE
*Ci*Nklb-3′RACE	GCTGTCGATGGTCTGTGATGAGATCGGG	3′RACE
*Ci*Nklc-5′RACE	GAACCCGATCTCATCACAGACCAT	5′RACE
*Ci*Nklc-3′RACE	TGTCGATGGTCTGTGATGAGATCGG	3′RACE
UPM Long	CTAATACGACTCACTATAGGGCAAGCA GTGGTATCAACGCAGAGT(long)	RACE-PCR 的通用引物
UPM Short	CTAATACGACTCACTATAGGGC(short) AAGCAGTGGTATCAACGCAGAGT	RACE-PCR 的通用引物

3. SMART cDNA 第一链的合成(用于 5′-RACE 扩增)

取总 RNA 2 μg,在终体积为 20 μL 的反应体系中加入两种引物(参照表 5-1)各 1 μL,加水补足至 11 μL,65 ℃保温 5 min 后,置冰上速冷 2 min;然后加入 5×第一链反应缓冲液 4 μL、DTT(20 mmol/L)2 μL、dNTP(10 mmol/L)1 μL、Ribonuclease Inhibitor(40 U/μL)1 μL 和逆转录酶 1 μL,42 ℃ 1 h,70 ℃ 15 min 在 PCR 扩增仪完成第一链 cDNA 的合成。

4. RACE PCR 方法扩增草鱼 NK-lysin 基因 cDNA 全长

根据斑马鱼获得的 NK-lysin 基因序列,设计保守区域引物,扩增到特异性片段并测序验证后,应用 Primer Premier 5.0 软件设计巢式引物,引物 T_m>64 ℃。RACE 共进行两轮 PCR 反应。

以 SMART cDNA 为模板,使用基因特异引物和通用引物 UPM 进行第一轮扩增。

反应体系为:10×Taq buffer 2.5 μL,dNTP mixture 2.5 μL,模板 1 μL,引物 1 μL,Taq 酶(5 U/μL)0.25 μL,补水至终体积 25 μL。

反应条件为:94 ℃ 30 s,64 ℃ 30 s,72 ℃ 1 min,运行 30 个循环;最后 72 ℃ 延伸 10 min。

第一轮 PCR 扩增产物用无菌蒸馏水稀释 10 倍后,取 1 μL 用作第二轮扩增反应的模板。使用下游引物和 UPM 进行第二轮 PCR 反应,反应条件同上。

PCR 所得的片段均用胶回收试剂盒进行回收,方法参照说明书。电泳检测后,与 TaKaRa 公司的 pMD18-T 载体 16 ℃连接过夜后,转入大肠杆菌 M15 感受态细胞中,PCR 检测。

将回收的目的片段连接到 pMD18-T 载体中,转化大肠杆菌 $DH5_α$ 感受态细胞,经 PCR 检测,阳性克隆送测序。

RACE-PCR 扩增得到 5′和 3′端序列,与 cDNA 的核心片段拼接得到草鱼 NK-lysin 基因全长 cDNA。

5. 序列分析

使用 ExPASy 网站有关软件进行阅读框的搜索、氨基酸序列的推断。使用 NCBI 网站的 BLASTN 和 BLASTX 软件进行同源基因的搜索;草鱼和其他动物 NK-lysin 的进化关系用 MEGA7.0 软件的邻接法构建的进化树来分析。

6. 荧光定量 PCR 检测

(1)RNA 样品中 DNA 的处理。取 1 μL 溶于水的 RNA 样品,加入 99 μL DEPC 水充分混匀,在紫外分光光度计上测出 RNA 样品的浓度与纯度,取 2 μg 总 RNA 进行 DNaseI 处理。将装有反应体系的离心管短暂离心以混匀,PCR 仪上 37 ℃运行 30 min。然后向反应体系加入 1 μL 25 mmol/L EDTA,65 ℃处理 10 min,反应结束后立即置于冰上或放于 -80 ℃ 冻存。

(2)cDNA 模板的制备。取 2 μg 经 DNaseI 处理过的 RNA 样品,使用 RNA 反转录试剂盒进行反转录,方法及反应体系参照说明书,得到 cDNA 模板。

(3)荧光定量引物的检测。根据草鱼 NK-lysin 序列设计荧光定量引物,引物长度要求在 20～25 bp,产物大小在 100～250 bp 之间,引物内与引物间避免形成二聚体或发夹结构,引物和模板序列要求紧密互补,无错配。利用荧光定量 PCR 仪检测引物是否为特异性扩增,是否有引物二聚体。

(4)模板的制备。以草鱼脾脏组织 RNA 为模板,扩增内参基因 Gc-actin 和 Gc-NK 基因片段,切胶回收,纯化,连接入 pMD18-T,转入 $DH_{5\alpha}$感受态细胞,挑克隆检测,阳性克隆测序。

(5)质粒标准样品的制备。将测序正确的克隆菌株接种于 5 mL 含 Amp 的 LB 培养基,过夜培养,用质粒提取试剂盒提取质粒,方法参照说明书。

(6)实验步骤。实时荧光定量 PCR 是 Light Cycler® 96 在完成的。反应体系是:20 μL PCR 反应液包括 1 μL cDNA 模板,10 μL 2×SYBR green Real-time PCR Master Mix,正反引物各 1 μL 和 7 μL 水。反应程序:94 ℃ 10 s、56 ℃ 15 s、72 ℃ 20 s,运行 30 个循环;72 ℃延伸 5 min。实验结束后,分析实验结果,用软件绘制熔解曲线、标准曲线,保存熔解曲线。实验采取双标准曲线法,内参基因和待测样品进行不同的标准曲线同时扩增,每个样品重复 3 次。标准曲线以扩增效率 E 接近 100%,相关系数 $R^2 \geq 99\%$ 为可靠。

二、结果与分析

1. 草鱼 NK-lysin 基因的鉴定

如图 5-1 所示,草鱼 *nkla* 的 cDNA 全长 748 bp,包含 366 bp 的开放阅读框,编码 121 个氨基酸,包含 17 个氨基酸的信号肽和 104 个氨基酸的成熟肽。3′非编码区为 72 bp,5′非编码区为 310 bp(图 5-1),预测成熟肽的等电点为 5.54,理论分子量为 11.7 kDa。*nklb* 基因 cDNA 全长 1 353 bp,编码区 369 bp,编码 122 个氨基酸,由 17 个氨基酸的信号肽和 105 个氨基酸的成熟肽组成(图 5-2),预测成熟肽的等电点为 5.90,理论分子量为 12.2 kDa;*nklc* 基因 cDNA 全长 1 081 bp,编码区 366 bp,编码 121 个氨基酸,由 17 个氨基酸的信号肽和 104 个氨基酸的成熟肽组成(图 5-3),预测成熟肽的等电点为 5.88,理论分子量为 11.9 kDa。

```
agccggtggcggggggaaggcggatgtgacaaagagttttcagtcttgttgtgttcagac  60
ttttcaaataag[ATG]CTCCCGTGTATTCTTCTGGCCACCCTGCTGATATCCTCAGTTTGT  120
             M  L  P  C  I  L  L  A  T  L  L  I  S  S  V  C  16
GCTTTTGACATGGAAATGCACAGAGGAAACTTTACTGAAGATGAACTTGAACAAATCTCG  180
 A ▲F  D  M  E  M  H  R  G  N  F  T  E  D  E  L  E  Q  I  S  36
GGTGAGATGGCACCAGCCCAACAACTCCCTGGATTGTGCTGGGCTTGCAAGTGGGCCATG  240
 G  E  M  A  P  A  Q  Q  L  P  G  L  C  W  A  C  K  W  A  M  56
GGGAAGGTGAAAGGCCTAATCTCCAGAACAGCAACTCCGAGTGACATTAAACGGGCGCTG  300
 G  K  V  K  G  L  I  S  R  T  A  T  P  S  D  I  K  R  A  L  76
TCACATGTCTGTGATGAGATTGGATTCCTAAAATTCATGTGTAGGATATTTGTGAATAAG  360
 S  H  V  C  D  E  I  G  F  L  K  F  M  C  R  I  F  V  N  K  96
TATCTCGGTGTTCTGATTGAAGAACTTTCAACTACTAATGACGCAAGAACCATCTGTGTT  420
 Y  L  G  V  L  I  E  E  L  S  T  T  N  D  A  R  T  I  C  V  116
CATGTTGGTGTTTGC[TAA]taaagagcatagagtaaatggcctttctcctatgtatcgaag  480
 H  V  G  V  C  -                                             121
aaatgcaaaatgtctttttttttctttgtttttttgagtgctatctttagctggaaacgttg  540
ctgaaattcttcactatagagctaatggtgtgattattgtggttttgtatatcacactgt  600
ctgttgctacaaatgaaagcggaaatgacatgaagtttttttgcatatttgtcacatacac  660
tcagctttcactgtatgttttcctgcaataaactgctatataaatgtgtgaacaaacgaa  720
aaaaaaaaaaaaaaaaaaaaaaaaaaaa  748
```

图 5-1　草鱼 NK-lysin-a 的 cDNA 序列和推导的氨基酸序列

翻译起始密码子 ATG 和终止密码子 TAA 用方框表示，保守的 6 个半胱氨酸用阴影表示，-表示翻译终止，多聚腺苷酸加尾信号 aataaa 不稳定信号用下划线表示，信号肽切割位点用黑色小三角形表示。

```
aaacaaacaagtggagagtttcactgcgttcagactcttttgccaaacaagATGCTGCGA   60
                                                   M  L  R      3
AGTATTTTCCTGGTCACCCTGCTGATATCCTCAGTTTGTGCCTTTAACTGGGAAATGCAC  120
 S  I  F  L  V  T  L  L  I  S  S  V  C  A▲F  N  W  E  M  H     23
AAAGAAGAATTTAATGAAAATGAAATTGAAGAAAGCTCTGGTGATATACAAACAGAACAA  180
 K  E  E  F  N  E  N  E  I  E  E  S  S  G  D  I  Q  T  E  Q    43
CTCCCTGGAATGTGCTGGGCTTGCAAGTGGGCCATGAAGAAGGTGAAAAAACAGATATCC  240
 L  P  G  M  C  W  A  C  K  W  A  M  K  K  V  K  K  Q  I  S    63
AATGGAGCAACTCCGGACGACATTAAAAAGAAGCTGTCGATGGTCTGTGATGAGATCGGG  300
 N  G  A  T  P  D  D  I  K  K  K  L  S  M  V  C  D  E  I  G    83
TTCCTAAAGTCACTGTGTAGGAAGTTTGTGAACAAGTACACGGATATCCTGGTCGAAGAA  360
 F  L  K  S  L  C  R  K  F  V  N  K  Y  T  D  I  L  V  E  E   103
CTTTCAACTACTGATGATGCCAGAACCATTTGTGCTAACATTAGAGTTTGCAAGAAATAG  420
 L  S  T  T  D  D  A  R  T  I  C  A  N  I  R  V  C  K  K  -   122
gcatggagaaaagggttagttcatccaaaatgaaaatgaaaattctgtcatcaattgcac  480
acactcatgtcgttccaggcccataggactttcagtcatcttcgaaacacaaatctggga  540
gatctctgtcccttcattgaaagtcaagcatgcttgagtttccatttaccatatttgact  600
tctctgtttatatgtgaataaaagcttatatgtaatctgttcatcatataaagtgacttg  660
gattaaatcgctcaattcatatggatttcttttacaatctctttatggaagtactgacat  720
gtcacagttttgggtgagtagactttcagtgaaggggcaggaaatctctcagattttggg  780
gatgaacgaaggtcttgtgggtttgtaacgacatgagggtgagtaaaaggtgactgaatt  840
tttatttttgggtgaactaaccttttaatggcctataagatttagacacggtttcacaga  900
cagggcttagacgaagcctggattaggccgtagttcaattagggtatttaagtatctttt  960
ataaacgtactctagaaaaaaacattactggtgtgaatcttgagacaaaacaatggcact 1020
aacatatttcagttaaaaaagctcaaacatacattttagtctaggactagcttaagcctt 1080
gtccgtgaaactgagggttaaagtttaaaattcatatttctctgatacattgaagaaat 1140
taaaaaagtaatttttgtttgcttctggagtgttcactttagctgaaaaagttgatgaaa 1200
ttctgcagaatgcactaaagccaatggtgtgattattgtggttttgtatatcacaggtta 1260
ttttcgcagccggcttcagaccactgtttttgtttccacaatcaactggaaaataaatgt 1320
gtgaaaaaaaaaaaaaaaaaaaaaaaaaaaaa                             1353
```

图5-2 草鱼 NK-lysin-b 的 cDNA 序列和推导的氨基酸序列

```
aaaacgtagtgcaagcttgcatgcctgcaggtcgacgattgaacccgatctcatcacaga  60
ccatctaatacgactcactatagggcaagcagtggtatcaacgcagagtacatggggaaa  120
caaacaagtggagagtttcactgcgttcagactcttttgccaaacaagATGCTGCGAAGT  180
                                                M  L  R  S    4
ATTATCCTGGTCACCCTGCTGATATCCTCAGTTTGTGCTTTTAACTGGGAAATGCACAAA  240
 I  I  L  V  T  L  L  I  S  S  V  C  A ▲F  N  W  E  M  H  K  24
GAAGAATTTAATGAAAATGAAATTGAAGAAAGCTCTGGTGATATACAAACAGAACAACTC  300
 E  E  F  N  E  N  E  I  E  E  S  S  G  D  I  Q  T  E  Q  L  44
CCTGGAGTATGTTGGGCTTGCAAGTGGGCCATGAAGAAGGTGAAAAAACAGTTATCCAAT  360
 P  G  V  C  W  A  C  K  W  A  M  K  K  V  K  K  Q  L  S  N  64
GGATCAACTCCGGACAACATTAAAAAGAAGCTGTCGATGGTCTGTGATGAGATCGGGTTC  420
 G  S  T  P  D  N  I  K  K  K  L  S  M  V  C  D  E  I  G  F  84
CTAAAGTCACTGTGTAGGAACTTTGTGAACAAGTACACGGATACCCTGGTCGAAGAACTC  480
 L  K  S  L  C  R  N  F  V  N  K  Y  T  D  T  L  V  E  E  L  104
TCAACTTCTGATGGTGCCAGAACCATTTGTGCTAACATTAGAGTTTGCAAGTAAtaggca  540
 S  T  S  D  G  A  R  T  I  C  A  N  I  R  V  C  K  -        121
tggagaaaagggttagttcatccaaaagtgaaaattctgtcatcgattgcgcaaactcat  600
gttgttccaagcccataaaactttcgttcatcttcgaaacacaaatctgagagatctctg  660
tcccttcattgaaagtcaagcatgcttgagcttccatttaccatatttgacttctctgtt  720
tatatgtgaatgaataaaagcctatacttaatctgttcatcatataaagcgatcgtgtct  780
cttcagaagacttggattaaatcgctcaattcatatggatttcttttacaatctctttat  840
gaaaatattgacgtgtcacagttttgggtgaatagactttcaatgaagggacaggaatct  900
ctcaaaatctttaaagatgaacgagagtcttgtgggtttctaacgacatgagggtgagt   960
aaaagatgactgaattcttatttttgggtgacctaaccctttaatggcctataagattca  1020
aagtttaaaattcatatttctctgataaattgaaaaaaaaaaaaaaaaaaaaaaaaaaaa  1080
a                                                             1081
```

图 5-3　草鱼 NK-lysin-c 的 cDNA 序列和推导的氨基酸序列

翻译起始密码子 ATG 和终止密码子 TAA 用方框表示，保守的 6 个半胱氨酸用阴影表示，-表示翻译终止，多聚腺苷酸加尾信号 aataaa 不稳定信号用下划线表示，信号肽切割位点用黑色小三角形表示。

2. 草鱼 NK-lysin 和其他鱼类 NK-lysin 蛋白序列的同源性、进化关系的比较

草鱼 NK-lysin 与斑马鱼、鲤、半滑舌鳎、斑点叉尾鮰、褐芽鲆、大西洋鲑、大黄鱼等同一家族基因的氨基酸序列采用 ClustalW1.83 比对，如图 5-4 所示，所有物种的 NK-lysin 基因都含有 6 个保守的半胱氨酸（Cysteine，Cys）位点。这一特性属于大多数抗菌肽的特征之一。通过对草鱼和其他鲤科鱼类相似性比对时发现，*Ci*Nklb 和 *Ci*Nklc 表现出最高的同一性和相似性（91.8%/94.3%），其次是 *Ci*Nkla 和 *Ci*Nklb（65%/76.4%），*Ci*Nkla 和 *Ci*Nklc（61.5%/76.2%）（表 5-2）。当 *Ci*Nkls 的推导氨基酸序列与其他鱼类 NK-lysin 进行比较时，发现 *Ci*Nkla 与 *C. carpio* Nkl5（62%/75.2%）和 *D. rerio* Nkld（63.4%/74.8%）高度同源。

```
CiNkla   MLPCILLATLLISSVCAFLMEMHRGNFTEDELEQI--------SGEMAPAQQLPGLCWAC   52
CiNklb   MLRSIFLVILLISSVCAFNWEMHKEEFNENEIEES--------SGDI-QTEQLPGMCWAC   51
CiNklc   MLRSIILVTLLISSVCAFNWEMHKEEFNENEIEES--------SGDI-QTEQLPGVCWAC   51
CcNkl1   MLRNIFLVSLLVYAVCAAHWEIREVDSAEDQDEEI--------SADGMPKQQIFNKCDIC   52
CcNkl2   MTRRIVLITLLISSVCALHLEMRKEESTGNEFEES--------SGEI-ETEOLPGKCWAC   51
DrNkla   MLRNIFLVGLLIYAVSAAHWEVREVDSAEDELEET--------PNDNMVKQKFPGMCSLC   52
DrNklb   MTRNTELVSLLTYAVSAAHWEVREVDSAEDETEET--------PEDNMVKQKFPGKCTIC   52
DrNklc   MLRGIVLLTLLISSACAAHLEMHKEPFPEFDFE-G--------SGEI-PKEQLPGLCWAC   51
DrNkld   MLRGIILLTLLISSVCAVQWEMHKEQHSGIELE-G--------SGEI-PTEQLPGMCWAC   51
IpNkl1   MFWNLLVASFFIGSACAMHMEYLRVDSAEELLDGSLDSTDEDEDLAMSETOLLPGACWAC   60
IpNkl2   MFWNLLVASFFIGSACAMHMEYLRVDSAEELLDGSLDSADKDEDLPMSEIQLFPGACWAC   60
IpNkl3   MLRNLLVASFLIGAAYAVHLEYLKVDSEELL-DET-----WDEDLLMPE-EQIPGLCWIC   53
SsNkl    MKTSLVLL-ALSLLACS-VWEIQGQCREDDQEAQS-----EKC-----MEETLFGTCWVC   48
CsNkl    MNKSPILL-FCILAACS-VWSVHGKSQEMNIDDEE-----PAEVELPVEA-KPPGLCWGC   52
PoNkl    MGTSSILL-LCILVTCS-VWTVKGRCFEIEIDDQE-----PVDVEPSVEAGKLPGKCWAC   53
LcNkl    MNSSSVLF-VCILGACS-VWTVHGRNLKVNDDDQE-----GAELDISVEARKLPGLCWVC   53
         *    .:      .:                                      * *  *

CiNkla   KWAMGKVKGLISRTATPSDIKRALSHVCDEIGFLKFMCRIFVNKYLGVLIEELSTTDDAR   112
CiNklb   KWAMKKVKKQISNGATPDDIKKKLSMVCDEIGFLKSLCRKFVNKYTDILVEELSTTDDAR   111
CiNklc   KWAMKVKKQLSNGSTPDNIKKKLSMVCDEIGFLKSLCRNFVNKYTDTLVEELSTSDGAR   111
CcNkl1   KKIMKAVKKKLPPNATPDEIKEKLKNVCDKFKPVSGQCKKLVOKYLRNIIDEIMTEDGPN   112
CcNkl2   KWVMRKLKKQISNGATPDDIKTKLGMVCDEIGFLKSICRKLVNQYTDTLVEELSTTDDAR   111
DrNkla   KYVMKHVKERISADSTPDEIKNKLMNLCEKAWLLKGQCQKFVKTHLHTLIDELMTNDGVN   112
DrNklb   KYIMNQVKKRLSTKSTPDEIKNNLMNICNKAVVLKSQCKKFIQKHIHTLIDELMNDDGPN   112
DrNklc   KWAMGKLRQHISNTANKEEIKNQLAQVCDGIGFLRPLCRWFVKKYMDILTEELSTTDGPR   111
DrNkld   KWALGKVKRKISNGATQDEIKVQLSQVCDQIGFLKSLCRGFVNKYMDVLIEELSTTDNAR   111
IpNkl1   QWAMKKVKKQLGNNPTVDIIKAQLKKVCNSIGFLRGLCKKMINKYLDTLVEELSTTDDPT   120
IpNkl2   KWAMNNVKKHLGINPTVDMIKAQLAEVCNSIGFLRGLCKTIINKYLDTLVEELSTTINPT   120
IpNkl3   KRLMKKVKKHLGNHENAEKIKEKLKRGCDKLPVVKDLCKKMVNKNIDFLVEELSTDDDPK   113
SsNkl    KWALKKVKESTSTSDSQETLKQKLLSVCDKVGFLKSMCKGLMKKHLWVLIEELSTSDDVR   108
CsNkl    KWALNKVKKAMTQKETYEKVKARLIKICNKIGFLKSRCHKFVITHLDELVEELSTTDDVK   112
PoNkl    KWALNKVKRIIGRNATAESMKSKLNVICNEIGLLKSLCRKFVKTHLGELIEELTTTDDVR   113
LcNkl    KWSLNKVKKLLGRNTTAESVKEKLMRVCNEIGLLKSLCKKFVKGHLGELIEELTTSDDVR   113
         :  : :::          . . :*  *   *:     .::  *: ::       * :** . *.

CiNkla   TICVHGVC---------------------------------   121
CiNklb   TICANIRVCKK------------------------------   122
CiNklc   TICANIRVCK-------------------------------   121
CcNkl1   TICTKIHVCKSKPPIKEFIFVHDQAHDNF--------    141
CcNkl2   TICANIGVCKK------------------------------   122
DrNkla   TICAKALVCKFGPPRKEFNFIHDRAVNENEKM-----    144
Drnklb   TICTKVHACKSEPPIKEFIFIHEQAYSKL--------    141
DrNklc   TICSHLHVC--------------------------------   119
DrNkld   TICANISVCKK------------------------------   121
IpNkl1   TICGNLGICKSLSMLE-LFQA-----------------   140
IpNkl2   TICVNIGIC--------------------------------   129
IpNkl3   AICAKAGICKPVDMWE-LIQAFPQNYQKL---------   141
SsNkl    TICVNIKACKPKEILD-LSY-------------------   127
CsNkl    TICVNVKACNPKEPSH-LLFYPNN--------------   135
PoNkl    TICVNTGACQPKEVAH-LLFRPKHDESQTEIIEYP--    147
LcNkl    TICVNLKACKPKELSE-LDFESDEDAHT-EMNDLLFE    148
         :**  :   *
```

图 5-4　草鱼与其他鱼类 NK-lysin 氨基酸序列同源性比较

使用 ClustalW1.83 进行序列比对,6 个半胱氨酸用阴影表示。使用 ClustalW1.83 进行序列比对,6 个半胱氨酸用阴影表示。用于比对的序列来自草鱼 Nkla(KT877168)、Nklb(ON093079)、Nklc(ON093080)、鲤 Nkl1(XP 018976518.1)、Nkl2(AOT80800.1)、斑马鱼 Nkla(KP100115)、斑马鱼 Nklb(KP100116)、斑马鱼 Nklc(KP100117)、斑马鱼 Nkld(KP100118)、斑点叉尾鮰 Nkl1(NP-001187137)、斑点叉尾鮰 Nkl2(NP-001187147)、斑点叉尾鮰 Nkl3(NP-001187232)、大西洋鲑(ACI68092)、半滑舌鳎(AGM21637)、褐芽鲆(AU260449)、大黄鱼(KJ865299)。

表 5-2　草鱼与其他鲤科鱼类 NK-lysin 氨基酸序列相似性比对

	1	2	3	4	5	6	7	8	9	10	11	12	13	14	15
1. *C. idella* Nkla		65.0	61.5	34.0	60.2	53.5	61.5	62.0	20.0	34.0	32.6	59.5	63.4	62.6	39.4
2. *C. idella* Nklb	76.4		91.8	39.0	80.3	72.2	73.8	59.0	23.9	39.6	36.9	61.5	74.6	91.8	44.1
3. *C. idella* Nklc	76.2	94.3		38.3	75.4	68.3	72.7	58.7	21.5	38.9	38.3	59.5	71.3	87.7	42.7
4. *C. carpio* Nkl1	49.7	53.9	52.5		36.9	35.5	33.3	30.5	19.2	56.3	63.1	32.6	34.0	39.7	64.5
5. *C. carpio* Nkl2	70.7	86.9	85.3	53.9		73.0	75.4	64.8	22.3	36.8	34.8	59.8	68.9	78.7	41.9
6. *C. carpio* Nkl3	66.1	79.4	78.6	50.4	81.8		69.1	56.4	25.4	35.4	34.8	53.2	64.3	73.8	41.2
7. *C. carpio* Nkl4	72.1	82.0	84.3	51.8	85.3	79.4		81.0	22.3	36.1	36.2	62.0	72.1	79.5	41.9
8. *C. carpio* Nkl5	75.2	71.3	74.4	50.4	77.1	69.1	71.9		17.7	31.3	31.2	60.0	60.7	62.3	35.3
9. *C. carpio* Nkl6	39.2	43.1	42.3	35.5	41.5	44.6	42.3	40.0		18.8	20.6	22.3	41.5	25.4	24.1
10. *D. rerio* Nkla	47.9	52.1	52.1	69.4	51.4	49.3	52.8	50.0	36.8		70.1	31.3	34.7	40.3	58.3
11. *D. rerio* Nklb	48.9	53.9	54.6	75.2	52.5	48.9	54.6	51.1	35.5	79.9		30.5	32.6	39.0	66.7
12. *D. rerio* Nklc	70.3	70.5	71.9	52.5	70.5	64.3	69.4	72.5	40.0	47.2	51.1		66.9	61.5	34.6
13. *D. rerio* Nkld	74.8	83.6	80.3	50.4	80.3	75.4	78.7	72.1	22.3	47.2	50.4	76.0		77.9	38.2
14. *A. grahami* Nkla	74.8	94.3	91.8	53.9	88.5	82.5	85.3	74.6	43.1	53.5	54.6	69.7	84.4		45.6
15. *A. grahami* Nklb	55.5	61.0	60.3	76.6	60.3	57.4	60.3	54.4	41.6	66.0	75.2	55.2	55.9	61.8	

系统进化分析(图 5-5)显示,鱼类 NK-lysin 基因、鸟类和哺乳类的同属基因各自聚为一支,草鱼 Nkla 与斑马鱼的 *Dr*Nklc 和 *Dr*Nkld 基因聚类在一起。Nklb、Nklc 与鲤 NK-lysin 聚在一起,与预测保持一致,NK-lysin 基因与相似物种的同种基因保持了高度的同源性。

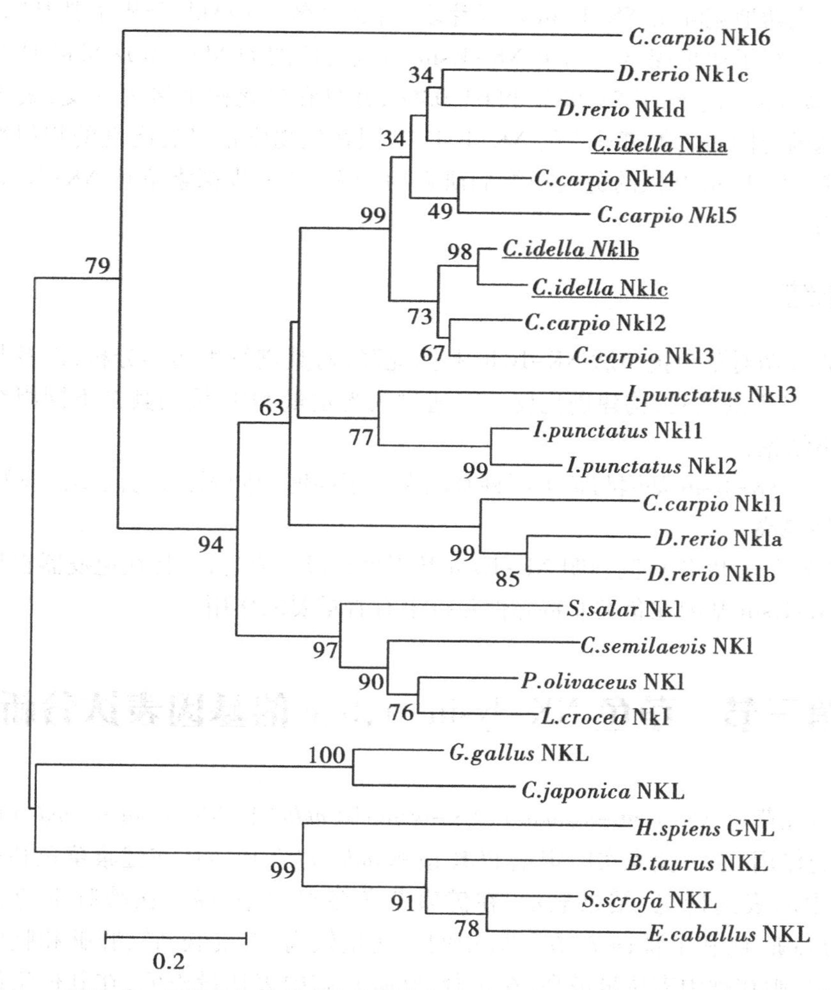

图 5-5 邻接法构建的草鱼和其他代表动物 NK-lysin 的系统进化树

三、讨论

在鱼类养殖业快速发展的同时,对如何提高草鱼产量的研究已经越来越深入。目前,大部分的研究方向是提高草鱼的繁殖率、疾病治疗等。但是,随着人们对绿色食品的需求量,养殖业渐渐向健康、无添加、无污染的方向发展,对于提高草鱼先天免疫力的研究势在必行。草鱼免疫方面的研究已经取得了很大的突破,但草鱼抗菌肽方面还需要进一步探索。本研究主要是对草鱼 NK-lysin 基因进行克隆,与其他鱼类相同基因进行比对,构建进化树,得出 NK-lysin 基因在不同鱼类免疫学研究上的相似与不同之处。通过荧光定量 PCR 分析出 NK-lysin 在不同组织的表达量,从而完善草鱼抗菌肽 NK-lysin 基因在免疫学上的功能,为提高草鱼先天免疫力打下基础。

本研究成功地克隆出 NK-lysin 基因片段,将其命名为 *Ci*Nkl,分析了其基因特性,同时对其功能进行了初步探索。草鱼 NK-lysin 与斑马鱼的 *Dr*Nklc 和 *Dr*Nkld 具有较高的同源性,相似性分别达到了 57.98% 和 63.03%,并且在进化树上聚为一支,表明了草鱼 NK-lysin 基因与同属鱼类斑马鱼的 NK-lysin 基因在生物学信息有高度的相似性。则可以以斑马鱼 NK-lysin 基因的免疫功能的研究为指引,进一步探索草鱼 NK-lysin 基因的功能与应用。

四、小结

本试验成功对草鱼抗菌肽 NK-lysin 基因克隆,对其进行生物学分析,以及与其他鱼类 NK-lysin 基因的比对,构建进化树。并通过荧光定量 PCR 检测其在不同组织的表达量获得如下结论:

(1)草鱼 NK-lysin 基因与鱼类同种基因保持了高度的同源性,与同属的斑马鱼 NK-lysin 相似性最高。

(2)荧光定量 PCR 检测表明 NK-lysin 基因呈组成型表达,并且在免疫器官呈高度表达,揭示 NK-lysin 基因在鱼类非特异性免疫中有着重要的作用。

第三节　草鱼 NK-lysin-a、b、c 的基因表达分析

为了研究草鱼 NK-lysin-a(*nkla*)、NK-lysin-b(*nklb*)和 NK-lysin-c(*nklc*)在草鱼免疫系统中的作用,通过荧光实时定量 PCR 检测 *nkla*、*nklb* 和 *nklc* 在健康草鱼和病原感染草鱼组织中的表达情况,结果显示:在健康草鱼各组织中,*nkla* 在脾脏中的表达量最高,其次为心脏、鳃和中肾;*nklb* 在脾脏中的表达量较高,在皮肤、肠、肝脏和脑中表达量较低;而 *nklc* 则在鳃中表达量极高,在头肾、肝脏和脑中表达量极低,在其他组织中均有表达。在嗜水气单胞菌感染的草鱼中,*nkla* 在感染 3 h 时,在脾脏中的表达量最高,6 h 时主要在肠中表达,12 h 时在主要免疫器官中表达量略微升高,24 h、48 h 时,在肝脏中明显上调表达;*nklb* 在感染 3 h 和 24 h 时在脾脏中表达量最高,6 h 时主要在肠中表达,12 h 时在头肾中表达,48 h 时在鳃、中肾和肝脏中表达;*nklc* 在 3 h 时同样是在脾脏中表达量最高,其余的则与 *nklb* 的不相同,6 h、12 h、24 h、48 h 分别在头肾、鳃、肝脏、肠中表达量最高。研究结果显示 *nkla*、*nklb* 和 *nklc* 主要在免疫器官表达,揭示了它们在草鱼免疫系统中发挥的调节作用。

草鱼是一种重要的经济动物,以其肉质细嫩、个体大、肌间刺少而备受消费者喜

爱,可以食用,同时能用作药材,还具有观赏性。目前草鱼已在我国广泛养殖,且具有良好的发展前景,但由于抗生素无限制的使用,出现了药物残留量高和细菌耐药性等一系列问题,阻碍了草鱼养殖业的进步,所以寻找抗生素的替代品已迫在眉睫。抗菌肽是在机体受到刺激后诱导产生的一类具备抗菌活性的多肽物质,这类多肽一般都有抗菌效果,不影响正常细胞的繁殖与发育,不会产生有害物质,同时也不用担心耐药性的问题,因此成为一种理想的抗生素潜在替代品。

抗菌肽有抑菌作用,能够抑制革兰氏阳性菌、阴性菌、真菌、寄生虫和病毒的活性。"颗粒溶素"包括颗粒酶、穿孔素和颗粒素,而 NK-lysin(*nkl*)是"穿孔素"的一种。

荧光定量 PCR 技术采用荧光染料检测反应指数期 PCR 产物的积聚,以实现快速和精确的产品定量和目标数据分析。Zhang 等人从半滑舌鳎中鉴定出一种名为 *nkl*1 的抗菌肽,在半滑舌鳎被细菌和病毒感染后,其在各个组织的表达量随时间的推移逐渐上升,并且当 *nkl*1 过度表达时,它诱导了促炎反应和淋巴细胞的活化,这都表明,*nkl*1 具有免疫调节能力,还增强了对细菌性和病毒性病原体的抗菌防御能力;Pereiro 等人对病毒感染的斑马鱼,采用荧光定量 PCR 技术检测发现只有 *nkla* 和 *nkld* 在病毒感染后表达量显著上调,表明这两个基因对病毒性疾病是有调节作用的;Zhou 等人从大黄鱼中鉴定出 Lc NK-lysin 基因,在寄生虫和细菌感染后,该基因表达显著,因此推测其可能参与鱼类免疫反应。而在草鱼方面,关于 *nkl* 在病菌感染后基因表达变化未开展研究。

本研究利用荧光定量 PCR 技术检测 *nkla*、*nklb* 和 *nklc* 基因在健康草鱼中的表达量,以及草鱼感染后各组织的表达量,最后通过对表达量变化的比较,以确定其在草鱼非特异性免疫中发挥的作用。

一、材料和方法

(一)材料准备

1. 试剂

常规试剂:Trizol,氯仿,异丙醇,75%乙醇,无 RNA 酶的 dH_2O,溴化乙啶。

酶:DNase1,购于 TaKaRa 公司。

试剂盒:E. Z. N. A™ Cycle-pure kit 试剂盒,E. Z. N. A™ Plasmid mini Kit I 试剂盒(D6943),cDNA 反转录试剂盒 PrimeScript® RT reagent Kit with gDNA Eraser,SYBR® Premix Ex Taq™(TliRNaseH Plus)荧光定量试剂盒,购于 TaKaRa 公司。

2. 实验器材

高压蒸汽灭菌锅:日本 Hirayama 公司;

PCR 仪(Mastercycler pro):德国 Eppendor 有限公司;

台式高速低温离心机(5430R):德国 Eppendor 有限公司;

超净工作台(SW-CJ-2D):苏州净化公司;

超低温冰箱:美国 NBS 公司;

涡旋混合仪(QL-866®):其林贝尔仪器制造有限公司;

恒温培养振荡器(ZWY-240):上海智城分析仪器制造有限公司;

荧光定量 PCR 仪(Light Cycler® 96 SW 1.1):瑞士罗氏有限公司;

电泳仪(JY600C):上海京工实业有限公司;

紫外可见分光光度计:上海元析仪器有限公司。

3. 实验用品的预处理

解剖所用的器械、匀浆器等 180 ℃烘烤 6 h,各种所需规格的枪头和离心管均无 RNA 酶。

(二)方法

1. 实验动物的处理

实验用的草鱼购于驻马店市一养鱼场,重约 500 g。实验前养一星期。实验时,将鱼麻醉,放于生物冰袋上,取心脏(H)、脑(B)、肝脏(L)、鳃(G)、中肾(TK)、头肾(HK)、脾脏(Sp)、肌肉(Mu)、肠(In)和皮肤(Sk)10 个组织各 0.1 g,加入 1 mL Trizol,于-80 ℃暂时保存,用于提取 RNA。

在 TSB 培养基中培养嗜水气单胞菌,培养 12 h,培养温度 26 ℃,先原代后传代培养,3 h 后收菌,用 PBS 溶液清洗。随机挑选 3 尾健康草鱼,用注射器吸取 PBS 溶液 100 μL,注射于腹腔中,作为对照组;实验组,同样随机选 3 尾健康草鱼,吸取嗜水气单胞菌悬液 100 μL,注射于腹腔中。在注射后的 3 h、6 h、12 h、24 h 和 48 h 时分别采集对照组和实验组草鱼的肠、脾脏、鳃、头肾、中肾和肝脏 6 个组织,采集后放入-80 ℃冰箱中保存。

2. 总 RNA 的提取与鉴定

总 RNA 的提取按照 Trizol 提取法进行,步骤:取-80 ℃保存的样品放入匀浆器中,把匀浆器浸没在冰水中,迅速研碎后转移到试管中,用移液枪向其加 1 mL 的 Trizol 和 0.2 mL 的氯仿溶液,拧紧试管盖,剧烈振荡试管 15 s,并转移到离心管中。在 4 ℃下,12 000 r/min 离心 15 min,取出并吸取上清到新的离心管中。加入等体积的异丙醇使其混合,并在室温下静置 10 min 沉淀其中的 RNA,然后 4 ℃,12 000 r/min,离心 10 min。弃上清,加入 75% 的乙醇 500 μL,清洗 RNA 沉淀,该过程重复两次。混匀后,4 ℃,7 000 r/min,离心 5 min。打开管口,用移液枪小心吸去透明的乙醇溶液,在室温下挥发 5~10 min 使 RNA 沉淀干燥。加 DEPC 水 50 μL,用枪重复吹打几次,使其彻底溶解,获取的 RNA 溶液保存于超低温冰箱待用。取 1 μL RNA 测 OD(A_{260}/A_{280})值并进行琼脂糖凝胶电泳,若 OD 值在 1.8~2.1 之间,说明 RNA 较纯,若能清晰看到 18 s 和 28 s 的条带,说明 RNA 完整。

(三)荧光定量 PCR 反应

1. cDNA 的制备

用 Trizol 提取法提取各组织 RNA。DNase I 处理 RNA 后按照 PrimeScript RT Reagent Kit with gDNA Eraser 试剂盒进行反转录,并依据说明书用 E.Z.N.A™ Cycle-pure Kit 试

剂盒回收 cDNA。制备好的 cDNA 放置于超低温冰箱，保存备用。之后在大肠杆菌菌株中对产物进行阳性克隆。

2. 质粒的制备与稀释

取测序正确的克隆菌株于 LB 培养基上并在 37 ℃下过夜培养。按照 E. Z. N. A™ Plasmid mini Kit I 试剂盒说明提取质粒，步骤：加入 300 μL 溶液 Ⅰ，涡旋仪混匀，充分沉淀；加入 300 μL 溶液Ⅱ，颠倒轻微晃动试管 3 min，并孵育 2 min；加入 400 μL 溶液Ⅲ，立即倒置混匀，至白色絮状沉淀形成，室温下静置 10 min，然后 10 000 r/min 离心 15 min。吸取上清，进行纯化。质粒经 0.8% 琼脂糖凝胶电泳检测后，进行梯度稀释，至原溶液的 10^{-1} ~ 10^{-8}。

3. 荧光定量 PCR 的检测

参照斑马鱼和大黄鱼的 NK-lysin 保守序列，设计荧光定量 PCR 引物（表 5-3）。实时定量 PCR 反应总体系为 20 μL，反应条件：94 ℃预变性 2 min；94 ℃变性 10 s，55 ℃退火 20 s，72 ℃延伸 20 s，45 个循环；最后 72 ℃延伸 8 min。反应结束后用双标准曲线的方法检测 nkl-a、nkl-b 和 nkl-c 在健康草鱼及感染草鱼各免疫组织中的相对表达量。目的基因与内参基因的表达量按照标准曲线进行计算，然后用目的基因与内参基因表达量的比值作为目的基因的相对表达量。数据用单因素方差分析，并用 Graphpad 进行多重比较和作图，显著性水平设为 $P<0.05$。

表 5-3　草鱼 NK-lysin 基因扩增所用引物及其序列

引物名称	序列(5′-3′)	引物 T_m 值/℃	产物长度/bp
lysin-aF	GAAAGGCCTAATCTCCAGAA	57.58	190
lysin-aR	TTAGCAAACACCAACATGAACA	58.52	
lysin-b F	ACAACTCCCTGGAATGTGC	59.56	244
lysin-b R	CTATTTCTTGCAAACTCTAATGTT	57.62	
lysin-c F	ACAACTCCCTGGAGTATGT	57.86	205
lysin-c R	GGCACCATCAGAAGTTGAG	57.57	
EF1αF	CAGCACAAACATGGGCTGGTTC	59.96	100
EF1αR	ACGGGTACAGTTCCAATACCTCCA	58.06	

二、结果与分析

1. NK-lysin-a、NK-lysin-b、NK-lysin-c 在健康草鱼各组织中的表达

为了能够定量研究 NK-lysin mRNA 在草鱼各个组织的表达情况，我们采用了荧光定量 PCR 的方法。使用含有草鱼 GC-actin 和 NK-lysin 片段的质粒标准样品所检测出的荧

光强度对 $C(t)$ 值作图，软件分析得到基因的扩增曲线、溶解曲线、标准曲线。

扩增曲线显示不同样品从同一位点开始扩增，说明基因的重复性良好，可信度较高。溶解曲线分别显示 GC-actin 和 NK-lysin 在 86 ℃、84 ℃形成单一峰，表明扩增产物特异性很好。标准曲线显示扩增效率分别为 2 和 2.04（E>95%），标准曲线回归系数均接近于 1.0，显示出极好的线性关系，扩增效果良好。

如图 5-6 所示，nkla mRNA 在草鱼鳃、心脏、脾脏、肝脏、头肾、中肾、肠、皮肤、脑组织中均有不同程度的表达。所得荧光定量 PCR 数据为 nkla 表达量和相同组织中内参 18S 表达量的比值，结果显示，在所有组织中，nkla mRNA 的表达量在脾脏中最高，其次为心脏、鳃和中肾。

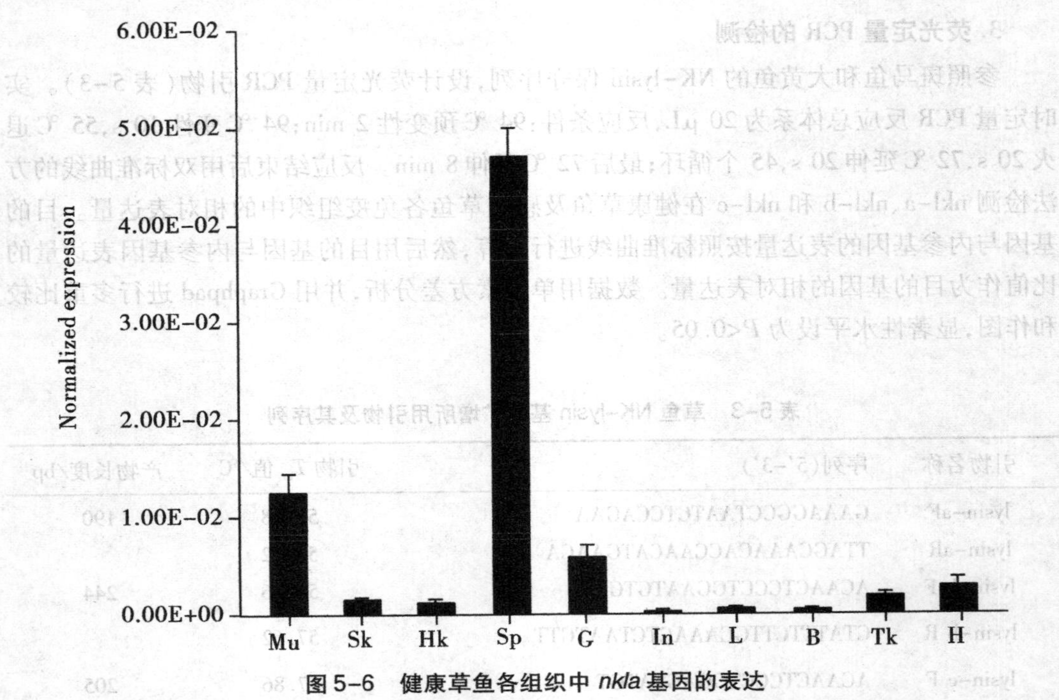

图 5-6　健康草鱼各组织中 *nkla* 基因的表达

Mu 肌肉；Sk 皮肤；Hk 头肾；Sp 脾脏；G 鳃；In 肠；L 肝脏；B 脑；Tk 中肾；H 心脏。下同。

用荧光定量 PCR 方法检测健康草鱼组织中 nkl-b 和 nkl-c 的表达（图 5-7、图 5-8），其中 nkl-b 在脾脏中表达量最高，在其他组织中也有一定量表达；nkl-c 的组织表达模式则不相同，在鳃中表达量相对较高，其次是脾脏、肠、肌肉和皮肤，在头肾、肝脏、脑、中肾、心脏中表达相对不是特别显著。nkl-b 和 nkl-c 在相同组织的不同表达量暗示着 NK-lysins 在功能上可能存在着分化。

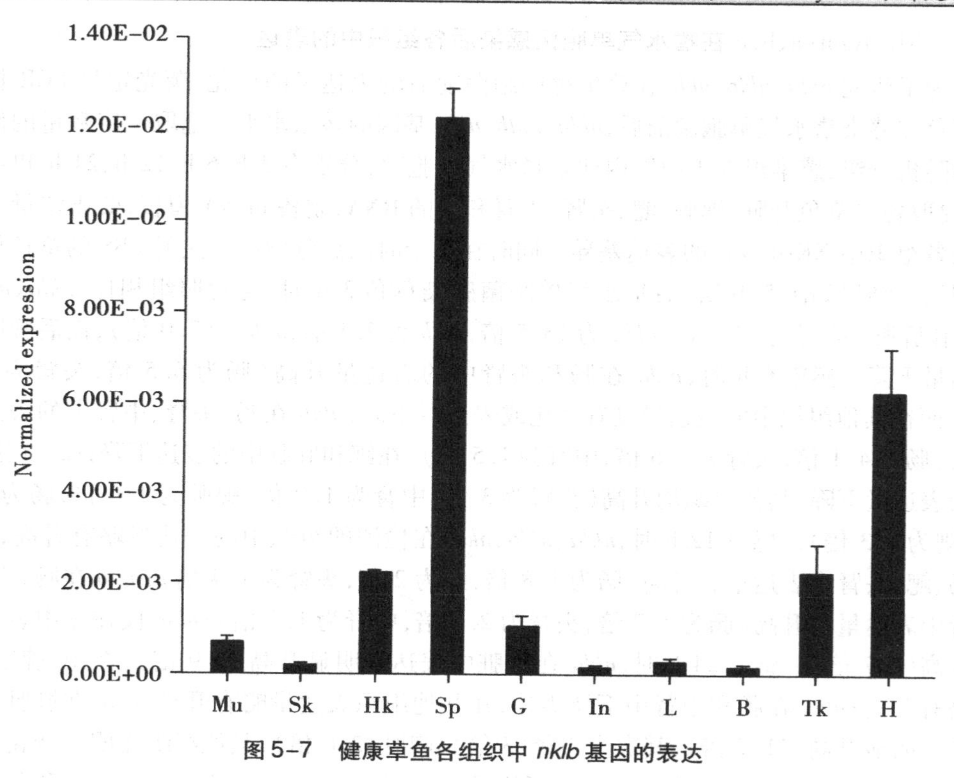

图 5-7 健康草鱼各组织中 *nklb* 基因的表达

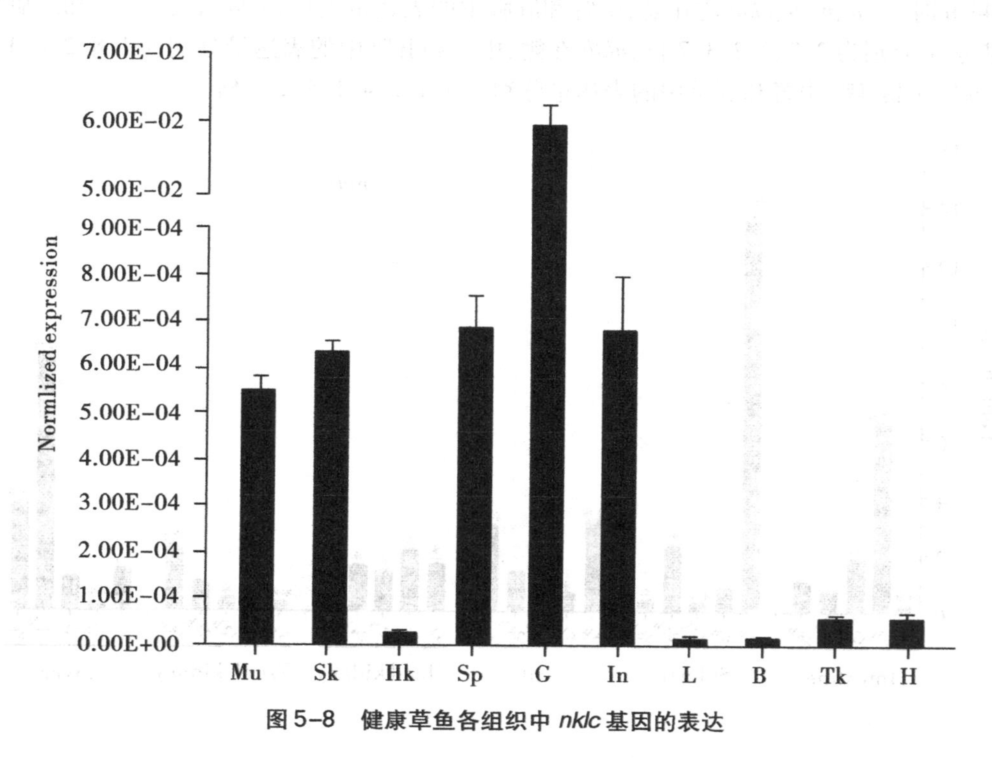

图 5-8 健康草鱼各组织中 *nklc* 基因的表达

2. NK-lysin-a、b、c **在嗜水气单胞菌感染后各组织中的表达**

为了研究 *nkla*、*nklb*、*nklc* 在草鱼感染细菌前后的表达量的变化，荧光定量 PCR 检测了草鱼在感染嗜水气单胞菌前后，*nkla*、*nklb*、*nklc* 基因的转录水平。选取一定数量的健康草鱼随机分组，感染组人工腹腔内注射嗜水气单胞菌，分别在 3 h、6 h、12 h、24 h 和 48 h 时，提取各组草鱼肝脏、脾脏、鳃、头肾、中肾和肠的 RNA，制备 cDNA 模板，荧光定量 PCR 检测各组织中 NK-lysins 的表达差异。同时在每个时间点分别设立注射 PBS 的草鱼作为对照组。结果如图 5-9 所示：嗜水气单胞菌感染草鱼 3 h 时，与对照组相比，*nkla*、*nklb*、*nklc* 在脾脏中的表达量较高（*nkla* 为 13.5 倍，*nklb* 为 7.3 倍，*nklc* 为 7.0 倍），而后脾脏的表达量下降。感染 6 h 时，*nkla* 在肠和头肾中的表达量升高（肠为 6.5 倍，头肾为 2.2 倍），而在其他组织中的表达量没有变化或表达量下降；*nklb* 在肠、头肾、中肾中的表达量升高（肠为 4.1 倍，头肾为 2.6 倍，中肾为 1.5 倍），在鳃和肝脏中的表达下降；*nklc* 在肝脏中的表达量下降，其他组织均升高（头肾为 3 倍，中肾为 1.9 倍，脾脏为 1.6 倍，肠为 1.4 倍，鳃为 1.3 倍）。感染 12 h 时，*nkla*、*nklb*、*nklc* 在检测的组织中的表达量略有升高，*nkla* 在肠、鳃、头肾中表达量有升高（肠为 1.8 倍，鳃为 2 倍，头肾为 1.4 倍）；*nklb* 在肠、头肾、中肾中表达量有升高（肠为 1.7 倍，头肾为 2.7 倍，中肾为 1.3 倍）；*nklc* 仅在鳃中表达量有升高（1.7 倍）。感染 24 h 时，*nkla* 在肝脏中表达量明显升高（8.9 倍），在鳃、脾脏、头肾略有升高；*nklb* 在肠和中肾中下调表达，在其他组织表达量略有升高；*nklc* 在肝脏中的表达量明显升高（11.7 倍），其次为头肾（3 倍）、脾脏（2.6 倍），其他组织无明显变化。感染 48 h 时，*nkla*、*nklb*、*nklc* 均在鳃、中肾和肝脏中的表达量上调，*nkla* 在鳃、中肾和肝脏中的表达量分别为 2.9、2.2、3.7 倍；*nklb* 在鳃、中肾和肝脏中的表达量分别为 1.8、2.0、1.7 倍；*nklc* 在肠、鳃、中肾和肝脏中的表达量分别为 4.1、2.4、1.5、2.8 倍。

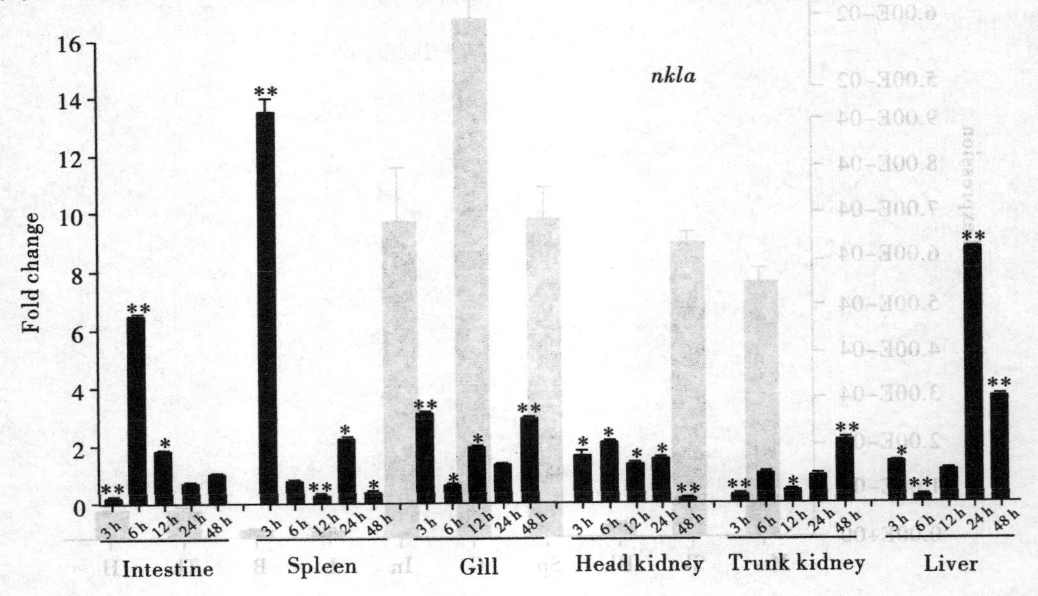

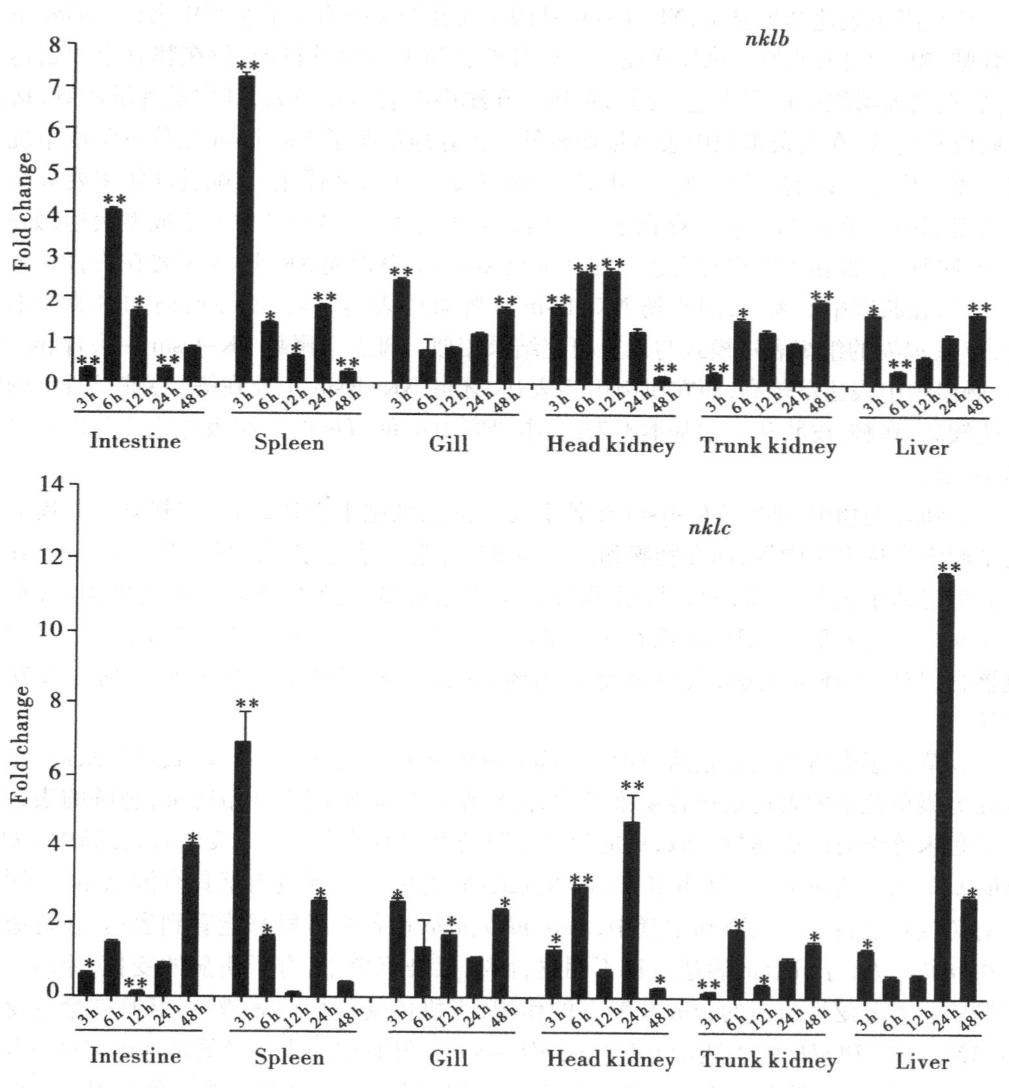

图 5-9 草鱼 NK-lysin-a、b 和 c 在嗜水气单胞菌感染后部分免疫组织中的相对表达量

由此可见，NK-lysins 在细菌感染初期，主要在脾脏组织中表达，当细菌继续感染时，NK-lysins 在多个器官中上调表达，说明基因在机体全身各器官发挥免疫调节作用，可以使机体更好地防御病原菌的侵袭，对宿主起保护作用。

三、讨论

抗菌肽 NK-lysin 由自然杀伤细胞和毒性 T 细胞分泌，有广谱抗菌效果，并且对细菌、真菌、寄生虫、病毒及癌细胞都有杀伤作用。迄今为止，对草鱼在抗菌肽方面的研究并不多见，本实验利用荧光定量 PCR 技术验证 NK-lysin 在草鱼免疫防御中的调节作用。

草鱼组织表达结果显示,NK-lysins 基因主要在与免疫有关的组织中表达。*nkla* 主要有脾脏、鳃、中肾和头肾。*nklb* 在皮肤、肠、肝脏和脑中表达量较低,而在脾脏中的表达量最高,在其他组织中均有表达。而 *nklc* 则是在鳃中的表达量最高,其次是脾脏和肠,接着是肌肉和皮肤,在其余组织中表达量均较低。很好地证明了 NK-lysin 在草鱼免疫系统中起着重要作用。以前的研究发现 NK-lysin 的组织分布成多样化,在哺乳动物主要分布于淋巴组织中。鱼类 NK-lysin 存在于多个组织或器官中,在斑马鱼中成组成型表达,如鳃、头肾、脾脏、心脏和肠中均有表达。在其他鱼类中,半滑舌鳎 NK-lysin 主要在头肾和脾脏中表达,在肌肉中不表达,团头鲂 NK-lysin 在脾脏中表达极高,而在肌肉和血液中不表达,草鱼 *nklb* 的组织表达模式与以上研究结果相似。斑点叉尾鮰 NK-lysin 在头肾、鳃、肾脏、肠组织中表达量较高,而在肌肉中不表达,牙鲆 NK-lysin 主要在鳃、心脏、头肾、肠中表达较高,在脑、皮肤和胃中基本不表达,本研究中草鱼 *nklc* 的组织表达模式与以上研究结果相似。

在哺乳动物中,鸡的 NK-lysin 在肠上皮内淋巴细胞中表达最高,在脾脏和外周血淋巴细胞中表达水平中等,而在胸腺和法氏囊淋巴细胞中表达水平最低。牛 NK-lysin 在脾脏和淋巴结中表达最高,而在肝脏和肾脏中表达较低。鱼类脾脏作为免疫器官,草鱼 *nkla*、*nklb* 主要在脾脏表达,表明在机体抵抗病原菌中起着重要作用。同时鳃是鱼类的免疫器官,与外界环境接触,很容易感染病菌,这清楚地解释了草鱼 *nklc* 为何主要在鳃表达。

在草鱼感染嗜水气单胞菌情况下,*nkla*、*nklb*、*nklc* 在脾脏中 3 h 时表达量最高,结合其在健康草鱼中的表达量很容易推断出,此时嗜水气单胞菌刚开始感染,脾脏的表达量与草鱼未感染时的表达量一致,更能说明脾脏是鱼类不可或缺的免疫器官;在肠中,*nkla*、*nklb*、*nklc* 的表达量分别于 6 h 和 48 h 达到最高,可能因为肠道内壁具有淋巴组织,因此具有免疫功能;在鳃、头肾和中肾中,*nkla*、*nklb*、*nklc* 在各个时段都能看到表达;在健康草鱼中,*nkla*、*nklc* 于肝脏的表达量很不明显,而在感染草鱼中,有了明显的变化,原因可能是肝脏起着分泌性蛋白的合成及解毒的作用,当机体受到病菌刺激时,肝脏就会分泌蛋白,导致 *nkla* 和 *nklc* 的表达量上升。而 *nklc* 48 h 在肝脏中的表达量更是远远超过在其他组织中的表达量,高达 12 倍,与健康草鱼 *nkla* 和 *nklc* 表达量相比,感染草鱼表达量明显升高,说明了 *nkla* 和 *nklc* 确实具有明显的抗菌效果。

四、小结

本研究通过荧光定量 PCR 技术检测 *nkla*、*nklb*、*nklc* 在健康草鱼和感染草鱼中各组织中的表达情况,得到以下结论:

(1)在健康草鱼中,*nkla*、*nklb*、*nklc* 分别在脾脏和鳃中表达量最高。

(2)在感染草鱼中,*nkla*、*nklb*、*nklc* 在脾脏和肝脏中表达量最高。

(3)荧光定量 PCR 结果证明 *nkla*、*nklb*、*nklc* 有免疫调节的作用。

第四节 草鱼抗菌肽 NK-lysin-a 蛋白的组织表达水平

草鱼是重要的淡水养殖鱼类,研究草鱼非特异性免疫基因,具备非常重要的实际意义。为了研究草鱼 NK-lysin-a(*Ctenopharyngodon idellus* NK-lysin-a, *Ci*Nkla)蛋白的组织表达水平,通过合成多肽,免疫兔制备兔抗草鱼 *Ci*Nkla 多克隆抗体,提取草鱼各组织总蛋白,测定浓度并调整至一致,免疫印迹检测草鱼 *Ci*Nkla 蛋白在健康草鱼不同组织中的表达模式,以及健康草鱼和细菌感染草鱼组织中该蛋白的表达变化。结果显示:*Ci*Nkla 主要在健康草鱼免疫器官中表达,在脾脏中检测到的表达量最高,在鳃、头肾、中肾、肝脏、心脏中表达量次之,在肠、皮肤和肌肉中仅有微量表达。当草鱼受细菌感染时,随着感染时间的延长,*Ci*Nkla 蛋白在肝脏中的表达量明显增多,在头肾、鳃和脾脏中表达量略有减少,在中肾、肠、皮肤、心脏和肌肉中表达量几乎不变。本研究为探索 NK-lysin-a 蛋白的组织和细胞定位奠定基础。

草鱼是淡水养殖鱼类之一,鱼肉具有营养价值高、养生效果好、容易消化的优点,深受广大人民喜爱。但是随着水体环境的污染、各种抗生素的广泛应用甚至滥用以及草鱼抗病力较低,鱼类感染细菌的情况越来越严重,进而影响人们的健康,同时在一定程度上也影响了渔业产业经济的发展。因而,对草鱼非特异性免疫基因的研究尤为重要。与传统抗生素相对比,因为两者作用机制有差异,抗菌肽具有很多益处,比如具备广谱抗细菌能力、水溶性和耐热性较好,对高等动物的正常组织细胞几乎无害。

在机体免疫防疫系统中,自然杀伤细胞(NK)和细胞毒性 T 淋巴细胞(CTL)与中性粒细胞和巨噬细胞共同发挥着重要的作用,抗菌肽 NK-lysin 是宿主体内 NK 和 CTL 产生的一种小分子阳离子性抗菌肽,具有与细胞膜结合的能力,具有抗微生物、抗细菌、抗肿瘤、中和内毒素、免疫调节的生物活性,是与人类颗粒溶素(GNLY)具有同源性染色体的阳离子多肽,在结构和功能上两者具有很大的相似度,被认为是抗生素的优良替代品,在机体天然免疫系统中具有重要作用。Andersson 等人最先从猪的脾脏、骨髓和小肠组织中提取出抗菌肽细菌,并在抗菌肽细菌中发现并提取出来 NK-lysin 基因,并鉴别了其结构和功能。通过使用荧光定量 RT-PCR,张殿卿、李蕊等人检测了绵羊 NK-lysin 基因在不同脂多糖浓度和不同时间的刺激下,在不同免疫器官中的表达情况。鱼类中,例如斑马鱼、斑点叉尾鮰、大黄鱼等也发现了 NK-lysin,在其体内获得了 NK-lysin 的核苷酸序列全长,在抵御细菌、病毒和寄生虫等感染过程中,NK-lysin 起到了天然免疫防御的作用。直至目前,虽然 NK-lysin 在多种动物中被发现,但是有关其蛋白水平上的表达情况却鲜有报道。

本实验通过合成 NK-lysin-a 多肽,制备兔多克隆抗体,同时提取分离健康草鱼和细菌感染草鱼各组织蛋白,免疫印迹检测 NK-lysin-a 在草鱼组织中表达模式。为了解草鱼 *Ci*Nkla 蛋白在细胞中的免疫定位以及对草鱼疾病的免疫效果,期望为预防和治疗草鱼感染细菌或病毒，以及研发鱼类抗菌药物奠定基础。

一、材料与方法

（一）主要仪器设备

实验所用仪器见表5-4。

表5-4　主要仪器设备一览表

仪器名称	型号	生产厂家
超净工作台	BBS-V800	苏州净化设备有限公司
电泳仪	Power Pac-200	美国伯乐（Bio-Rad）公司
多肽自动合成仪	Alpha-100	培安有限公司
台式冷冻高速离心机	eppendorf5430R	德国艾本德（eppendorf）公司
脱色摇床	WD-9405A	杭州佑宁仪器有限公司
垂直板电泳系统	Mini-PROTEAN® Ⅱ	美国伯乐（Bio-Rad）公司
电泳转移系统	SD Semi-Dry Transfer Cell	美国伯乐（Bio-Rad）公司
全能型成像仪	ChemiDoc™ MP Imaging System	美国伯乐（Bio-Rad）公司

（二）主要试剂

三卡因甲烷磺酸盐（MS222）：Sigmia-Aldrich 公司；

蛋白酶抑制剂（PMSF，aprotinin，leupetin）：AMRESCO公司；

标准蛋白质 Marker：预染蛋白质 Marker，Spectra Multicolor Low Range Protein Ladder（1.7～42 kDa），Thermo 公司；

PVDF 膜（0.45 μm、0.22 μm）：美国 Millipore 公司；

RIPA 裂解液：150 mmol/L NaCl，50 mmol/L Tris HCl pH 7.2，0.1% SDS，1% NP-40，1% TritonX-100，1% Deoxycholic acid（DOC），1 mmol/L EDTA（在临用之前加入0.5 μg/mL Leupetin，25 μg/mL aprotinin，1 mmol/L PMSF，1 mmol/L DTT）；

蛋白上样缓冲液：2% SDS，0.1%溴酚蓝，10%甘油，200 mmol/L DTT，0.2 mmol/L Tris HCl；

SDS-PAGE 考染染色液：SDS-PAGE 脱色液 500 mL，考马斯亮蓝 R-250 1.30 g，过滤，常温保存；

SDS-PAGE 考染脱色液：去离子水 225 mL，冰乙酸 50 mL，甲醇 225 mL，混匀，室温保存；

TBST 溶液：25 mmol/L Tris pH 7.5，150 mmol/L NaCl，0.05% Tween-20；

转膜缓冲液：25 mmol/L Tris pH 8.3，193 mmol/L 甘氨酸，20%甲醇，使用之前置于冰

上冰浴；

ECL 化学发光试剂盒(SuperSignalWest Pico Trial kit)(BIO-RAD 公司)；

1×电泳缓冲液：SDS 1.0 g，Tris 3.0 g，甘氨酸 18.8 g，加入去离子水将溶液定容至1 L后，室温保存；

5×阳极电泳缓冲液：Tris 121.0 g，400 mL 蒸馏水，1.0 mol/L HCl 调至 pH 8.9，定容至1 L，室温保存；

阴极电泳缓冲液：Tris 6.06 g，Tricine 8.96 g，SDS 0.5 g，加入蒸馏水将溶液定容至500 mL，室温保存；

磷酸盐缓冲盐 PBS：磷酸氢二钠 1.42 g，磷酸二氢钾 0.26 g，KCl 0.2 g，NaCl 8 g，加入浓盐酸调 pH 至 7.5，加入蒸馏水将溶液定容至 1 L；

封闭液：2% 脱脂奶粉溶于 TBS 溶液中，5% 脱脂奶粉溶于 TBS 溶液中；

实验中其他化学试剂除特别注明外，均为国产分析纯；

实验有关缓冲液和溶液除特别注明外，均参照萨姆布鲁克(2002)所述办法配制。

(三)实验方法

1. 实验动物的饲养和处理

实验鱼包括健康草鱼和细菌感染草鱼。健康草鱼购于驻马店市西平县某鱼苗繁殖基地，在渔场中选取平均重量为 90 g 的健康草鱼，并将这些鱼平均分配放到 6 个装有 25～28 ℃经曝气的自来水的实验箱中，在实验室暂养两周，在此期间，每天早晚各投喂一次饵料。

细菌感染草鱼选择用嗜水气单胞菌感染的草鱼，嗜水气单胞菌通常在 28 ℃的胰蛋白酶大豆肉汤(TSB)中培养，收集细菌，用 PBS 洗涤 3 次，并悬浮在 PBS 中至终浓度为 2.5×10^8 CFU/mL。将草鱼随机分成 4 组，其中一组为对照组，其余三组为实验组，对照组于草鱼腹腔注射 PBS 100 μL，实验组注射嗜水气单胞菌 100 μL，每组各注射 5 条。注射前 MS-222 麻醉草鱼，注射后所有草鱼放入装有淡水的矩形水槽中饲养。

2. 草鱼各组织的分离

注射草鱼分别于 12 h、24 h、48 h 后，每组随机选择 3 个健康草鱼个体，100 mg/L MS-222 麻醉，分别从健康草鱼、细菌感染草鱼及对照组草鱼收集鳃(G)、头肾(Hk)、脾脏(Sp)、中肾(Tk)、肠(In)、肝脏(L)、皮肤(Sk)、心脏(H)和肌肉(Mu)，并将各组织放置于预先冷却的生理盐水中，多次漂洗，以清洁表面残留的血迹，将漂洗后的组织放入离心管中，保存于-80 ℃备用。

3. 多肽的化学合成

合成的多肽是基于 *Ci*Nkla 的氨基酸序列设计的，根据保留其 loop 结构和螺旋的两亲性、抗原性好的设计原则，选择一段长度为 15 个氨基酸的多肽序列(RGNFTEDELEQISGC)，在多肽自动合成仪上合成，合成多肽的分子量为 1 697.79，高效液相色谱测定纯度为 86.90%。

4. 制备兔多克隆抗体

抗体由南京金瑞斯有限公司制备。合成多肽免疫两只新西兰大白兔，按以下步骤进行免疫，初次免疫采用多肽与弗式完全佐剂（CFA）乳化，取纯化后的多肽蛋白与等量的CFA充分乳化后，分别注射于兔1和兔2背部脊柱旁的皮下各选取的4个点中，每点约注射100 μg。初次免疫后每2周增强免疫1次，增强免疫使用弗式不完全佐剂（IFA）乳化，与上一次免疫相比较，增强免疫剂量减半。在第3次免疫2周后，将采集的兔血液于4 ℃放置过夜，将保存的兔血液3 000*g* 离心10 min，离心后把上层的多抗血清吸取出来，无菌分装后于-80 ℃冻存备用。

5. 提取草鱼组织蛋白和蛋白浓度测定

取出-80 ℃的草鱼组织加入适量预先冷却的RIPA裂解液，转移至匀浆器中匀浆，至组织充分裂解结束。4 ℃、14 000*g* 离心20 min，吸取离心后的上清，BCA试剂盒测定各组织蛋白浓度，方法如下：先制作BSA标准曲线，以此对草鱼各组织中蛋白进行定量，吸取适量加入蛋白上样缓冲液，95 ℃变性10 min，置于离心机中，12 000*g* 离心5 min。取离心后的上层澄清液，无菌分装于1.5 mL离心管中并置于-20 ℃保存。

6. Western Blot 检测组织中目的蛋白的表达水平

（1）SDS-PAGE和Tricine-SDS-PAGE凝胶电泳。内参Tubulin检测的电泳采用普通SDS-PAGE电泳方法，分离胶浓度为12%。蛋白质Marker、草鱼各组织总蛋白经SDS-PAGE凝胶电泳，70 V、30 min，将电压调整为120 V，电泳至溴酚蓝到达分离胶底部。

组织中目的蛋白的检测采用Tricine-SDS-PAGE电泳方法，分离胶浓度为16.5%。30 V电泳至溴酚蓝前沿进入分离胶后，调整电压为90 V，电泳槽置于冰水浴中，继续电泳至溴酚蓝到达分离胶底部完毕。

（2）转膜。电泳结束后，将凝胶取出，于转膜缓冲液中浸泡大约30 min。在甲醇中将剪好的膜浸泡15 s，随后立即取出放于转膜缓冲液中，水平摇床缓慢摇动20 min。内参Tubulin蛋白检测参照湿转的方法进行，黑色夹板上依次放海绵垫、滤纸、胶、膜、滤纸和海绵垫，以恒流200 mA转膜120 min，将Tubulin蛋白转移至孔径为0.45 μm的PVDF膜上；组织中目的蛋白的检测按照SD Semi-Dry Transfer Cell电泳转移系统操作指南装配转膜Sandwich（由下到上依次为：三层滤纸、膜、胶、三层滤纸），安装电转移系统，以恒流200 mA转膜90 min，将蛋白转移至孔径为0.22 μm的PVDF膜上。

（3）抗体孵育和显色。转膜结束后，进行洗膜，用TBST溶液洗3次两个孔径不同的PVDF膜，每次洗5 min。在5%脱脂奶粉中常温封闭1 h。根据抗体效价调整稀释一抗，兔抗Tubulin抗体按照1∶3 000比例稀释，兔抗NK-lysin-a多抗按照1∶500比例稀释，将一抗稀释于含2%脱脂奶粉的TBS中，4 ℃过夜孵育。TBST洗膜3次，每次洗10 min。按照1∶1 000稀释比例加入二抗即辣根过氧化物酶（HRP）标记的山羊抗兔，25 ℃孵育1 h。TBST洗膜3次，每次洗10 min。采用ECL化学发光试剂盒进行显色，取试剂盒中等量的A和B溶液混匀，根据膜的大小确定其用量，在ChemiDoc™ MP Imaging System中曝光显影。

二、结果与分析

1. NK-lysin-a 蛋白在健康草鱼各组织中的表达

提取的组织总蛋白的质量和浓度用兔抗 Tubulin 抗体检测，可以识别总蛋白中 55 kDa 的 Tubulin 蛋白，并且蛋白上样量基本保持一致(图 5-10)。经兔抗 *Ci*Nkla 抗体检测，能够检测到一条大小约 15 kDa 的蛋白，经蛋白免疫印迹检测 *Ci*Nkla 蛋白存在于健康草鱼的头肾、鳃、脾脏、中肾、肝脏和心脏中，表达量在脾脏中最多，其次是在鳃、头肾和中肾中，其余组织肠、肌肉和皮肤中检测到的蛋白表达量最少，*Ci*Nkla 蛋白主要在免疫器官中表达。

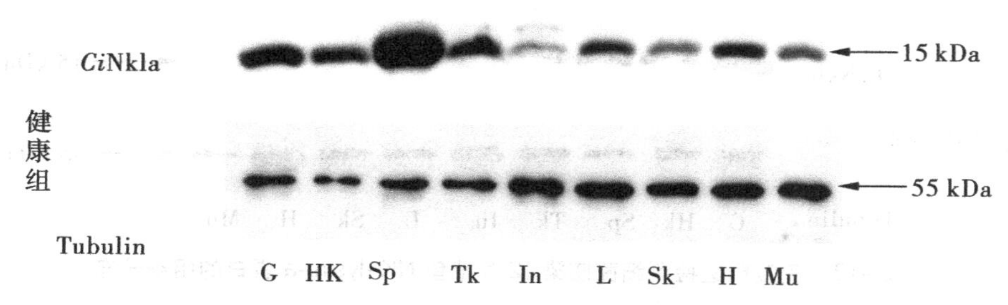

图 5-10 免疫印迹检测健康草鱼 Nk-lysin-a 蛋白的组织分布

图示为兔抗 *Ci*Nkla 血清检测的 NK-lysin-a 蛋白(15 kDa)在草鱼组织中的分布情况和 tubulin 抗体对全组织蛋白定量检测(55 kDa)。检测的草鱼组织为鳃(G)、头肾(Hk)、脾脏(Sp)、中肾(Tk)、肠(In)、肝脏(L)、皮肤(Sk)、心脏(H)和肌肉(Mu)。

2. NK-lysin-a 蛋白在细菌感染草鱼各组织中的表达

提取的组织总蛋白的质量和浓度同样用兔抗 Tubulin 抗体检测，可以识别总蛋白中 55 kDa 的 Tubulin 蛋白，且蛋白表达量基本一致。经兔抗 *Ci*Nkla 抗体检测，能够检测到一条大小约 15 kDa 的蛋白。*Ci*Nkla 蛋白存在于细菌感染草鱼的鳃、头肾、脾脏、中肾、肝脏和心脏中，在肌肉组织中几乎没有检测到表达。在 PBS 组中，*Ci*Nkla 蛋白经检测得到的表达量在脾脏中最多，其次是在鳃、中肾和肝脏中(图 5-11)。在 12 h 感染组中，*Ci*Nkla 蛋白在鳃、脾脏和中肾中表达量最多，其次是在头肾、肝脏和心脏中(图 5-12)；在 24 h 感染组中，*Ci*Nkla 蛋白在肝脏中表达量最多，其次是在鳃、头肾、脾脏中(图 5-13)；在 48 h 感染组中，*Ci*Nkla 蛋白同样在肝脏中表达量最多，其次是在中肾、鳃、脾脏中(图 5-14)；*Ci*Nkla 蛋白随着细菌感染草鱼时间的增长，在肝脏中的表达量明显增多，在心脏中的表达量略有增多，在头肾、脾脏和鳃中的表达量减少。

图 5-11 所示为兔抗 *Ci*Nkla 血清检测的 NK-lysin-a 蛋白(15 kDa)在注射 PBS 草鱼组织中的分布情况和 tubulin 抗体对全组织蛋白定量检测(55 kDa)。

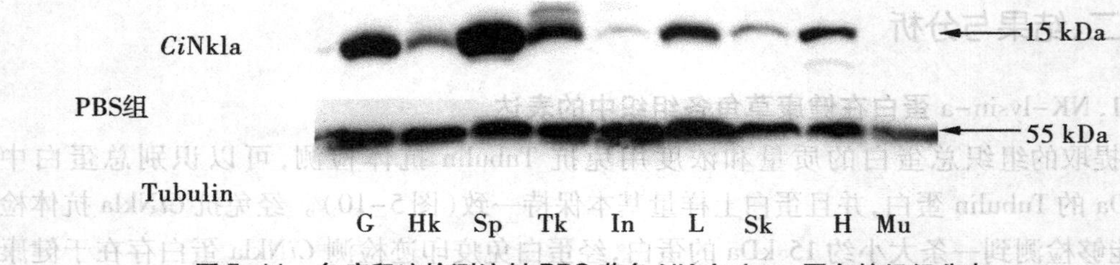

图 5-11 免疫印迹检测注射 PBS 草鱼 NK-lysin-a 蛋白的组织分布

图 5-12 所示为兔抗 *Ci*Nkla 血清检测的 NK-lysin-a 蛋白(15 kDa)在细菌感染 12 h 草鱼组织中的分布情况和 tubulin 抗体对全组织蛋白定量检测(55 kDa)。

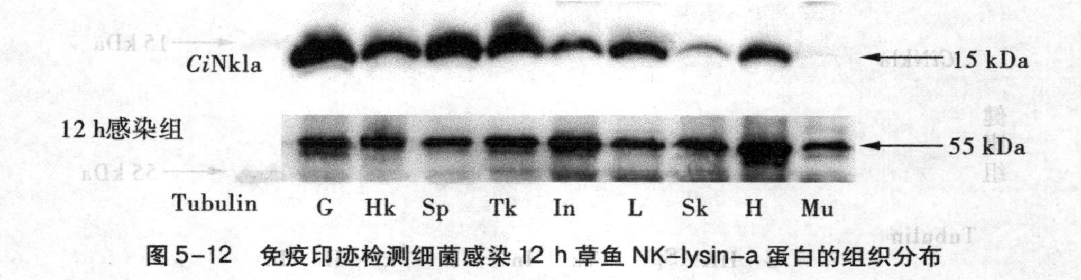

图 5-12 免疫印迹检测细菌感染 12 h 草鱼 NK-lysin-a 蛋白的组织分布

图 5-13 所示为兔抗 *Ci*Nkla 血清检测的 NK-lysin-a 蛋白(15 kDa)在细菌感染 24 h 草鱼组织中的分布情况和 tubulin 抗体对全组织蛋白定量检测(55 kDa)。

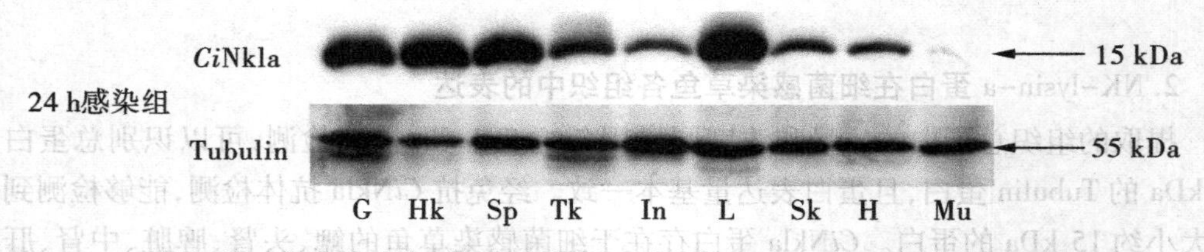

图 5-13 免疫印迹检测细菌感染 24 h 草鱼 NK-lysin-a 蛋白的组织分布

图 5-14 所示为兔抗 *Ci*Nkla 血清检测的 NK-lysin-a 蛋白(15 kDa)在细菌感染 48 h 草鱼组织中的分布情况和 tubulin 抗体对全组织蛋白定量检测(55 kDa)。

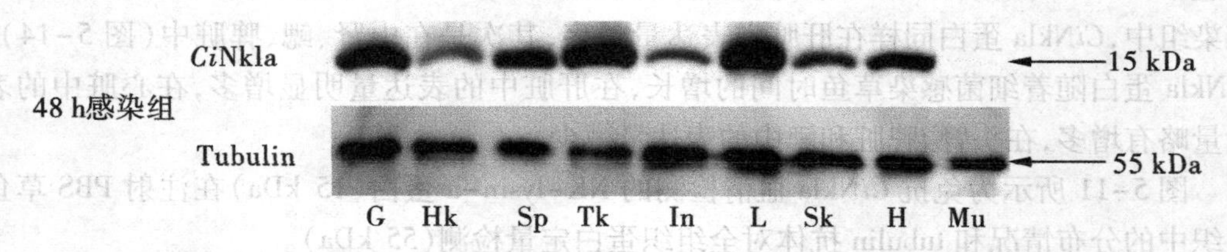

图 5-14 免疫印迹检测细菌感染 48 h 草鱼 NK-lysin-a 蛋白的组织分布

三、讨论

如今，我们正处于生活水平逐步提高的社会，人们对食品安全问题一如既往地重视。鱼类作为人们最喜欢的肉食品之一，具有营养价值高、容易消化的优点。提高鱼的存活率，减少水产疾病的出现，提高鱼产量进而促进水产养殖经济发展的研究势在必行。目前，主要的研究方向是提高草鱼的繁殖率、疾病治疗等。但是随着人们思想意识的提升，人们渐渐意识到防疫比治疗更重要。本实验主要利用蛋白印迹检测通过 SDS-PAGE 分离草鱼各组织的蛋白，分析各组织蛋白中 *Ci*Nkla 的表达差异，为研发鱼类抗菌药物，研究鱼类细菌性疾病的防治奠定了基础。

利用蛋白免疫印迹检测 *Ci*Nkla 蛋白在健康草鱼脾脏中的表达量最多这一结果，结合利用荧光定量 PCR 检测 *Ci*Nkla 在健康草鱼各组织中的表达差异：在皮肤、肝脏、脑、肠中仅有微量的表达，在鳃、肌肉、中肾、头肾、心脏中表达量略有增高，而在脾脏中表达的数量最高，说明 *Ci*Nkla 在基因水平和蛋白水平的表达情况基本一致。*Ci*Nkla 在脾脏中高水平表达的信息，说明 *Ci*Nkla 在鱼类抵御外来细菌感染方面发挥重要的免疫作用。

显而易见，本实验获得的 *Ci*Nkla 蛋白在健康草鱼和细菌感染草鱼组织中的表达量略有不同，随着细菌感染草鱼的时间的延长，*Ci*Nkla 蛋白在细菌感染草鱼肝脏中的表达量逐渐增多。由于肝脏是动物机体在能量代谢过程中具备重要和特殊功能的脏器，作为机体主要免疫器官之一，肝脏具有将药物和毒物代谢排出体外、造血和凝血、分泌胆汁功能，吞噬细菌或病毒和机体免疫功能。由此可以推测出 *Ci*Nkla 蛋白在细菌感染草鱼中肝脏的表达量最多的结果是由于鱼类免疫器官肝脏的生理功能引起的。

综上，*Ci*Nkla 蛋白在草鱼各组织表达量的异同，以及在健康草鱼和细菌感染草鱼组织表达量的变化推测实验结果一方面与 *Ci*Nkla 的基因表达水平有关，另一方面与草鱼免疫器官肝脏的生理功能有关。

四、小结

本研究通过蛋白免疫印迹检测 *Ci*Nkla 在健康草鱼和细菌感染中各组织的表达情况获得如下结论：

（1）*Ci*Nkla 主要在草鱼免疫器官中表达，检测得到该蛋白的表达量在脾脏、肝脏中最高，其次是在鳃、头肾、中肾、皮肤、心脏中，在肠和肌肉中最低。

（2）随着细菌感染草鱼时间的增长，*Ci*Nkla 蛋白在肝脏中的表达量明显增多，在头肾、脾脏和鳃中表达量略有减少，在中肾、肠、皮肤、心脏和肌肉中表达量几乎不变。

第五节　NK-lysin-a 在草鱼重要免疫器官中的定位分析

草鱼是我国重要的淡水养殖鱼类,对草鱼非特异性免疫基因的研究,具有十分重要的实际意义。为了研究草鱼 NK-lysin-a(*Ctenopharyngodon idellus* NK-lysin-a, *Ci*Nkla)在鱼类免疫系统中的作用,通过合成 *Ci*Nkla 多肽,制备兔多克隆抗体,多聚甲醛固定健康草鱼和细菌感染草鱼的脾脏和头肾组织,免疫组化检测 *Ci*Nkla 蛋白的细胞定位情况。研究结果显示:*Ci*Nkla 阳性细胞主要分布于草鱼脾脏的白髓区和头肾的淋巴样组织,当草鱼受细菌感染时,在脾脏和头肾中表达 *Ci*Nkla 的阳性细胞数量升高。本研究通过对 *Ci*Nkla 在脾脏和头肾细胞中的定位分析,为进一步揭示 *Ci*Nkla 的抗菌机制,预防鱼类疾病奠定基础。

草鱼是我国重要的淡水鱼类之一,肉质鲜美,具有较高的营养价值,深受大家的喜爱,但随着水体环境的恶化和抗生素的滥用,鱼类感染细菌情况和患病情况越来越严重,使人们身体健康受到危害的同时,也极大地阻碍了草鱼养殖业的发展。因此,对草鱼非特异性免疫系统的研究尤为重要,在机体免疫防疫系统中,自然杀伤细胞(NK)、细胞毒性 T 淋巴细胞(CTL)、中性粒细胞和巨噬细胞共同发挥着重要的作用。

NK-lysin-a 是宿主体内的一种小分子阳离子抗菌肽,可与细胞膜结合改变细胞膜的完整性,因此能够杀灭微生物和肿瘤细胞等,调节机体免疫力。抗菌肽基因在鱼类受到细菌感染后表达量上调。Man Zang 等人通过 qRT-PCR 分析表明在所有检测的组织中,只有 PbNklb 在细菌感染后表达含量增多,且在其表达后嗜水气单胞菌的致病性显著下调,这些结果表明 PbNklb 是一种保守的免疫分子,可能参与了对病原菌入侵的免疫应答。Pereiro 等人采用荧光定量 PCR 技术检测发现被病毒感染的斑马鱼中 NKl-a 和 NKl-d 在病毒感染后表达量显著上调,推测这两个基因对病毒性疾病是有调节作用的。Zhang M 等人通过 qRT-PCR 发现 *Cs*NKL1 在鱼感染细菌病原体时,头肾和脾中 *Cs*NKL1 的表达显著上调,最大诱导是在头肾和脾脏的第 2 天,这些结果表明,*Cs*NKL1 是一种具有免疫调节特性的 NK-lysin,参与了对细菌病原体和病毒病原体的免疫防御。王改玲等人通过 RT-PCR 研究发现 *Ci*nkl mRNA 在健康草鱼所有组织中均有表达,其中在脾脏中表达量最高,在鳃、中肾和头肾中的表达量较高,推测 NK-lysin 在草鱼的先天性免疫防御中发挥调节作用。可见,NK-lysin 基因在鱼类受感染时发挥重要的免疫防御作用,但是关于 NK 蛋白在组织和细胞中的定位未见报道,主要集中在关于比目鱼和红鲷的抗菌肽研究。Miura 等人通过免疫组化法发现,在比目鱼 *Platichthys stellatus* 的黏液层中一种具有抗菌活性的蛋白,主要分布在围绕着鳃的液泡状黏液分泌细胞的未分化细胞中,说明比目鱼的鳃起着抵抗细菌的屏障作用。Corrales J 等人通过免疫组化法发现 piscidin 4 抗菌肽主要存在于肥大细胞中,为进一步研究抗菌肽的抑菌机理奠定基础。Iijima N 等人通过免疫组化发现 chrysophsin 抗菌肽分布在红鲷结缔组织毛细血管附近的次级片状细胞的底部或某些上皮细胞中。如今,免疫组化技术已十分成熟,广泛用于检测目的蛋白的存在、位置和相对丰度,也是一种区分细胞来源的可靠技术。

本研究主要通过免疫组化法观察 *Ci*Nkla 在脾脏和头肾不同细胞中的分布,根据细胞生理功能的不同,进一步探究 *Ci*Nkla 蛋白的抑菌机制。期望为预防和治疗草鱼感染,研究鱼类疾病,研发鱼类新型抗菌药物奠定基础。

一、材料与方法

(一)主要仪器设备

主要仪器设备见表 5-5。

表 5-5 主要仪器设备

仪器名称	型号	公司
超净工作台	SW-CJ-2D	苏州净化公司
脱水机	Donatello	DIAPATH 公司
包埋机	JB-P5	武汉俊杰电子有限公司
病理切片机	RM2016	上海徕卡仪器有限公司
冻台	JB-L5	武汉俊杰电子有限公司
组织摊片机	KD-P	浙江省金华市科迪仪器设备有限公司
烤箱	DHG-9140A	上海慧泰仪器制造有限公司
载玻片		Servicebio 公司
盖玻片	10212433C	江苏世泰实验器材有限公司
脱色摇床	WD-9405A	杭州佑宁仪器有限公司
移液枪	10 μL、100 μL、1000 μL	德国艾本德公司
台式高速冷冻离心机	5430R	德国艾本德有限公司
冰箱	BCD-253KU	河南新飞有限公司
显微镜	E100	日本尼康公司
成像系统	Nikon DS-U3	日本尼康公司

(二)主要试剂

主要试剂见表5-6。

表5-6 主要试剂

试剂	公司或来源
无水乙醇	国药集团化学试剂有限公司
二甲苯	国药集团化学试剂有限公司
正丁醇	国药集团化学试剂有限公司
PBS 缓冲液	磷酸二氢钾 0.28 g,磷酸氢二钠 1.43 g,NaCl 9.0 g,氯化钾 0.21 g,定容至 1000 mL
柠檬酸(PH6.0)抗原修复液	Servicebio 公司
多聚甲醛	Servicebio 公司
3%过氧化氢	国药集团化学试剂有限公司
正常兔血清	Servicebio 公司
苏木素染液	Servicebio 公司
苏木素分化液	Servicebio 公司
苏木素返蓝液	Servicebio 公司
中性树胶	国药集团化学试剂有限公司
一抗	通过分析 *Ci*Nkla 的氨基酸序列,在多肽自动合成仪上合成 NK-lysin-a 多肽,制备兔多克隆抗体
二抗	HRP 标记山羊抗兔二抗,Bio-Rad 公司
DAB 显色剂组化试剂盒	Servicebio 公司

(三)实验方法

1. 草鱼的来源和预饲养

实验所用的健康草鱼均购自河南省驻马店市遂平县某鱼苗繁殖基地,在渔场中选取平均重量为 90 g 的健康草鱼。实验开展前,将这些草鱼平均分配到 6 个装有经曝气过的 25～28 ℃自来水的实验箱中,在实验室进行两周的饲养。养殖期间氧气棒 24 h 不间断供氧;每日早晚各喂食一次并清洗过滤棉;水温保持在 25～30 ℃。

2. 细菌感染草鱼

选用草鱼易感染细菌嗜水气单胞菌在胰蛋白酶大豆肉汤(TSB)培养基中 25 ℃培养 12 h,收集细菌,先用 PBS 洗涤 3 次,再悬浮于 PBS 中至终浓度为 2.5×10^{8} CFU/mL。随机选取 3 条草鱼作为感染组,在草鱼腹腔内注射嗜水气单胞菌悬液 100 μL,注射前用 MS-222 麻醉草鱼,再选取 3 尾健康草鱼,作为对照组,于腹腔内注射 100 μL PBS。

3. 获取脾脏和头肾组织

注射后所有草鱼放入装有淡水的矩形水槽中饲养，24 h 后经 MS-222 麻醉，取出脾脏和头肾组织，加入适量多聚甲醛固定组织。

4. 免疫组化检测 CiNkla 蛋白的细胞定位

(1)取材。将脾脏和头肾组织用固定液固定 24 h 以上。24 h 后把脾脏和头肾组织从固定液中取出，放入通风橱中，使用合适的手术刀对这些组织进行去边角处理，然后将修整好的组织放入脱水盒内，准备脱水处理。

(2)脱水浸蜡。将脱水盒中已修整过的组织放入脱水机中，然后用不同浓度的酒精，连续梯度脱水并浸蜡处理。脱水浸蜡处理步骤依次如下：①浓度为 75% 的酒精脱水处理 4 h；②浓度为 85% 的酒精脱水处理 2 h；③浓度为 90% 的酒精脱水处理 2 h；④浓度为 95% 的酒精脱水处理 1 h；⑤无水乙醇 Ⅰ 脱水处理 30 min；⑥无水乙醇 Ⅱ 脱水处理 30 min；⑦醇苯脱水处理 5 ~ 10 min，二甲苯Ⅰ、二甲苯Ⅱ 各脱水处理 5 ~ 10 min；⑧65 ℃融化石蜡Ⅰ 浸蜡处理 1 h；⑨65 ℃融化石蜡Ⅱ 浸蜡处理 1 h；⑩65 ℃融化石蜡Ⅲ 浸蜡处理 1 h。

(3)包埋。将脱水浸蜡的脾、头肾组织，放入待凝固的蜡中，贴上相应的标签，凝固后，取出蜡块进行修整。

(4)切片。用手术刀修补蜡块，使样品与切面之间保持 1 ~ 2 mm 的距离，成品加工成 4 μm 厚的薄片。这些薄片被平铺在 40 ℃摊片机上，在 60 ℃的烤箱里烤干后拿出，室温下保存以备将来使用。

(5)抗原修复。将组织切片置于 IHC 抗原修复液(pH 6.0)的修复盒中。抗原修复在微波炉中进行。中火煮沸 8 min，熄火保温 8 min，转小火 7 min，防止缓冲液过度蒸发干燥。将冷却后的载玻片置于 pH 7.4 的 PBS 中，在脱色摇瓶上振荡 3 次，每次 5 min。

(6)阻断内源性过氧化物酶。载玻片在室温下于 3% H_2O_2 溶液中避光培养 25 min。在脱色摇床上将载玻片置于 pH 7.4 的 PBS 中，洗涤 3 次，每次 5 min。

(7)血清封闭。将 3% BSA 滴入组织圈内，30 min 室温密封存放。

(8)加一抗。除去封闭液，将 PBS 按一定比例制备的一抗加入切片中，将切片置于湿盒中 4 ℃孵育过夜。(湿盒内加少量水，防止抗体蒸发)

(9)加二抗。将载玻片置于 pH 7.4 的 PBS 中，在脱色摇床上振荡 3 次，每次 5 min。切片稍干后，加入 HRP 标记的山羊抗兔二抗，室温条件下孵育 50 min。

(10)DAB 显色。将载玻片置于 pH 7.4 的 PBS 中，在脱色摇床上洗涤 3 次，每次 5 min。将新制备的 DAB 显色液滴入切片圈中，控制显色时间，显微镜下阳性显色为棕黄色，然后用自来水冲洗切片，终止显色。

(11)复染细胞核。苏木精复染 3 min 后，用自来水慢慢冲洗。分化数秒后，用自来水冲洗，然后用苏木精返蓝，再用自来水冲洗。

(12)脱水封片。将切片顺次放入不同试剂中脱水后干燥，最后用中性胶封片。步骤如下：①浓度为 75% 的酒精脱水处理 5 min；②浓度为 85% 的酒精脱水处理 5 min；③无水乙醇Ⅰ 处理 5 min；④无水乙醇Ⅱ 处理 5 min；⑤正丁醇处理 5 min；⑥二甲苯Ⅰ 处理 5 min。

（13）显微镜镜检，图像采集分析。

5. 显微镜下观察阳性细胞数量

在显微镜下，随机选取感染组和 PBS 组草鱼的脾脏和头肾组织切片中的三个视野，统计阳性细胞数量。

二、结果与分析

1. *Ci*Nkla 阳性细胞在脾脏组织中的定位

苏木素染色细胞核呈蓝色，DAB 阳性表达区域呈棕黄色。免疫组化结果显示草鱼脾脏组织中呈现阳性信号。如图 5-15 所示，阳性信号分布在细胞质中，细胞核中未见阳性信号，脾脏中的阳性信号主要存在于白髓区，进一步观察表明阳性细胞为淋巴细胞。三组数据中阴性对照（A1、B1 和 C1）中未见阳性信号，在 200 倍（A2、B2 和 C2）和 400 倍镜头下（A3、B3 和 C3），三组数据均可见阳性信号。

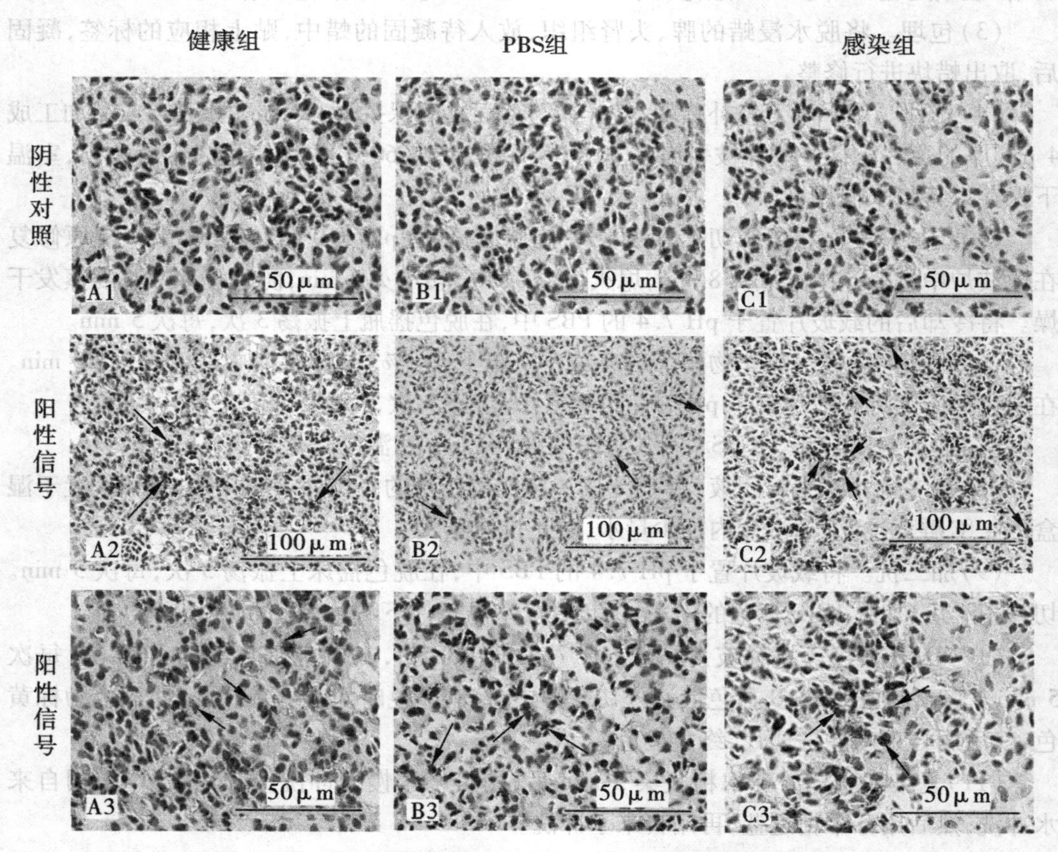

图 5-15　免疫组化检测 NK-lysin-a 在草鱼脾脏组织的分布

A1、B1 和 C1 为阴性对照，A2、B2 和 C2 为 200 倍镜头下阳性信号图片，A3、B3 和 C3 为 400 倍镜头下阳性信号，箭头所指为阳性信号。

2. *Ci*Nkla 阳性细胞在头肾组织中的定位

苏木素染细胞核为蓝色，DAB 显出的阳性表达为棕黄色。免疫组化的检测结果表明草鱼头肾组织中呈现阳性信号。如图 5-16 所示，阳性信号分布在细胞质中，细胞核中未见阳性信号，头肾中的阳性信号主要分布在淋巴样组织，进一步观察表明阳性细胞为淋巴细胞。三组数据中阴性对照（A1、B1 和 C1）中未见阳性信号，在 200 倍（A2、B2 和 C2）和 400 倍镜头下（A3、B3 和 C3），三组数据均可见阳性信号。

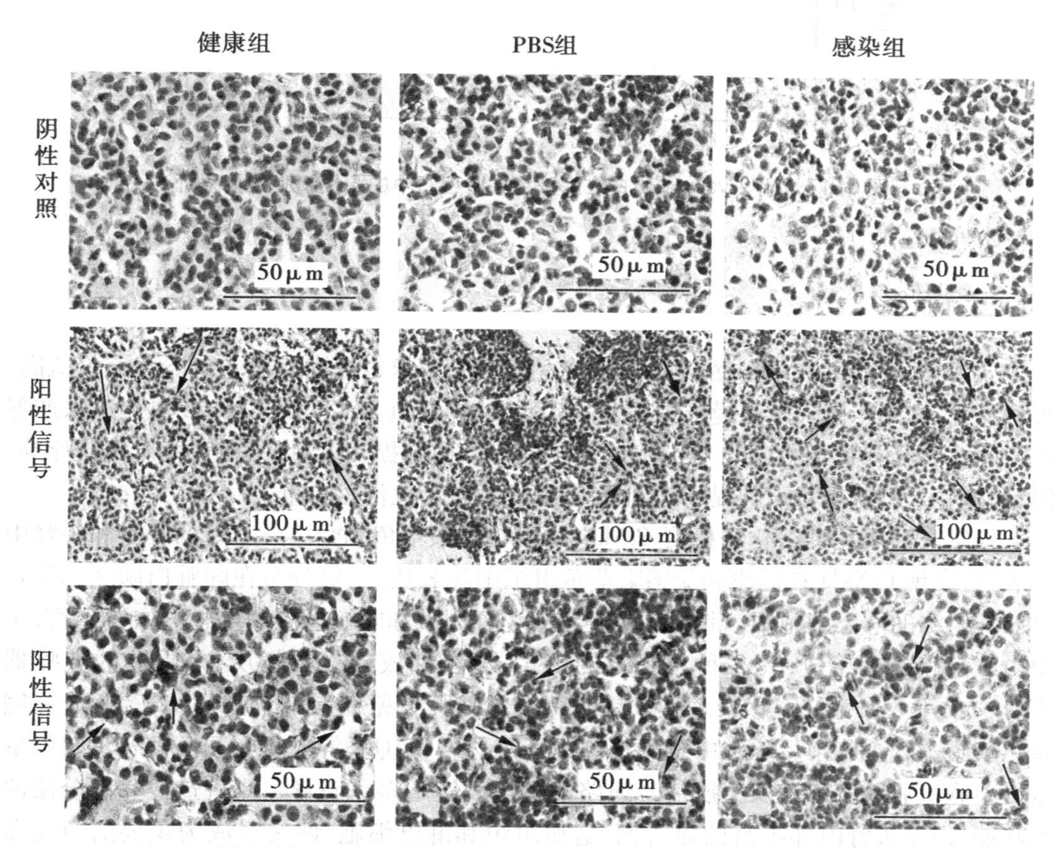

图 5-16　免疫组化检测 NK-lysin-a 在草鱼头肾组织的分布

A1、B1 和 C1 为阴性对照，A2、B2 和 C2 为 200 倍镜头下阳性信号图片，A3、B3 和 C3 为 400 倍镜头下阳性信号，箭头所指为阳性信号。

3. 细菌感染前后脾脏和头肾中 *Ci*Nkla 阳性细胞的数量变化

通过显微镜观察，选取感染组和 PBS 组草鱼的脾脏和头肾组织切片中的三个视野，统计阳性细胞数量（如图 5-17）。计数发现脾脏和头肾组织中，PBS 组本身具有一定数量的阳性细胞，且在细菌感染后阳性细胞数量有所升高。

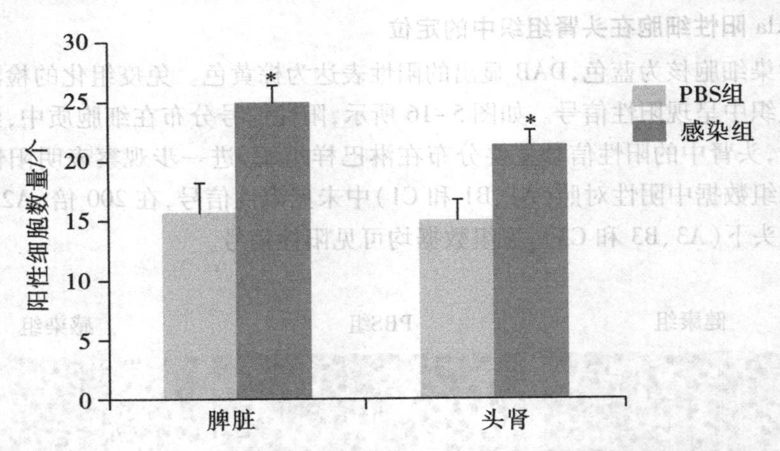

图 5-17　NK-lysin-a 蛋白在脾脏和头肾组织中的阳性细胞数量分析

三、讨论

如今，人们的生活质量逐步提高，对食品安全的要求也越来越高。鱼肉营养价值高、容易消化，因此广受大家喜爱。提高鱼的存活率，降低鱼类疾病的发生率，对促进水产养殖业的发展具有重要的意义。目前，主要的研究方向是提高草鱼的繁殖率、疾病治疗等。但是，随着人们思想意识的提高，人们渐渐意识到预防比治疗更重要。

本研究利用免疫组化法检测 *Ci*Nkla 蛋白在健康草鱼和受感染草鱼的脾脏和头肾中的表达，发现 *Ci*Nkla 在健康和受感染草鱼组织中均表达，主要分布在脾脏白髓区和头肾淋巴样组织的淋巴细胞中。脾脏是鱼类释放免疫因子和防御病原微生物的主要器官，主要由红髓和白髓组成，为各种粒细胞的产生、储存和成熟提供场所，是重要的免疫器官。Long 等人研究虹鳟感染杀鲑气单胞菌后的脾脏中免疫蛋白增多，Jiang 等人研究鲤鱼感染嗜水气单胞菌后脾脏中多种细胞因子表达增多，Qin 等人研究瓦氏黄颡鱼感染嗜水气单胞菌后脾脏中涉及免疫信号通路的蛋白表达增多。头肾主要有造血和内分泌两种功能，由于头肾内部丰富的血管网、造血组织和淋巴细胞，使头肾成为重要的免疫器官。Kumar 等人研究虹鳟感染鲁氏耶尔森菌后头肾中 NK 细胞、细胞毒性细胞以及 T 细胞明显上调，By-adgi 等人研究鲻鱼感染格氏乳球菌的头肾中涉及的多种与免疫反应有关的补体上调。而免疫应答过程中淋巴细胞是重要的细胞成分，最初来源是造血组织，是淋巴系统几乎所有免疫功能的主要执行者，如抵抗外界感染和监测体内细胞变异等。由此可以推断 *Ci*Nkla 蛋白在草鱼脾脏和头肾中的表达与鱼类免疫器官的生理功能和所受的免疫应答有关。

鱼类 NK-lysin 的表达研究表明该抗菌肽具有一定的免疫保护作用，Zhang 等人通过 qRT-PCR 发现 *Cs*NKL1 在鱼感染细菌病原体时，头肾和脾中 *Cs*NKL1 的基因表达量上调。Wang 等人通过 RT-PCR 发现 *Ccnkl* mRNA 在嗜水气单胞菌鲤的鳃、脾脏、头肾中呈上调表达。在基因水平上，脾脏和头肾中 NK-lysin 在感染后表达含量上调，推测 NK-lysin 在草鱼的先天性免疫防御中发挥调节作用。同时本研究免疫组化结果显示，感染组草鱼的脾脏和头肾中阳性细胞数多于 PBS 组，说明 *Ci*Nkla 蛋白在鱼类抗感染免疫防御中发挥着重要的作用。PBS 组也有阳性细胞分布，说明 *Ci*Nkla 是一种保护性的免疫分子。同时，*Ci*Nkla 蛋白在草鱼脾脏和头肾组织的淋巴细胞表达数量的不同，推测与脾脏和头肾作为免疫器官对机体产生防御作用不同有关，造成脾脏和头肾中分布的淋巴细胞数量不一致，结果显示脾脏在机体感染病原后发挥的作用更突出一些。

四、小结

本研究通过制备兔多克隆抗体、免疫组化检测 *Ci*Nkla 蛋白在头肾和脾脏中的分布获得如下结论：

（1）免疫组化检测草鱼脾脏和头肾组织中呈现阳性信号。脾脏白髓区和头肾淋巴组织中分布大量阳性信号，进一步观察表明阳性细胞为淋巴细胞。

（2）定量分析发现感染组草鱼脾脏和头肾中的阳性细胞数量较 PBS 组多。

第六节　草鱼抗菌肽 NK-lysin-a 的原核表达和抑菌活性分析

为探索抗菌肽 NK-lysin 在草鱼免疫系统中的抑菌功能，本研究构建了草鱼 NK-lysin-a 基因（*Ci*nkla）成熟肽的原核表达载体 pET-28b-Cinkla，经测序无误后，转入 Rosetta（DE3）菌株进行表达，并采用琼脂糖孔穴扩散法检测重组蛋白的抑菌活性。结果表明，重组质粒 pET-28b-Cinkla 表达蛋白大小约为 57 kDa。用 Ni-NTA His · Bind 树脂纯化获得了纯度较高的重组蛋白。抑菌结果显示重组蛋白对 G^+ 细菌（金黄色葡萄球菌）及 G^- 细菌（嗜水气单胞菌、大肠杆菌）均具有抑菌活性。

草鱼鱼肉鲜嫩，口感细腻，应广大市场需求，草鱼养殖规模也越来越大，但随之而来的是水体环境的恶化、各种水产疾病的暴发和抗生素的滥用。抗菌肽是机体非特异性免疫防御系统的重要组成部分。与抗生素相比，具有广谱抗菌、热稳定性、不易产生耐药性等优点，成为抗生素的最佳替代品。

抗菌肽 NK-lysin 是自然杀伤细胞和细胞毒性 T 淋巴细胞产生的一种小分子效应蛋白。与人 Granulysin（颗粒溶素）同属于 SAPOSIN 家族的成员。NK-lysin 是一种球形三维空间结构，成熟肽由 74～78 个氨基酸残基组成。其含有保守的 6 个半胱氨酸残基和 C 端上的数个疏水残基，分子量约为 9 ku。研究表明 NK-lysin 是通过破坏细胞膜的完整性渗透到细胞质中，从而导致细菌基因组降解。

目前，抗菌肽大致分为以下几种：植物抗菌肽、微生物抗菌肽、两栖类抗菌肽、哺乳动物抗菌肽、昆虫抗菌肽和人源抗菌肽。NK-lysin 最初由 Andersson 等在 1996 年从猪的肠道组织中分离得到并命名，后相继在水牛（*Bubalus bubalis*）、马（*Equus caballus*）、鸡（*Gallus gallus*）、斑点叉尾鮰（*Ictalurus punctatus*）、牙鲆（*Paralichthys olivaceus*）、半滑舌鳎（*Cynog-lossus semilaevis*）、斑马鱼（*Danio rerio*）等中鉴定。大量研究证明 NK-lysin 能够直接杀灭细菌、真菌病毒和寄生虫等。对牙鲆 NK-lysin 的研究表明，合成的 27 个残基肽对 G^+ 和 G^- 均具抗菌活性，这一发现为牙鲆常见疾病预防开辟了新的途径，但其他鱼类 NK-lysin 的生物活性鲜有报道。

本研究通过对草鱼抗菌肽 NK-lysin-a 的原核表达、蛋白纯化以及抗菌活性的分析，初步探索草鱼 *Cin*kla 在草鱼非特异性免疫中发挥的作用，为进一步研究草鱼抗菌肽 NK-lysin 的功能打下基础。

一、材料与方法

（一）主要仪器设备

电子天平（CP224C）：Ohaus Corporation。

721G 可见光分光光度计：上海泳电分析仪器有限公司。

超净工作台（SW-CJ-2D）：苏州净化公司。

PCR 扩增仪（Mastercycler pro）：瑞士罗氏有限公司。

台式冷冻高速离心机（5430R）：德国艾本德有限公司。

恒温培养振荡器（ZWY-240）：上海智城分析仪器制造有限公司。

冰箱（BCD-252KU）：河南新飞电器有限公司。

超低温冰箱：郑州金友宁仪器有限公司。

超声波细胞粉碎机（JY2-ⅡN）：宁波新芝生物科技股份有限公司。

凝胶成像系统（JY04S-3C）：北京君意东方电泳设备有限公司。

伯乐电泳仪（Mini）：美国伯乐有限公司。

（二）主要试剂

RNA 反转录试剂盒 PrimeScript™RT reagent Kit with g DNA Eraser，购自 TaKaBa。

质粒小提取盒，DNA 纯化回收试剂盒（离心柱型），购自 TIANGEN BIOTECH (BEJING) CO.，LTD。

LB 培养液：称取 10 g 胰蛋白胨，5 g 酵母提取物，10 g 氯化钠，充分溶解于 950 mL 去离子水，用 10 mol/L NaOH 溶液调节 pH 到 7.0，定容至 1 L。分装后，高压蒸汽灭菌 20 min，4 ℃保存。使用前按实验要求加入适量抗生素母液。

Ni-NTAHis · Bind 树脂悬液。

SDS-PAGE 考染染色液：称取 2.5 g 考马斯亮蓝 R-250 充分溶解于 1 L SDS-PAGE 脱色液中，隔着滤纸进行抽滤，去除颗粒物质，室温保存。

SDS-PAGE 考染脱色液：量取 450 mL 甲醇，100 mL 冰乙酸，450 mL 去离子水，混匀，室温保存。

（三）材料

草鱼购自驻马店市华康市场。实验室暂养两周，定期投喂，养殖用水定期更换，提供合适的生长温度(20±2) ℃，使其适应实验环境。

（四）方法

1. 制备扩增草鱼 Cinkl 目的基因片段

提取草鱼脾脏 RNA，采用 PrimeScript™RT reagent Kit with g DNA Eraser 试剂盒反转录合成 cDNA 第一链，设计扩增目的基因的上下游引物，上游引物 ExNKF：5′-AGGGAATTCTTTGACATGGAAATGCAC-3′，包含酶切位点 *Bam*H Ⅰ；下游引物 ExNKR：5′-AGGAAGCTTTTAGCAAACACCAACATG-3′，包含酶切位点 *Hind*Ⅲ。PCR 扩增 Cinkl 片段，反应条件为：94 ℃ 4 min、94 ℃ 30 s、60 ℃ 30 s、72 ℃ 40 s，30 个循环，72 ℃ 10 min。用 1.5% 琼脂糖凝胶对扩增片段进行电泳，得到目的片段。切胶、回收纯化，具体步骤参照试剂盒说明书进行。目的基因置于-20 ℃保存，用于构建重组表达质粒的基因片段。

2. 提取表达质粒

将含有 pET-28b-MBP 质粒的菌液接种到 LB 培养基中培养约 12 h。按质粒小量提取试剂盒说明提取表达质粒。

3. 原核表达载体的构建和鉴定

用 *Bam*H Ⅰ和 *Hind*Ⅲ对目的基因 *Cin*kla 和表达载体分别进行双酶切，试剂盒纯化回收酶切产物。酶切产物经 T_4 连接酶连接过夜，转化到 $DH_{5\alpha}$感受态细胞中，并通过 PCR 筛选阳性克隆。阳性克隆经测序鉴定读码框正确，重组质粒（pET-28b-Cinkla）构建成功。

4. 重组蛋白的诱导表达

提取阳性克隆质粒，转入 BL(DE3)感受态细胞，挑选阳性克隆进行原核表达诱导。具体操作：将菌液和 LB 培养基（含 25 μg/mL 卡那霉素）按照 1∶50 的比例，在 37 ℃、180 r/min 摇床中培养。当培养的光密度(OD_{600}值)达到 0.6 时，加入 0.5 mmol/L 的诱导剂异丙基-β-D-硫代半乳糖苷(IPTG)诱导 5 h 后取出菌液(20 ℃、180 r/min)。同时将转入空载体的菌液进行诱导表达，作为阴性对照。

5. 重组蛋白的可溶性分析

为了检测重组蛋白的表达形式，取 2 mL 表达菌液在 4 ℃、10 000*g* 离心，弃去上清液，将沉淀（菌体）重悬于 0.5 mL PBS，并在冰水浴中超声破碎 5 min（超声 5 s，间歇 5 s，超声探头距离菌液底部约 1.5 cm）。13 000 r/min，4 ℃，离心 20 min 后分离出上清液，用适量 PBS 重悬底部沉淀。分别取适量上清液和沉淀，各加入等体积 2×SDS-PAGE 蛋白上样 Buffer，沸水中煮 10 min，SDS-PAGE 电泳分析重组蛋白的表达形式。

6. 表达产物的 SDS-PAGE 电泳分析

用变性不连续 SDS-PAGE 对表达产物进行分析。通过使用 12% 分离胶的 SDS-PAGE 电泳分析 pET-28b-Cinkl 重组质粒所表达的蛋白。取 20 μL 样品至上样孔，调整电压为 70 V，电泳约 30 min，样品进入分离胶后再调整电压为 120 V，电泳至溴酚蓝迁移至凝胶底部时关闭电源，取出凝胶，使用 0.25% 考马斯亮蓝 R-250 染色约 1 h，后脱色 3 h，观察结果。

7. 可溶条件下纯化目的蛋白

经小量诱导表达，蛋白以可溶形式表达后，在相同条件下大量诱导表达目的蛋白。离心收集大量的工程菌菌体，收集的菌体与 1×结合缓冲液（含 10 mmol/L 咪唑）按 10∶1 的比例混匀，冰水浴中超声破碎菌液至清澈，13 000 r/min，4 ℃，离心 20 min，吸取上清液与 1 mL 平衡过的 Ni-NTA His · Bind 树脂充分混匀，冰水浴中结合 2 h（定时摇晃）。将蛋白质和树脂的混合液加入平衡后的纯化柱中，让混合液缓慢流出，先用 5 mL 蛋白漂洗液（含 50 mmol/L 咪唑）去除杂蛋白，再加入 5 mL 洗脱液（含 200 mmol/L 咪唑）进行洗脱，用 1.5 mL 离心管收集洗脱液，整个过程在 4 ℃下完成。取少量的蛋白洗脱液用 SDS-PAGE 检测蛋白的纯化效果，Bradford 法测蛋白浓度。

8. 抗菌活性分析

检测草鱼抗菌肽 NK-lysin 的抗菌活性：琼脂糖孔穴扩散法。菌种选择：选取实验室现有菌种 G^+细菌金黄色葡萄球菌（*Staphylococcus aureus*）和 G^-细菌大肠杆菌 M15（*Escherichia coli* M15）、嗜水气单胞菌（*Aeromonas hydrophila*）用于抑菌实验。菌种活化：取 -80 ℃冰箱保存的菌种接种至新鲜的培养液（金黄色葡萄球菌、大肠杆菌培养液：蛋白胨 5.0 g，牛肉浸取物 3.0 g，NaCl 5.0 g，蒸馏水 1.0 L，pH 调至 7.0；嗜水气单胞菌培养液：100 mL 水中加入 3 g TSB 溶解）中，将金黄色葡萄球菌和大肠杆菌置于 37 ℃、嗜水气单胞菌置于 28 ℃培养箱中培养约 12 h 以活化菌种。菌体收集：将培养的新鲜菌液离心，弃去上清液，用适量 PBS 将菌体稀释至 OD_{600} 为 0.2。制作标准平皿：在 10 mL 已冷却至 42 ℃的含 1% 琼脂糖、30 mg TSB 的混合溶液加入 100 μL 菌液，立即混匀并倒入直径为 9 cm 的清洁平皿中，置于水平台上等待其凝固。孔穴扩散测活性：于超净工作台中用已灭菌的直径为 5 mm 的不锈钢打孔器在每个平皿上均匀地打 3 个孔，分别加入 20 μg 抗生素样品（阳性对照）、*Ci*Nkla 重组蛋白和蛋白洗脱液（阴性对照）。放入培养箱中培养约 12 h，出现抑菌圈时加入考马斯亮蓝 R-250 染色 24 h 后观察抑菌效果（4 ℃环境）。

二、结果与分析

1. 表达产物的 SDS-PAGE 电泳分析

将含有草鱼 *Ci*Nkla 的重组表达质粒 pET-28b-Cinkla 转化到大肠杆菌 BL（DE3）菌株中，IPTG 诱导表达，12% SDS-PAGE 分析。从图 5-18 可以看出，经 IPTG 诱导后的空载体在约 46 kDa 处有蛋白表达，pET-28b-MBP 和 *Ci*Nkl 的融合蛋白大小约 57 kDa，表达的融合蛋白 N 端是 MBP，蛋白大小为 45.8 kDa，之后是含 104 个氨基酸的草鱼 NK-lysin 的成熟肽，蛋白大小为 11.7 kDa，总共 57 kDa，蛋白大小与预期一致，并且部分融合蛋白以可溶形式表达。

2. **可溶条件下纯化目的蛋白的检测结果**

经含不同浓度咪唑的蛋白洗脱液洗脱,SDS-PAGE 电泳检测其纯度。在 100 mmol/L 咪唑浓度下,洗脱的目的蛋白纯度较高,其纯化结果如图 5-19 所示。用 Bradford 法测定重组蛋白浓度为 500 μg/mL。

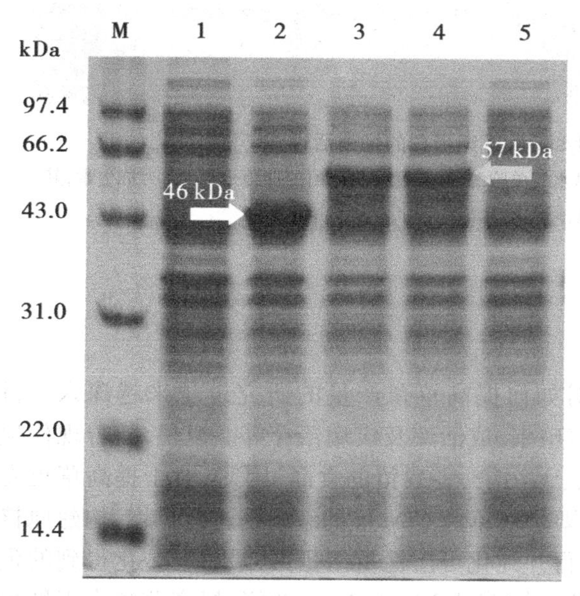

图 5-18 SDS-PAGE 检测草鱼 NK-lysin 重组蛋白表达

M:标准分子量蛋白;1:未诱导的空载体;2:诱导的空载体;3:诱导的 *Ci*Nkla 重组蛋白沉淀;4:诱导的 *Ci*Nkla 重组蛋白上清液;5. 未诱导的 *Ci*Nkla 重组蛋白

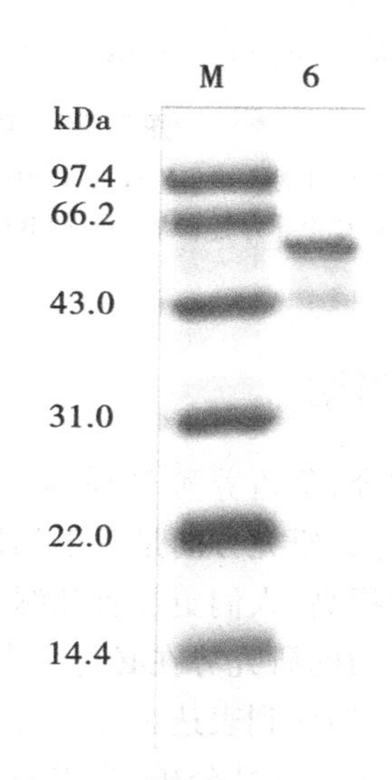

图 5-19 天然条件下纯化含草鱼 *Ci*Nkla 的重组蛋白

M:标准分子量蛋白;6:纯化的 *Ci*Nkla 重组蛋白

3. **草鱼抗菌肽 NK-lysin-a 抑菌活性分析结果**

草鱼抗菌肽 NK-lysin-a 抑菌活性采用琼脂糖孔穴扩散法测定,结果如图 5-20 所示,草鱼 NK-lysin-a 重组蛋白对大肠杆菌 M15、嗜水气单胞菌、金黄色葡萄球菌均有抑菌活性,且在蛋白加样量相同的情况下,重组蛋白对大肠杆菌 M15 和嗜水气单胞菌的抑菌活性更强。

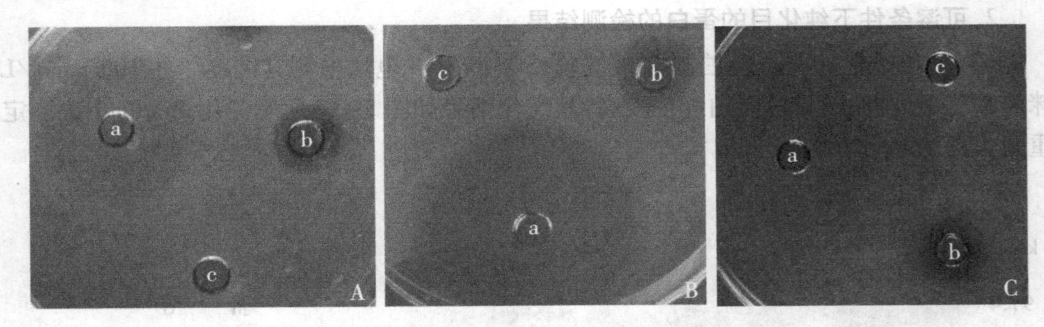

图 5-20　草鱼 NK-lysin-a 重组蛋白的抑菌活性图

A、B、C 分别表示 CiNkla 对大肠杆菌 M15、嗜水气单胞菌、金黄色葡萄球菌的抑菌效果。a 为抗生素，其中图 A 和 C 中 a 为氨苄青霉素，图 B 中 a 为诺氟沙星，b 为重组蛋白，c 为蛋白洗脱液。

三、讨论

现如今，草鱼养殖规模越来越大，对如何提高草鱼产量的研究也越来越深入。目前，大部分的研究方向是关于如何提高繁殖率、成活率及疾病治疗等。但是，随着现代生活质量的提高，人们更加青睐绿色、健康、无污染、零残留的食品，因此，对于提高草鱼先天性免疫力的研究势在必行。本研究主要是对草鱼 *Ci*Nkla 的编码区进行扩增，构建原核表达载体，转化到表达菌株进行表达，获得并纯化可溶性重组蛋白，最后对纯化得到的蛋白进行了抗菌活性分析，为进一步研究草鱼抗菌肽 NK-lysin 的功能，提高草鱼先天性免疫力打下基础。

本研究通过 pET-28b-*Ci*Nkla 载体成功表达出了草鱼 *Ci*Nkla 基因，并进一步得到了草鱼 NK-lysin 的重组蛋白，对其抗菌活性进行了分析。研究发现，该蛋白对 G^+ 细菌金黄色葡萄球菌，G^- 细菌大肠杆菌、嗜水气单胞菌均具有抑菌活性。近年来，对几种动物体内的 NK-lysin 进行了生物学功能的研究。在高等动物中，鸡 NK-lysin(cNKL) 具有抗菌、抗肿瘤和寄生虫的活性；猪 NK-lysin 对 G^+ 和 G^- 细菌均有抑制作用，如金黄色葡萄球菌、枯草芽孢杆菌(*Bacillus subtilis*)、藤黄微球菌(*Micrococcus luteus*)、大肠杆菌和副伤寒沙门菌(*Salmonella paratyphi*)等。鱼类 NK-lysin 的功能研究主要集中在抑菌活性方面，大黄鱼 Lc-NK-lysin-1a 对 G^+(金黄色葡萄球菌、枯草芽孢杆菌)和 G^-(大肠杆菌、副溶血弧菌、铜绿假单胞菌、抗链霉素大肠杆菌)均具有抗菌活性；人工合成的 NKLP27 是半滑舌鳎 NK-lysin 基因中表达的一个短肽，对常见的水产动物 G^+ 和 G^- 都有抑菌作用。

虽然抗菌肽 NK-lysin 活性远不如氨苄青霉素和诺氟沙星，但其具有良好的热稳定性和耐碱性，且研究发现，抗菌肽 NK-lysin 可以抑制一些常见的水产动物病原菌。因此，对于草鱼 NK-lysin 的抑菌活性研究具有实用价值。本次研究因条件有限，尚未对最小有效抑菌蛋白量和药物敏感性进行测定，待以后条件合适再进行深入探讨。

草鱼 *Ci*Nkla 在原核表达过程中还存在一些问题，最主要的就是包涵体表达。大肠杆菌主要以可溶性表达和不溶性表达(包涵体表达)这两种方式表达外源基因。本次实验过程中,重组质粒表达时仅有一部分是可溶性表达,包涵体表达所占比例很大。目前对于包含体表达形成的机制尚不清楚,可能是因为在重组蛋白的表达过程中缺少一些蛋白质折叠辅助因子,或环境不适,无法形成正确的次级键等原因。为了提高蛋白的可溶性,今后的研究打算从优化实验条件这一方面逐渐探索最适条件。

四、小结

本研究通过原核表达载体 pET-28b-*Ci*Nkla 的构建、蛋白表达以及对重组蛋白抑菌活性分析,获得如下结论:

(1)将含有草鱼 *Ci*Nkla 的重组表达质粒 pET-28b-MBP 转化到大肠杆菌 BL(DE3)菌株中,经 IPTG 诱导后表达产物用 12% SDS-PAGE 分析,表达的融合蛋白大小为 57 kDa,与预期大小一致。且表达量随诱导时间的增加而增加,一部分融合蛋白以可溶形式表达。

(2)草鱼 NK-lysin-a 重组蛋白对 G^+(金黄色葡萄球菌)和 G^-(大肠杆菌 M15、嗜水气单胞菌)细菌均有抑制效果。且在相同蛋白量的情况下,对 G^- 细菌大肠杆菌 M15、嗜水气单胞菌抑制作用强一些。

第七节　草鱼 NK-lysin-a 的酵母表达和抑菌活性分析

为获得草鱼抗菌肽 NK-lysin-a 的重组蛋白并检测其抑菌能力,本研究根据草鱼已知的 NK-lysin-a 基因序列,利用 PCR 技术,构建了草鱼 NK-lysin-a 成熟肽区域的重组表达载体 pPIC9K-Nkla,并转化至 *Pichia pastoris* GS115 中,挑选抗性转化子,0.5% 甲醇诱导重组 NK-lysin-a 的表达,通过 SDS-PAGE 电泳、Western blot 鉴定、重组蛋白纯化,获得 NK-lysin-a 在酵母中表达的蛋白,其大小约为 20 kDa。采用最小抑菌浓度法检测其抗菌活性,结果发现草鱼 NK-lysin-a 重组蛋白对嗜水气单胞菌的抑菌效果最好,其次为爱德华菌和金黄色葡萄球菌,对大肠杆菌的抑制作用较弱,为草鱼 NK-lysin-a 的应用奠定基础。

抗菌肽是一种小分子的碱性多肽物质,一般包括 12 ~ 50 个氨基酸多肽,具有抗微生物的活性,对细菌、真菌、病毒、寄生虫、原虫和肿瘤细胞等具有很强的杀伤作用,因此它成了一些生物的天然免疫系统中重要的免疫分子。研究发现,抗菌肽具有广泛的抗菌活性(革兰性阴性菌和阳性菌),可以抗病毒(HSV、HIV 等),抗原虫(疟原虫、锥虫和利什曼原虫等),也能抗肿瘤细胞,还能作为免疫佐剂使用。因此,抗菌肽具有潜在的开发与利用价值。

NK-lysin 是由细胞毒性 T 淋巴细胞和自然杀伤细胞的一种有效蛋白,在机体免疫系统中起到了极其重要的作用,它最早发现于人类和猪,在人类被称作 granulysin,继而在牛、马、水牛、鸡等体内发现了 NK-lysin 的基因。虽然在多类鱼中也发现了 NK-lysin 基因，例如斑点叉尾鮰、斑马鱼、大黄鱼等，但是对于鱼类 NK-lysin 的免疫功能的研究报道较少，Zhang 等对人工合成的半滑舌鳎 NK-lysin 的 27 个氨基酸 NKLP27 进行了探索，Zhou 等对人工合成的大黄鱼的 NK-lysin 成熟肽段的活性开展了研究，发现 NK-lysin 的抗菌机制：通过破坏细胞膜的完整性，使物质进入到细胞质内，进而导致基因组降解。

酵母表达系统是一种相对来说比较成熟的真核表达系统，既能有效表达重组蛋白，又能对目的蛋白进行准确无误的蛋白质翻译后的修饰和加工。当今发酵技术为蛋白体外重组表达提供了非常简便的途径，巴斯德毕赤酵母在所有酵母表达系统中可谓是最优秀的代表，它的蛋白质表达量高，重组的酵母菌种也可以很稳定的遗传下一代，也便于培养。同时，张素芳、曹瑞兵等利用毕赤酵母的偏爱性，也成功合成抗菌肽基因。因此，本研究利用酵母表达系统的众多优点，对草鱼的 NK-lysin-a 基因进行重组表达。

本研究通过构建草鱼抗菌肽 NK-lysin-a 基因的表达载体 pPIC9K-Nkla，转入酵母细胞，甲醇诱导表达，蛋白鉴定和活性测定，期望为预防和治疗草鱼疾病奠定基础。

一、材料与方法

（一）实验试剂

限制性内切酶 *Eco*R I 和 *Not* I、T_4 DNA 连接酶购于 Promega、TaqDNA 聚合酶购于中国大连宝生物工程有限公司，抗生素 G418 购于上海生工生物工程有限公司，Ni-NTA 蛋白质纯化试剂盒购于 Invitrigen 公司，山梨醇购于 Solarbio 公司，质粒小量提取试剂盒、DNA 纯化回收试剂盒购于 Omega 公司，其他试剂均为进口或其他分析纯等。

（二）载体和菌体

表达载体：pPIC9K。

宿主表达菌：毕赤酵母 *Pichia pastoris* GS115。

G^+细菌：金黄色葡萄球菌（*Staphylococcus aureus*）。

G^-细菌：大肠杆菌（*Escherichia coli*）、爱德华菌（*Edwardsiella tarda*）、嗜水气单胞菌（*Aeromonas hydrophila*）。

实验所用菌种购自中国工业微生物菌种保藏管理中心。

（三）实验仪器

PCR 仪（eppendorf Mastercycler pro）：德国艾本德有限公司。

电转化仪（BIO-RAD：Bio-Red Gene Pulser Xcell Electroporation Systems）：美国伯乐有限公司。

蛋白质电泳系统（美国 BIO-RAD Mini PROTEA® TetraSystem）：美国伯乐有限公司。

摇床（THZ-C-1）：上海智诚分析仪器制造有限公司。

台式高速离心机（eppendorf 5430R）：德国艾本德有限公司。

酶标仪（BioTek Instruments，Inc）：美国伯腾仪器有限公司。

凝胶成像仪（JY04S-3C）：北京君意东方电泳设备有限公司。

(四)实验方法

1. 重组载体 pPIC9K-Nkla 的构建

根据草鱼的 NK-lysin 成熟肽序列设计真核表达引物:ExNKF(GTAGAATTC TTTGA-CATGGAAATG)和 ExNKR(AGCGGCCGCTCAATGATGATGATGATG ATGGTCGAAC),在引物5′端添加限制性内切酶 *Eco*R I 和3′端添加限制性内切酶 *Not* I 的识别位点。用 PCR 法扩增目的片段,反应条件:94 ℃预变性 5 min,94 ℃变性 30 s,温度降低至 50 ℃复性 30 s,72 ℃延伸 2 min,进行 35 个循环,每个循环 2~3 min,72 ℃延伸 10 min 结束反应。分别用 *Eco*R I 和 *Not* I 内切酶将 PCR 产物和 pPIC9K 载体进行酶切,实验后把所得到的目的片段利用试剂盒纯化回收,用 T_4 DNA 连接酶 14 ℃连接 9~12 h,构建的真核表达载体,将其命名为 pPIC9K-Nkla。

2. 重组载体 pPIC9K-Nkla 转入酵母细胞

提前制备毕赤酵母 *Pichia pastoris* GS115 的感受态细胞,方法如下:取 80 μL 毕赤酵母感受态细胞与 10 μL 的重组表达载体 pPIC9K-Nkla 均匀混合,加入用冰预冷的电击杯中,置于冰上 5 min,用电转仪(1 800 V、25 μF、300 Ψ)电击 5~8 ms,立刻加入 1 mL 1 mol/L 冰预冷的山梨醇,在含有 Zeocin 的 YPDS 选择性培养基上均匀地涂上菌液,28 ℃恒温培养,时间为 48~72 h,到出现菌落时,从 YPDS 培养基上刮下来单个菌落并匀称的抹在不同浓度的 G418(0.5、1.5、2.5、3.5 mg/mL)新鲜的 YPDS 平板,28 ℃培养直至单个菌落出现。

3. 阳性克隆重组体 pPIC9K-Nkla 的鉴定

将酵母菌落分别在 MM 和 MD 两种平板上对应的点涂,同时在 29 ℃培养 2~4 d。在含有抗生素抗性 YPDS 固体培养基上挑取发育稳定的毕赤酵母菌落,放入 10 μL 灭菌无离子水的 PCR 管中,倒入 5 μL 5 U/μL 的溶菌酶混匀,30 ℃水浴 20 min 左右,-75 ℃的时候冷冻存放 20 min,振荡混匀,获得酵母菌的裂解物。采用 PCR 方法鉴定重组子,以5′AOX1 和3′AOX1 为引物进行 PCR 鉴定。PCR 扩增要求:94 ℃预变性5 min,紧接着按以下程序进行25 个循环:94 ℃变性30 s,50 ℃退火60 s,72 ℃延伸2 min,结束后再72 ℃延伸 10 min。2%琼脂糖凝胶电泳检测 PCR 产物。各取 1 mL PCR 鉴定的阳性重组毕赤酵母菌和标准菌放入含有 Zeocin 的 YPDS 液体培养基中,250 r/min、29 ℃培养,待菌液 OD_{600}值约为 1 时,分别吸取 1 μL 培养液接种在 MM 和 MD 固体培养皿上,在 28 ℃温度下培养 24 h 后,查看菌落生长情况。

4. 重组载体 pPIC9K-Nkla 的诱导表达及 SDS-PAGE 分析

选取已经鉴定后的阳性克隆菌,接种至 250 mL 含 20 mL BMGY 中的摇瓶内,28~30 ℃、250~280 r/min 摇到 OD_{600}=2~6(指数生长,15~18 h),2 000~2 500 r/min 离心 5 min,搜集细胞沉淀并丢弃上清,用 100 mL BMMY 把细胞调整到 OD_{600}=1.0 左右,等待沉淀,紧接着诱导蛋白表达。把上述的培养物添加进 1 L 摇瓶里,瓶口用锡箔纸封闭且表层用三层灭菌的纱布包裹住,把它们放到摇床里不断成长。当间隔 24 h 之后,加入适量的甲醇让培养基里的浓度一直保持在 0.8% 左右以继续诱导。适当查看培养基的数量，保证加入正确剂量的甲醇，因为在此过程中，可能会因蒸发作用而使培养基的体积不断变少。分别在诱导 0,12,24,36,48,60,72,84,96 h，取 1 mL 培养样品到离心管内。在室温下，10 000 r/min 离心 3～4 min。取部分上清液转移至干净离心管中。上清和细胞沉淀保存于-80 ℃条件下，直至检测分析。SDS-PAGE 电泳时，取 10 μL 进行分析。

5. 重组体 pPIC9K-Nkla 分离纯化及 Western blot 鉴定

取上清液，用滤膜过滤浓缩，并加入混合液充分混合均匀后开始上柱，放进含镍的树脂中，实验条件为 4 ℃。依次用低浓度到高浓度的咪唑洗涤树脂，用 15 mmol/L 的咪唑、30 mmol/L 咪唑洗脱液洗脱杂蛋白，随后用 40 mmol/L 咪唑、60 mmol/L 咪唑洗脱目的蛋白，然后分别收集洗脱液，用 SDS-PAGE（分离胶浓度为 15%，浓缩胶浓度为 4%）分析纯度。

取适量纯化的蛋白，加入蛋白上样缓冲液，95 ℃变性。在 12% 的 SDS-PAEG 电泳后，通过电转系统转移到 PVDF 膜上。转膜结束后，在室温下，用 TBST 洗膜 3 次，5% 的脱脂奶粉封闭（100 mL TBST 溶解 5 g 脱脂奶粉），室温 1.5 h，用 TBST 洗膜，加入一抗（抗 6 个组氨酸单抗），孵育 2 h，TBST 洗膜 3 次，然后加入二抗（羊抗兔），再室温孵育 1 h 后，洗膜，3,3-二氨基联苯胺（DAB）显色，直至出现目标条带（2～3 min），用水冲洗，拍照记录。

6. 重组体 NK-lysin-a 抑菌活性分析

NK-lysin-a 抑菌活性分析采用最小抑菌浓度法进行。其方法如下：菌株选用 G^+ 细菌金黄色葡萄球菌和 G^- 细菌大肠杆菌、爱德华菌、嗜水气单胞菌。把 37 ℃过夜培养好的新鲜菌液离心之后，用 PBS 悬浮，离心 3 次，最后悬于新鲜的培养基中，至终浓度为 5×10^5 CFU/mL，在 96 孔板加入 50 μL 新鲜菌液。用 PBS 将纯化的 NK-lysin-a 进行 2 倍梯度稀释。最终浓度为 100,50,25,12.5,6.25,3.125 μg/mL，于 33～37 ℃培养 20 h，测定 OD_{600} 的吸光值，并计算细菌的成活率，以此来检测抗菌肽的抑菌效果。

二、结果与分析

1. 高拷贝转化子的筛选和鉴定

经 *Eco*R Ⅰ 和 *Not* Ⅰ 线性化后的重组质粒 pPIC9K-Nkla，转至毕赤酵母宿主菌 GS115，涂布于 MD 平板上至产生菌落。随机挑取 24 个菌落，进行 PCR 鉴定，其中可以检测到 95% 的菌落均有表达，如图 5-21 所示，挑选 3 个阳性克隆进行测序鉴定。

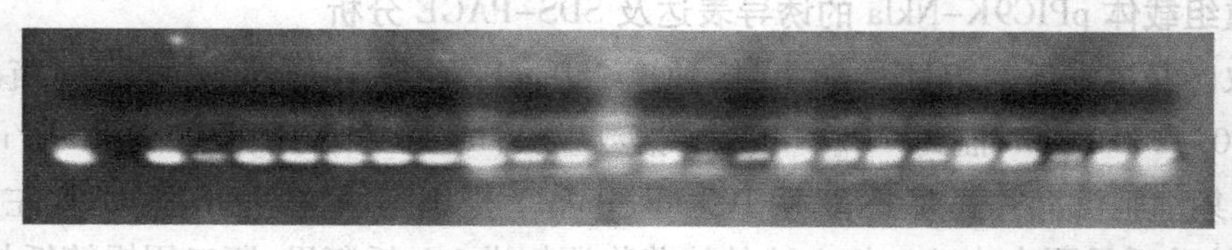

图 5-21　PCR 鉴定结果

2. 重组质粒 pPIC9K-Nkla 的构建与蛋白表达

挑取两个经 PCR 和测序鉴定的阳性克隆 1 号和 2 号,用 0.8% 的甲醇诱导,在诱导后的 1 d、2 d、3 d,取 1 mL 菌液进行 SDS-PAEG 电泳分析,由于蛋白表达量较低,图 5-22(a)未显示清晰的目的条带。图 5-22(b)显示,纯化的蛋白中杂带较多,目的条带经 Western blot 检测,结果分析目的条带约 20 kDa,比理论值 15 kDa 大一些,可能因为在酵母系统中,对表达的蛋白进行了糖基化修饰,结果如图 5-22(c)所示。

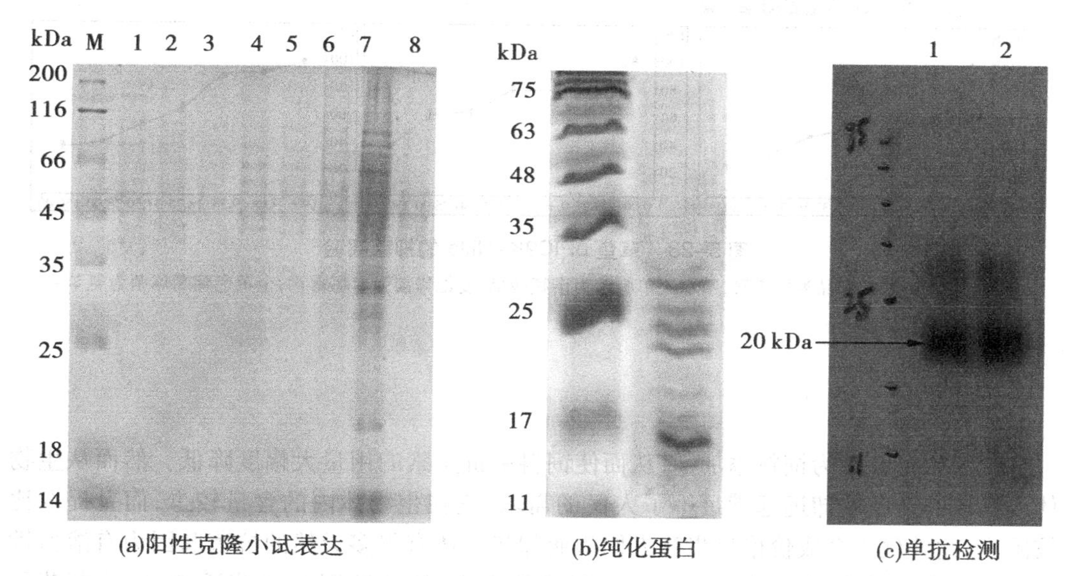

(a)阳性克隆小试表达　　(b)纯化蛋白　　(c)单抗检测

图 5-22　SDS-PAGE 和 Western blot 检测草鱼 NK-lysin-a 在酵母系统的表达和纯化

图(a)中 1 为 1 号克隆未诱导的菌液,2、3、4 代表 1 号克隆诱导 1d、2 d、3 d 的菌液,5 代表 2 号克隆未诱导的菌液,6、7、8 代表 2 号克隆诱导 1 d、2 d、3 d 的菌液。图(c)的 1、2 代表纯化蛋白的 Western 检测。

3. 重组体 pPIC9K-Nkla 抗菌活性分析

草鱼 NK-lysin-a 重组蛋白对 4 种细菌的抑菌活性如图 5-23 所示,该蛋白对嗜水气单胞菌的抑菌效果最好,其次为爱德华菌及金黄色葡萄球菌。从图中还可以看出,在相同的蛋白浓度下,重组蛋白对嗜水气单胞菌抑制作用强。且在高浓度的重组蛋白中,金黄色葡萄球菌、爱德华菌及嗜水气单胞菌的成活率越来越低,其抑菌能力越来越强。

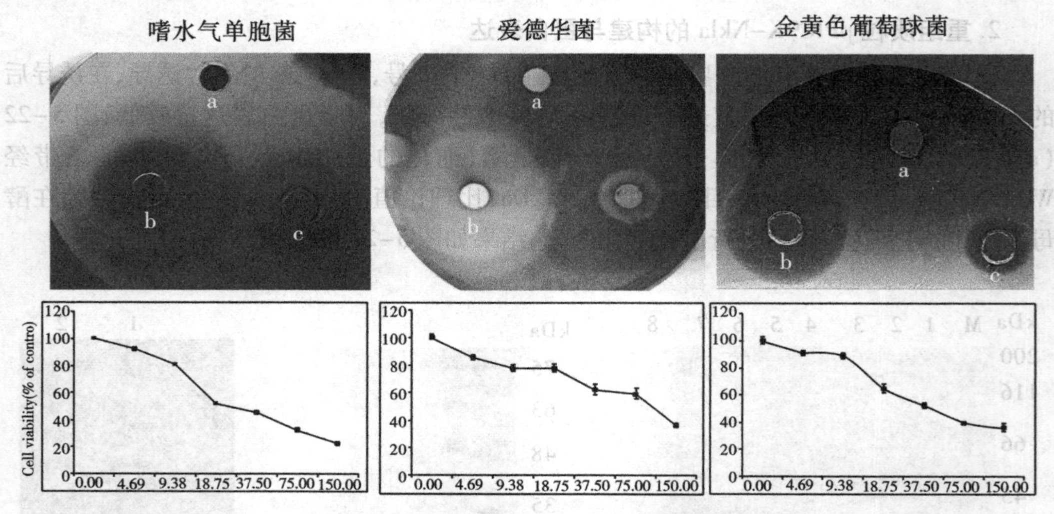

图 5-23　草鱼 pPIC9K-Nkla 的抑菌实验

a:PBS;b:所加样品为抗生素,嗜水气单胞菌为诺氟沙星,爱德华菌为卡那霉素,金黄色葡萄球菌为氨苄青霉素;c:重组蛋白。

三、讨论

抗菌肽可以作为饲料添加剂,从而使饲料中抗生素的用量大幅度降低。然而从生物体内提取的抗菌肽却远远满足不了人民的需求,它在生物体内的含量较少,而且提取比较困难,此外化工合成价格昂贵让人们望而却步。还有很多天然的抗菌肽因为有溶血性而阻碍了在人体和动物的临床应用。到目前为止,抗菌肽因为抗菌活性高,抗菌范围大,种类数量多,且靶菌株不易产生抗性突变等因素而被肯定,在不久的将来一定会为鱼类抗菌药物提供更好的资源。

本研究获得的 pPIC9K-Nkla 蛋白对金黄色葡萄球菌、大肠杆菌、爱德华菌、嗜水气单胞菌都有抑菌作用,但抑菌效果不理想,抑菌活性比较低,尤其对大肠杆菌的抑菌效果。这与王强等用毕赤酵母表达鸡 GaI-2 成熟肽蛋白抑菌活性有相似之处。分析原因可能是因为在表达过程中蛋白分泌少、蛋白降解、表达量低、纯化的浓度低等所致。例如,在进入细胞膜时,蛋白结构遇到阻碍,可能需要重新转化或者寻找新的菌株,导致蛋白分泌越来越少。也可能其本身含有特殊的密码子,在实验中没有对这些密码子进行优化,极大地降低了蛋白的表达,从而影响了它的活性。或许是在蛋白纯化时,温度、盐浓度、pH 不恰当等因素,使蛋白纯化浓度降低。所以,对诱导表达条件的优化和蛋白纯化等系列问题有必要去更进一步的研究。

在毕式酵母诱导表达过程中,严格要求了甲醇的剂量,因为毕赤酵母发酵产物的活性不仅会受温度和时间等因素影响,而且也会受甲醇浓度的影响,这些外界因素很大程度上影响生物合成。在中华鲟抗菌肽 hepcidin 的诱导表达中,也准确控制甲醇的剂量和浓度等外在因素。经过查阅文献资料发现酵母发酵液可能会因为诱导时间的不断增加,产生杂质进而被污染。再有抗菌肽的分子量较低,非常容易会被酵母自身表达的细胞外蛋白水解酶而降解。因此,在诱导的时候不能消耗太长时间。根据研究表明,毕赤酵母的培养温度为 29 ℃左右,酵母菌体发育成长的最恰当的温度为 30 ℃,而外源表达蛋白的最合适温度是 28 ℃。在诱导的时间段内,温度过高就会对蛋白质的表达造成困扰,严重的话,可能会导致它的细胞死亡。而甲醇作为实验中独一无二的碳源,它的代谢产物甲醛和过氧化氢会因为它的浓度过高而持续积累,而这些代谢产物又对毕赤酵母有毒,会造成极坏的影响。同理,甲醇的浓度过低也可能造成不良后果,比如会阻碍酵母细胞的发育成长。加入甲醇的恰当的浓度的界限是 0.5% 和 2.0% 。本次实验在甲醇浓度为 0.8% 、28 ℃的条件下进行的,重组载体 pPIC9K-Nkla 在毕赤酵母表达效果很好。

近几年,针对 NK-lysin 的抑菌作用,人类主要在动物体内进行分析研究,例如牙鲆 NK-lysin 仅可以杀死 G^-细菌(如肺炎克雷伯菌等),半滑舌鳎 NKLP27 对金黄色葡萄球菌有杀灭作用,大黄鱼 Lc-NK-lysin-1 可以很好地抑制金黄色葡萄球菌,鲤 NK-lysin 可以抑制金黄色葡萄球菌、大肠杆菌等。实验中草鱼 NK-lysin-a 对嗜水气单胞菌、爱德华菌都有抑制作用,而这两种菌都能对鱼类产生严重危害,由此可以看出,在未来,对于鱼类抗菌药物的研发,抗菌肽可能会扮演重要的角色,为鱼类及早预防和治疗细菌性疾病寻找出路。

四、小结

(1)本实验通过构建重组载体 pPIC9K-Nkla,用 0.8% 甲醇对重组体进行诱导表达,分离纯化,并经过 Western-blot 鉴定分析,显示获得大约 20 kDa 特异蛋白。

(2)检测了重组蛋白 Nkla 抑菌活性分析,该蛋白对鱼类的一些病原菌有抑制作用,如嗜水气单胞菌和爱德华菌,而对大肠杆菌的抑菌能力较弱。

参考文献

[1]单晓枫,张洪波,郭伟生,等. 乌鳢体表粘液抗菌肽 CSM14 的分离纯化及部分生物学活性研究[J]. 中国预防兽医学报,2010,32(3):210-213.

[2]李联泰,安贤惠,胡江,等. 黄鳝皮肤黏液抗菌肽的分离纯化及其部分特性研究[J]. 渔业科学进展,2011,32(2):27-31.

[3]李义平,贺浪冲. 血管内皮细胞膜色谱模型的建立及初步应用[J]. 科学通报,2007,52(4):410-415.

[4] BIRKEMO G A, LÜDERS T, ANDERSEN Ø, et al. Hipposin, a histone - derived antimicrobial peptide in Atlantic halibut (Hippoglossus hippoglossus L.)[J]. Biochilm Biophys Acta,2003,1646:207-215.

[5] BROCAL I, FALCO A, MAS V, et al. Stable expression of bioactive recombinant pleurocidin in a fish cell line[J]. Appl Microbiol Biotechnol,2006(72):1217-1228.

[6] BURROWES O J, DIAMOND G, LEE T C. Recombinant expression of pleurocidin cDNA using the pichia pastoris expression system [J]. Journal of biomedicine and biotechnology, 2005, 4(2005): 374-384.
[7] COLE AM, WEIS P, DIAMOND G. Isolation and characterization of pleurocidin, an antimicrobial peptide in the skin secretions of winter flounder[J]. J Biol Chem, 1997, 272: 12008-12013.
[8] FERNANDES J M, SAINT N, KEMP G D, et al. Oncorhyncin III: a potent antimicrobial peptide derived from the non-histone chromosomal protein H6 of rainbow trout, Oncorhynchus mykiss[J]. Biochem J, 2003, 373: 621-628.
[9] FERNANDES J M, MOLLE G, KEMP G D, et al. Isolation and characterization of oncorhyncin II, a histone H1-derived antimicrobial peptide from skin secretion of rainbow trout, Oncorhynchus mykiss[J]. Dev Comp Immunol, 2004, 28(2): 127-138.
[10] LAUTH X, SHIKE H, BURNS J C, et al. Discovery and characterization of two isoform of moronecidin, a novel antimicrobial peptide from hybrid stripped bass [J]. J. Biol. Chem, 2002, 277: 5030-5039.
[11] LI M, WANG S, ZHANG Y, et al. A combined cell membrane chromatography and online HPLC/MS method for screening compounds from screening compounds from Aconitum carmichaeli Debx acting on VEGFR-2[J]. Journal of pharmaceutical and biomedical analysis, 2010, 53(4): 1063-1069.
[12] LÜDERS T, BIRKEMO G A, NISSEN-MEYER J, et al. Proline conformation-dependent antimicrobial activity of a proline-rich histone H1 N-terminal peptide fragment isolation from the skin mucus of Atlantic salmon [J]. Antimicrobial agents and chemotherapy, 2005, 49(6): 2399-2406.
[13] OREN Z, SHAI Y. A class of highly potent antibacterial peptides derived from pardaxin, a pore-forming peptide isolated from Moses sole fish Pardachirus marmoratus[J]. Eur J Biochem, 1996, 237: 303-10.
[14] PARK I Y, PARK C B, KIM M S, et al. Parasin 1, an antimicrobial peptide derived from histone H2A in the catfish, Parasilurus asotus[J]. FEBS Lett, 1998, 437(3): 258-262.
[15] SHIKE H, LAUTH X, WESTERMAN M E, et al. Bass hepcidin is a novel antimicrobial peptide induced by bacterial challenge[J]. Eur J Biochem, 2002, 269: 2232-7.
[16] WANG G L, LI J H, ZOU P F, et al. Expression pattern, promoter activity and bactericidal property of β-defensin from the mandarin fish Siniperca chuatsi[J]. Fish and shellfish immunology, 2012, 33: 522-531.
[17] XIAO J H, ZHANG H, NIU L Y, et al. Efficient screening of a novel antimicrobial peptide from Jatropha curcas by cell membrane affinity chromatography[J]. Journal of agricultural and food chemistry, 2011(59): 1145-1151.

[18] XIAO J H, ZHANG H, DING S D. Thermodynamics of antimicrobial peptide JCpep8 binding to living staphylococcus aureus as pseudostationary phase in capillary electrochromatography and consequences for antimicrobial activity[J]. Journal of agricultural and food chemistry,2012,69:4535-4541.

[19]汪以真. 动物源抗菌肽的研究现状和展望[J]. 动物营养学报,2014,26(10):2934-2941.

[20]张虹,陶妍. 斑点叉尾鮰(Ictalurus punctatus)肝脏表达的抗菌肽-2(LEAP-2)在 E. coli 中的融合表达[J]. 上海交通大学学报(农业科学版),2010(01):70-76.

[21]宋长丰,李雯,陶妍. 斑点叉尾鮰 LEAP-2 和 NK-lysin 抗菌肽在毕赤酵母中的串联表达[J]. 生物技术,2015(06):524-551.

[22] GAMEN S, HANSON D A, KASPAR A, et al. Granulysin - induced apopto - sis. I. Involvement of at least two distinct pathways[J]. The Journal of Immunology,1998,161(4):1758-1764.

[23]JONGSTRA J,SCHALL T J,DYER B J,et al. The isolation and sequence of a novel gene from a human functional T cell line[J]. The Journal of Experimental Medicine,1987,165(3):601-614.

[24]KRENSKY A M. Granulysin,a novel antimicrobial peptide of cytolytic T lymphocytes and natural killer cells[J]. Biochemical Pharmacology,2000,59(4):317-320.

[25] ERNST W A, THOMA - USZYSKI S, TEITELBAUM R, et al. Granulysin, a T cell product, kills bacteria by altering membrane permeability [J]. The Journal of Immunology,2000,165(12):7102-7108.

[26]BAO B L,WANG Y P,PEATMAN E,et al. Characterization of a NK-lysin antimicro peptide gene from channel catfish[J]. Fish & Shellfish Immunology,2006 (20):419-426.

[27] ZHANG M, LONG H, SUN L. A NK - lysin from Cynoglossus semilaevis enhances antimicrobial defense against bacterial and viral pathogens [J]. Developmental and Comparative Immunology,2013 (3-4):258-265.

[28] SOSNE G, XU L, PRACH L. Thymison bate 4 stimulates laminin - 5 production independent of TGF-beta[J]. Exp Cell Res,2004,293(1):175-183.

[29]SOSNE G,CHEN C C,THAI K,et al. Thymison bate 4 promotes corneal wound healing and modulates in flamma tory mediators in vivo[J]. Exp Eye Res, 2001, 72(5):605-608.

[30]GANSERT J L,KIEBLER V,ENGELE M,et al. Human NKT cells express granulysin and exhibit antimycobacterial activity [J]. The Journal of Immunology, 2003, 170(6):3154-3161.

[31] XIAO Z, SHEN J, FENG H, et al. Characterization of two thymosins as immune - related genes in Com-mon carp (Cyprinus carpio L.)[J]. Developmental & Comparative

Immunology,2015,50(1):29-37.
[32]NAM B H. Functional analysis of Pacific oyster (Crassostrea gigas) β-thymosin:Focus on antimicr-obial activity[J]. Fish & Shellfish Immunology,2015,45(1):167-174.
[33]WANG Q, WANG Y P, XU P, et al. NK-lysin of channel catfish: Gene triplication, sequence variation, and expression analysis[J]. Molecular Immunology,2006,43(10): 1676-1686.
[34]ERNST W A, THOMA-USZYSKI S, TEITELBAUM R, et al. Granulysin, a T cell product, kills bacteria by altering membrane permeability[J]. The Journal of Immunology,2000,165(12):7102-7108.
[35]詹柒凤,丁祝进,崔蕾,等.团头鲂 NK-lysin 基因鉴定和表达分析[J].水产学报,2016,40(8):1145-1155.
[36]HONG Y H,MIN W G,TUO W B. Molecular cloning and characterization of chicken NK-lysin[J]. Veterinary Immunology and Immunopathology,2005:343.
[37]黎观红,洪智敏,贾永杰,等.抗菌肽的抗菌作用及其机制[J].动物营养学报,2011,23(04):546-555.
[38]陈菲,许伟.Granulysin 结构和功能的研究进展[J].国外医学免疫分学册,2005(2):96-100.
[39]吴南,张永安.鱼类自然杀伤样细胞的研究进展[J].水生生物学报,2012,36(6):1176-1183.
[40]ANDERSSON M, CURSTEDT T, JORNVALL H, et al. An amphipathic helical motif common to tumourolytic polypeptide NK-lysin and pulmonary surfactant polypeptide SP-B[J]. Febs Letters,1995,362(3):328-332.
[41]张殿卿,李蕊,陈鹏博,等.不同浓度脂多糖诱导绵羊免疫器官中 NK-lysin 基因表达的研究[J].中国畜牧兽医,2014,(07):44-49.
[42]单红,周国勤,朱银安,等.鱼类抗菌肽的研究进展[J].水产养殖,2012,33(1):20-25.
[43]张书剑,几种鱼类抗菌肽的研究进展[J].饲料研究,2007(12):58-61.
[44]黄布敏,袁莉刚.鱼类肝脏细胞外基质的功能及调节机制[J].生命的化学,2013(2):44-48.
[45]单红,周国勤.鱼类抗菌肽的研究进展[J].水产养殖,2012,33(1):20-25.
[46]CATRINA S. The cytotoxic effects of the anti-bacterial peptides on leukocytes[J]. Journal of Peptide Science,2009,15(12):842-848.
[47]ZHANG M,WANG Z G. Identification and characterization of five Nk-lysins from Pseudocrossocheilus bamaensis and their diverse expression patterns in response to bacterial infection[J]. Fish and Shellfish Immunology,2019,94:346-354.
[48]王改玲,王明成,李传凤,等.草鱼 NK-lysin 基因的克隆、原核表达与活性分析[J].

水产学报,2017,41(10):1500-1511.

[49] KASAI K, ISHIKAWA T, KOMATA T, et al. Novel l - amino acid oxidase with antibacterial activity against methicillin-resistant Staphylococcus aureus isolated from epidermal mucus of the flounder Platichthys stellatus[J]. The FEBS journal,2010,277(2):453-465.

[50] CORRALES J,MULERO I,MULERO V,et al. Detection of antimicrobial peptides related to piscidin 4 in important aquacultured fish [J]. Developmental & Comparative Immunology,2010,34(3):331-343.

[51] IIJIMA N, TANIMOTO N, EMOTO Y, et al. Purification and characterization of three isoforms of chrysophsin, a novel antimicrobial peptide in the gills of the red sea bream, Chrysophrys major[J]. Febs Journal,2010,270(4):675-686.

[52] KÖBIS JM,REBL A,KÜHN C,et al. Comparison of splenic transcriptome activity of two rainbow trout strains differing in robustness under regional aquaculture conditions[J]. Mol Biol Rep,2013,40(2):1955-66.

[53] LONG M,ZHAO J,LI T,et al. Transcriptomic and proteomic analyses of splenic immune mechanisms of rainbow trout (Oncorhynchus mykiss) infected by Aeromonas salmonicida subsp. Salmonicida[J]. J Proteomics,2015,122:41-54.

[54] JIANG Y L,FENG S S,ZHANG S H,et al. Transcriptome signatures in common carp spleen in response to Aeromonas hydrophila in fection [J]. Fish & Shellfish Immunology,2016,57:41-48.

[55] QIN C, GONG Q, WEN Z, et al. Transcriptome analysis of the spleen of the darkbarbel catfish Pelteobagrus vachellii in response to Aeromonas hydrophila infection [J]. Fish Shellfish Immunol,2017,70:498-506.

[56] MESEGUER J,LÓPEZ-RUIZ A,GARCÍA-AYALA A. Reticulo-endothelial stroma of the head-kidney from the seawater teleost gilthead seabream (Sparus aurata L.): an ultrastructural and cytochemical study[J]. Anat Rec,1995,241(3):303-9.

[57] KUMAR G, HUMMEL K, NOEBAUER K, et al. Proteome analysis reveals a role of rainbow trout lymphoid organs during Yersinia ruckeri infection process[J]. Sci Rep, 2018,8(1):13998.

[58] BYADGI O, CHEN Y C, BARNES A C, et al. Transcriptome analysis of grey mullet (Mugil cephalus) after challenge with Lactococcus garvieae [J]. Fish Shellfish Immunol,2016,58:593-603.

[59] FAJGENBAUM D C,JUNE C H. Cytokine Storm. Reply[J]. The New England journal of medicine,2020,383(23):2255-2273.

[60] WANG G L, WANG M C, LIU Y L, et al. Identification, expression analysis, and antibacterial activity of NK-lysin from common carp Cyprinus carpio[J]. Fish Shellfish

Immunol,2018,73:11-21.
[61]王亚楠. 半滑舌鳎(*Cynoglossus semilaevis*)两种抗菌肽和细胞因子 Midkine 的克隆与表达分析[D]. 山东:中国海洋大学,2012.
[62]刘红,詹柒凤,王卫民,等. 团头鲂 NK-lysin 基因鉴定和表达分析[J]. 水产学报,2016,40(8):1145-1155.
[63]DAVIS E G,SANG Y M,RUSH B,et al. Molecular cloning and characterization of equine NK-lysin[J]. Veterinary Immunology and Immunopathology,2005,105(1-2):163-169.
[64]张卓娜,陶妍. 斑点叉尾鮰 NK-lysin 基因的 cDNA 克隆及融合表达质粒构建[J]. 生物技术通报,2012(9):166-172.
[65]杭柏林,李杰,张慧辉,等. 鸡抗菌肽 NK-lysin 的生物信息学分析[J]. 湖北畜牧兽医,2017(01 上):29-31.
[66]范阔海. 猪源多肽类抗生素的真核表达及体外活性研究[D]. 太原:山西农业大学,2014.
[67]罗文杰,宋彦廷,张英霞,等. 抗菌肽 Lc-NKlysin-1a 的抗菌稳定性及其抗菌机理[J]. 海南大学学报(自然科学版),2017,35(4):345-351.
[68]詹柒凤. 团头鲂三个抗菌肽基因的鉴定与表达研究[D]. 武汉:华中农业大学,2017.
[69]BRETTHAUER R K,CASTELLINO F J. Glycosylation of pichia pastorisdrived proteins[J]. Biotechnol Appl Biochem,1999,30(20):193-200.
[70]张素芳,曹瑞兵,贾赟,等. 杂合抗菌肽 CecA_mil 的改造及在毕赤酵母中的分泌表达[J]. 微生物学报,2005,45(2):218-222.
[71]LEE M O,KIM E H,JANG H J,et al. Effects of a single nucleotide polymorphism in the chicken NK-lysin gene on antimicrobial activity and cytotoxicity of cancer cells[J]. Proceedings of the National Academy of ences,2012,109(30):12087-12092.
[72]BOMAN H G,WADE D,BOMAN I A,et al Anti-bacterial and antimalarial properties of peptides thatare cecropin-melitinhy brids[J]. FEBS Letters,1989,259(1):103-106.
[73]仲维霞,屈金辉,王洪法,等. 蛔虫抗菌肽酵母发酵产物对杜氏利什曼原虫杀伤作用的研究[J]. 国际医学寄生虫病杂志,2011,38B:154-157.
[74]高宇,陈昌福,李大鹏,等. 中华鲟抗菌肽 Hepcidin 的克隆、表达及其抗菌活性分析[J]. 水生生物学报,2012,36(4):798-803.
[75]HOUCHINS J P,KRICEK F,CHUJOR C S N,et al. Genomicstructure of NKG5,a human NK and T cell-specificactivation gene[J]. Immunogenetics,1993,37(2):102-107.
[76]ANDERSSON M,GUNNE H,AGERBERTH B,et al. NK-lysin,a novel effector peptide of cytotoxic T and NK cells. Structure and cDNA cloning of the porcine form,induction by interleukin 2,antibacterial and antitumour activity[J]. Embo Journal,1995,14(8):1615-1625.
[77]ENDSLEY J J,FURRER J L,ENDSLEY M A,et al. Characterization of bovinehomologues

of granulysin and NK - lysin [J]. The Journal of Immu - nology, 2004, 173 (4): 2607-2614.

[78]DAVIS E G,SANG Y,RUSH B,et al. Molecular cloning and characterization of equine NK-lysin[J]. Veterinary Immunology and Immunopathology,2005,105(1-2):163-169.

[79]KANDASAMY S,MITRA A. Characterization and expression profile of complete functional domain of granulysin/NK - lysin homologue (buffalo - lysin) gene of water buffalo (Bubalus bubalis) [J]. veterinary immunology & immunopathology, 2009, 128 (4): 413-417.

[80]HONG Y H,LILLEHOJ H S,DALLOUL R A,et al. Molecular cloning and characterization of chicken NK - lysin [J]. Veterinary Immunology and Immunopathology, 2006, 110 (3-4):339-347.

[81]WANG Q,BAO B L,WANG Y P,et al. Characterization of a NK-lysin antimicrobial peptide gene from channel catfish[J]. Fish & Shellfish Immunology,2006,20(3):419-426.

[82]PEREIRO P,VARELA M,DIAZ-ROSALES P,et al. Zebrafish Nk-lysin:First insights about their cellular and functional diversification [J]. Developmental & Comparative Immunology,2015,51(1):148-159.

[83]ZHANG M,LONG H,SUN L. A NK-lysin from Cynoglossusilaevis enhances antimicrobial defense against bacterial and viral pathogens [J]. Developmental &Comparative Immunology,2013,40(3-4):258-265.

[84]ZHOU Q J,WANG J,LIU M,et al. Identification,expression and antibacterial activities of an antimicrobial peptide NK-lysin from a marine fish Larimichthys crocea[J]. Fish & Shellfish Immunology,2016(55):195-202.

[85]BRETTHAUER R K,CASTELLINO F J. Glycosylation of pichia pastorisdrived proteins [J]. Biotechnol Appl Biochem,1999,30(20):193-200.

[86]张素芳,曹瑞兵,贾赟,等.杂合抗菌肽 CecA-mil 的改造及在毕赤酵母中的分泌表达[J].微生物学报,2005,45(2):218-222.

[87]LEE M O,KIM E H,JANG H J,et al. Effects of a single nucleotide polymorphism in the chicken NK-lysin gene on antimicrobial activity and cytotoxicity of cancer cells[J]. Proceedings of the National Academy of ences,2012,109(30):12087-12092.

[88] HIRONO I, KONDO H, KOYAMA T, et al. Characterization of Japanese flounder (Paralichthys olivaceus) NK - lysin, an antimicrobial peptide [J]. Fish & Shellfish Immunology,2007,22(5):567-575.

[89]MIN Z,MO-FEI L,LI S,et al. NKLP27:A Teleost NK-Lysin Peptide that Modulates Immune Response, Induces Degradation of Bacterial DNA, and Inhibits Bacterial and Viral Infection[J]. Plos One,2014,9(9):e106543.

后 记

2003 年 10 月，作为西北农林科技大学的一名硕士研究生，我怀着一份对鱼类免疫的憧憬之情来到了中国科学院水生生物研究所聂品研究员的实验室，走进了鱼类抗菌肽研究的大门。从硕士到博士，我在水生生物研究所鱼类免疫学研究室这个团结和谐的气氛中不断地感受着科学研究的神秘和艰辛。

首先要特别感谢我的导师——聂品研究员。聂老师对待科学问题一丝不苟的作风、严谨求实的态度、踏踏实实的精神，深深地感染和激励着我，是我一生学习的榜样。最初的硕博士论文的研究在选题和研究过程中得到了聂老师的悉心指导，毕业离所后继续从事抗菌肽的研究过程中，聂老师也是时刻给予及时的帮助、指点和答疑。

感谢西北农林科技大学的王高学教授，中国科学院水生生物研究所王桂堂研究员、昌鸣先研究员、谢海侠研究员、高谦研究员，上海海洋大学邹钧教授，挪威大学生命科学学院兽医系孙宝剑教授，在本人硕博在读期间以及工作后的鱼类抗菌肽研究方面，给予无私的指导和帮助。

感谢 2003—2011 年在水生生物研究水生生物免疫学实验室的各位同学的热情帮助。在鱼类免疫学研究方面，我们相互交流、相互学习、相互帮助，共克研究中的难题，共同在鱼类抗菌肽的研究中前行。

感谢黄淮学院的同事们克服困难为我在抗菌肽方面的研究提供试验仪器和科研空间。黄淮学院的优秀毕业生潘磊、刘盼婷、景文清等同学在本书的研究成果中也付出了一份辛苦。

感谢我的先生王明成多年来对我的理解和支持，感谢父母对我工作支持和对孩子的照顾；感谢所有的亲人们，这些无私温暖的亲情，促使我在遭遇挫折时仍坚持不懈，是我不断在鱼类抗菌肽研究方面前进的动力。

特别感谢国家自然科学基金项目“草鱼体表粘液抗菌肽的细胞膜色谱制备法和抗菌机理的研究”（31402334）、河南省自然科学基金项目“鲤体表粘液抗菌肽的抗菌活性及其作用机制研究”（142300410111）和河南省科技攻关项目“草鱼抗菌肽 NK-lysin 的重组表达及其抗菌应用”（202102110108），对本人开展鱼类抗菌肽研究给予的大力资助。

王改玲

2023 年 9 月